教育部职业教育与成人教育司
全国职业教育与成人教育教学用书行业规划教材
“十二五”职业院校计算机应用互动教学系列教材

■ **双模式教学**

通过丰富的课本知识和高清影音演示范例制作流程双模式教学，迅速掌握软件知识

■ **人机互动**

直接在光盘中模拟练习，每一步操作正确与否，系统都会给出提示，巩固每个范例操作方法

■ **实时评测**

本书安排了大量课后评测习题，可以实时评测对知识的掌握程度

Ps

中文版

Photoshop CC 图形图像处理

编著／黎文锋

互动教程

光盘内容

103个视频教学文件、练习文件和范例源文件

DVD

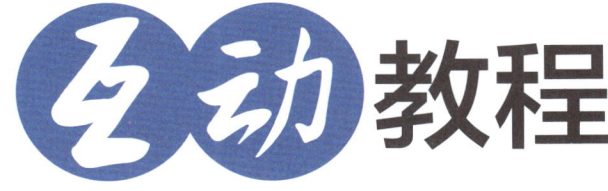

☑ 双模式教学 + ☑ 人机互动 + ☑ 实时评测

海洋出版社
2015年・北京

内 容 简 介

本书是以互动教学模式介绍 Photoshop CC 的使用方法和技巧的教材。本书语言平实，内容丰富、专业，并采用了由浅入深、图文并茂的叙述方式，从最基本的技能和知识点开始，辅以大量的上机实例作为导引，帮助读者在较短时间内轻松掌握中文版 Photoshop CC 的基本知识与操作技能，并做到活学活用。

本书内容：全书共分为 10 章，着重介绍了 Photoshop CC 应用基础；查看和编辑图像；颜色应用于调整；创建、管理与应用图层；创建、修改和应用选区；绘画与绘图；文字编辑与滤镜应用；自动化与 Web 图像应用等知识。最后通过 13 个综合范例介绍了使用 Photoshop CC 进行图像设计、照片处理、广告设计以及海报设计的方法与技巧。

本书特点：1. 突破传统的教学思维，利用"双模式"交互教学光盘，学生既可以利用光盘中的视频文件进行学习，同时可以在光盘中按照步骤提示亲手完成实例的制作，真正实现人机互动，全面提升学习效率。2. 基础案例讲解与综合项目训练紧密结合贯穿全书，书中内容结合劳动部中、高级图像制作员职业资格认证标准和 Adobe 中国认证设计师（ACCD）认证考试量身定做，学习要求明确，知识点适用范围清楚明了，使学生能够真正举一反三。3. 有趣、丰富、实用的上机实习与基础知识相得益彰，摆脱传统计算机教学僵化的缺点，注重学生动手操作和设计思维的培养。4. 每章后都配有评测习题，利于巩固所学知识和创新。

适用范围：适用于职业院校平面设计专业课教材；社会培训机构平面设计培训教材；用 Photoshop 从事平面设计、美术设计、绘画、平面广告、影视设计等从业人员实用的自学指导书。

图书在版编目（CIP）数据

中文版 Photoshop CC 图形图像处理互动教程/黎文锋编著. —北京：海洋出版社，2015.1
 ISBN 978-7-5027-8983-1

Ⅰ.①中… Ⅱ.①黎… Ⅲ.①图象处理软件—教材 Ⅳ.①TP391.41

中国版本图书馆 CIP 数据核字（2014）第 252915 号

总 策 划：刘 斌	发 行 部：（010）62174379（传真）（010）62132549
责任编辑：刘 斌	（010）68038093（邮购）（010）62100077
责任校对：肖新民	网　　址：www.oceanpress.com.cn
责任印制：赵麟苏	承　　印：北京画中画印刷有限公司
排　　版：海洋计算机图书输出中心　晓阳	版　　次：2015 年 1 月第 1 版
	2015 年 1 月第 1 次印刷
出版发行：海洋出版社	开　　本：787mm×1092mm　1/16
地　　址：北京市海淀区大慧寺路 8 号（716 房间）	印　　张：18.75
100081	字　　数：450 千字
经　　销：新华书店	印　　数：1～4000 册
技术支持：（010）62100055	定　　价：38.00 元（含 1DVD）

本书如有印、装质量问题可与发行部调换

前　　言

　　Adobe Photoshop CC 是 Adobe 发布的 Adobe CC 套装软件的应用程序之一，它是一款集图像扫描、编辑修改、图像制作、广告创意、图像输入与输出于一体的图形图像处理软件。

　　本书通过由浅入深、由入门到提高、由基础到应用的方式，带领读者掌握 Photoshop CC 的各种功能应用。书中先通过 Photoshop CC 的界面介绍、文件管理等基础知识，为读者学习 Photoshop CC 奠定坚实的基础，然后延伸到图像基本编辑、颜色的选择和应用、图层的管理和图层样式的设置、使用工具选择图像素材并编辑和管理选区、使用工具绘图与绘画、创建与编辑文字并制作文字特效、图像自动化处理、应用 Web 图像等方面的内容，最后通过商务名片、地产广告和红酒海报三个综合案例设计的介绍，使读者掌握综合应用 Photoshop 各项功能创作图像作品的方法和技巧。

　　本书是"十二五"职业院校计算机应用互动教学系列教程之一，具有该系列图书"轻理论重训练"的主要特点，并以"双模式"交互教学光盘为重要价值体现。本书的特点主要体现在以下方面：

- 高价值内容编排

　　本书内容依据职业资格认证考试 Photoshop 考纲的内容，以及 Adobe 中国认证设计师（ACCD）认证考试量身定做。通过本书的学习，可以更有效地掌握针对职业资格认证考试的相关内容。

- 理论与实践结合

　　本书从教学与自学出发，以"快速掌握软件的操作技能"为宗旨，书中不但系统、全面地讲解软件功能的概念、设置与使用，并提供大量的上机练习实例，使读者可以亲自动手操作，真正做到理论与实践相结合，活学活用。

- 交互多媒体教学

　　本书附送多媒体交互教学光盘，光盘除了附带书中所有实例的练习素材外，还提供了一个包含实例演示、模拟训练、评测题目三部分内容的"双模式"互动教学系统，使读者可以跟随光盘学习和操作。

> 实例演示：将书中各个实例进行全程演示并配合清晰语音的讲解，让读者有身临其境的课堂训练感受。

> 模拟训练：以书中实例为基础，但使用了交互教学的方式，可以使读者根据书中讲解，直接在教学系统中操作，亲手制作出实例的结果，让读者真正动手去操作，熟练地掌握各种操作方法，达到上机操作，无师自通的本领。

> 考核评测：让读者除了从教学中轻松学习知识之外，更可以通过题目评测自己的学习成果。

- 丰富的课后评测

　　本书在课后提供了精心设计的填充题、选择题、判断题和操作题等类型的考核评估习题，让读者测评出自己的学习成效。

本书内容丰富全面、讲解深入浅出、结构条理清晰，通过书中的基础学习和上机练习实例，让初学者和图像设计师都拥有实质性的知识与技能。本书是一本专为职业学校、社会培训班、广大图像处理的初、中级读者量身定制的培训教程和自学指导书。

本书是由广州施博资讯科技有限公司策划，由黎文锋编著，参与本书编写与范例设计工作的还有李林、黄活瑜、梁颖思、吴颂志、梁锦明、林业星、黎彩英、周志苹、李剑明、黄俊杰、李敏虹、黎敏、谢敏锐、李素青、郑海平、麦华锦、龙昊等，在此一并谢过。在本书的编写过程中，我们力求精益求精，但难免存在一些不足之处，敬请广大读者批评指正。

编者

光盘使用说明

　　本书附赠多媒体交互教学光盘，光盘除了附带书中所有实例的练习素材外，还提供了一个包含实例演示、模拟训练、评测题目三部分内容的双模式互动教学系统，读者可以跟随光盘学习和操作。

1. 启动光盘

　　从书中取出光盘并放进光驱，即可让系统自动打开光盘主界面，如图 1 所示。如果是将光盘复制到本地磁盘中，则可以进入光盘文件夹，双击【Play.exe】文件打开主播放界面，如图 2 所示。

图 1

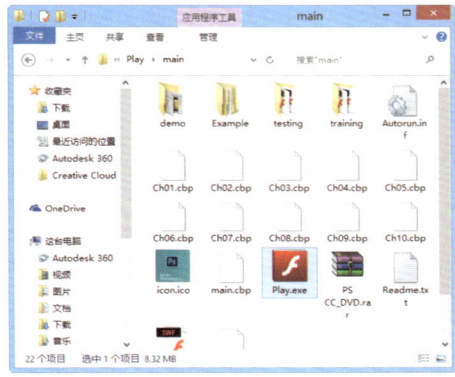
图 2

2. 使用帮助

　　在光盘主界面中单击【使用帮助】按钮，可以阅读光盘的帮助说明内容，如图 3 所示。单击【返回首页】按钮，可返回主界面。

3. 进入章界面

　　在光盘主界面中单击章名按钮，可以进入对应章界面。章界面中将本章提供的实例演示和实例模拟训练条列显示，如图 4 所示。

图 3

图 4

4. 双模式学习实例

（1）实例演示模式：将书中各个实例进行全程演示并配合清晰语音的讲解，读者可以体会到身临其境的课堂训练感受。在章界面中单击 ▶ 按钮，即可进入实例演示界面并观看实例演示影片。在观看实例演示过程中，可以通过播放条进行暂停、停止、快进／快退和调整音量的操作，如图 5 所示。观看完成后，单击【返回本章首页】按钮返回章界面。

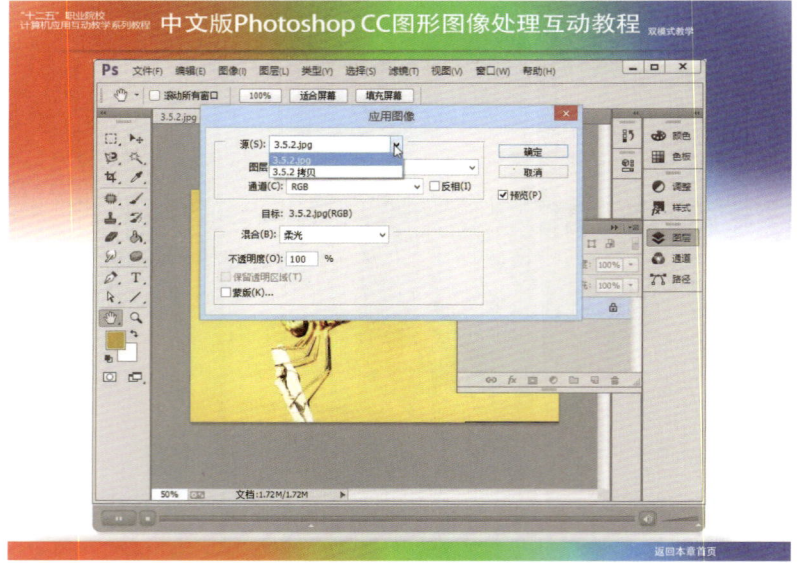

图5

（2）模拟训练模式：以书中实例为基础，但使用了交互教学的方式，读者可以根据书中讲解，直接在教学系统中操作，亲手制作出实例的结果。要使用模拟训练方式学习实例操作，可以在章界面中单击 ▶ 按钮。进入实例模拟训练界面后，即可根据实例的操作步骤在影片显示的模拟界面中进行操作。为了方便读者进行正确的操作，模拟训练界面以绿色矩形框作为操作点的提示，读者必须在提示点上正确操作，才会进入下一步操作，如图 6 所示。如果操作错误，模拟训练界面将出现提示信息，提示操作错误，如图 7 所示。

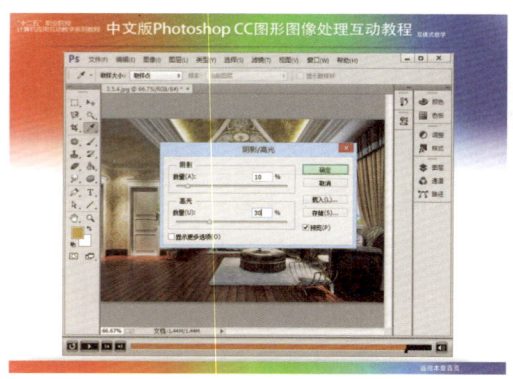

图6

图7

5. 使用评测习题系统

评测习题系统提供了考核评测题目，使读者除了从教学中轻松学习知识之外，更可以通过题目评测自己的学习成果。要使用评测习题系统，可以在主界面中单击【评测习题】按钮，然后在评测习题界面中选择需要进行评测的章，并单击对应章按钮，如图 8 所示。进入对应章的评测习题界面后，等待 5 秒即可显示评测题目。每章的评测习题共 10 题，包含填空题、选择题和判断题。每章评测题满分为 100 分，达到 80 分极为及格，如图 9 所示。

图 8

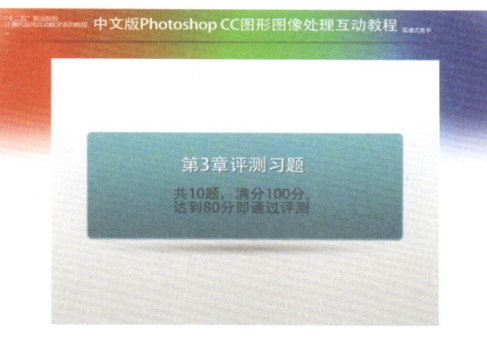

图 9

显示评测题目后，如果是填空题，则需要在【填写答案】后的文本框中输入题目的正确答案，然后单击【提交】按钮即完成当前题目操作，如图 10 所示。如果没有单击【提交】按钮而直接单击【下一个】按钮，则系统将该题认为被忽略的题目，将不计算本题的分数。另外，单击【清除】按钮，可以清除当前填写的答案；单击【返回】按钮返回前一界面。

如果是选择题或判断题，则可以单击选择答案前面的单选按钮，再单击【提交】按钮提交答案，如图 11 所示。

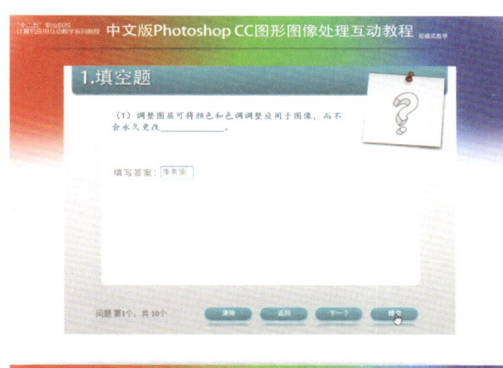

图 10

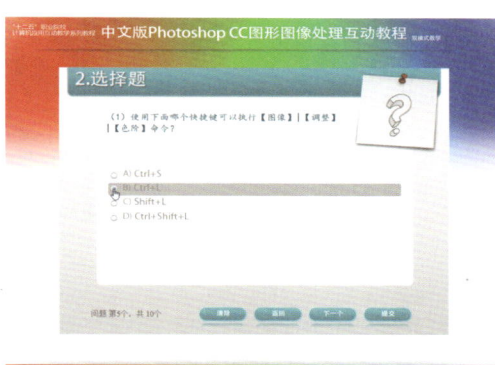

图 11

完成答题后，系统将显示测验结果，如图 12 所示。此时可以单击【预览测试】按钮，查看答题的正确与错误信息，如图 13 所示。

 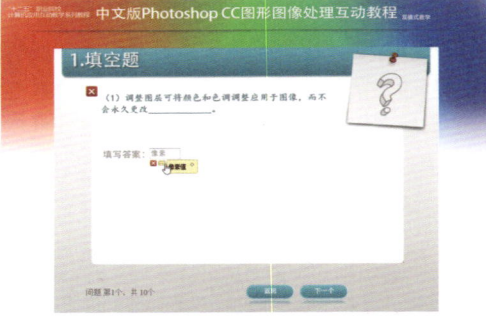

图12　　　　　　　　　　　　　图13

6. 退出光盘

如果需要退出光盘，可以在主界面中单击【退出光盘】按钮，也可以直接单击程序窗口的关闭按钮，关闭光盘程序。

目　　录

第 1 章　Photoshop CC 应用基础 1
1.1　设置界面颜色方案 1
1.2　认识 Photoshop CC 2
1.2.1　菜单栏 2
1.2.2　工具面板 3
1.2.3　选项面板 3
1.2.4　面板组 3
1.2.5　文件窗口 4
1.3　Photoshop 的文件管理 4
1.3.1　新建文件 5
1.3.2　打开文件 5
1.3.3　存储与另存文件 7
1.3.4　存储为 Web 所用格式 7
1.3.5　打印图像 9
1.4　技能训练 9
1.4.1　上机练习 1：自定义并新建工作区 10
1.4.2　上机练习 2：使用 Mini Bridge 打开文件 11
1.5　评测习题 12

第 2 章　查看与编辑图像 15
2.1　图像编辑入门 15
2.1.1　图像的类型 15
2.1.2　图像尺寸与分辨率 16
2.1.3　图像的颜色通道 17
2.1.4　认识色彩模式 17
2.1.5　转换色彩模式 20
2.1.6　认识位深度 20
2.2　查看图像 21
2.2.1　使用屏幕模式 21
2.2.2　使用缩放工具 22
2.2.3　使用抓手工具 23
2.2.4　使用旋转视图工具 23
2.2.5　在多个窗口中查看图像 24
2.3　图像基本编辑 25
2.3.1　复制图像 25
2.3.2　应用图像 25
2.3.3　修改图像与画布大小 26
2.3.4　裁剪图像 27
2.4　技能训练 30
2.4.1　上机练习 1：调整倾斜的图像 30
2.4.2　上机练习 2：裁剪图像并进行描边 31
2.4.3　上机练习 3：裁剪图像并制作柔光效果 32
2.4.4　上机练习 4：制作三种色调的图像效果 33
2.5　评测习题 35

第 3 章　颜色应用与调整 37
3.1　颜色的基础知识 37
3.1.1　认识颜色 37
3.1.2　常见颜色配搭 38
3.2　设置溢色警告 39
3.2.1　溢色的概念 39
3.2.2　辨别溢色的方法 40
3.2.3　设置溢色警告色 41
3.3　颜色的选择 42
3.3.1　设置前景色和背景色 42
3.3.2　使用吸管工具选择颜色 42
3.3.3　在绘图时选择颜色 44
3.3.4　使用颜色面板和色板面板 45
3.4　图像颜色的调整 46
3.4.1　调整面板 46
3.4.2　使用调整命令 48
3.4.3　调整图像局部颜色 50
3.5　技能训练 52
3.5.1　上机练习 1：解决 RGB 通道偏色图像 52
3.5.2　上机练习 2：降低曝光和强化图像细节 54
3.5.3　上机练习 3：解决图像逆光拍摄的问题 55

	3.5.4	上机练习 4：改善图像局部光线的不足	57
	3.5.5	上机练习 5：制作图像的艺术色彩效果	58
	3.5.6	上机练习 6：为风景图像制出黄昏效果	59
3.6	评测习题		61

第 4 章 创建、管理与应用图层 ... 63

4.1	图层基础知识		63
4.2	创建图层		67
	4.2.1	创建新图层	67
	4.2.2	创建填充图层	69
	4.2.3	创建调整图层	70
4.3	管理图层		71
	4.3.1	复制图层	71
	4.3.2	选择图层	72
	4.3.3	链接图层	74
	4.3.4	过滤图层	75
	4.3.5	锁定图层	76
	4.3.6	栅格化图层	76
	4.3.7	显示与隐藏图层	77
	4.3.8	合并图层与拼合图像	78
4.4	图层混合和样式的应用		79
	4.4.1	指定不透明度和混合模式	79
	4.4.2	指定混合图层的颜色范围	82
	4.4.3	为图层应用预设样式	83
	4.4.4	添加自定义图层样式	85
4.5	技能训练		87
	4.5.1	上机练习 1：制作图像渐变镜摄影效果	88
	4.5.2	上机练习 2：将素材制成绚丽的背景图	89
	4.5.3	上机练习 3：制作浮雕立体式标题效果	91
	4.5.4	上机练习 4：制作墙壁上的涂鸦字效果	93
	4.5.5	上机练习 5：制作仿真立体黄金字效果	95
	4.5.6	上机练习 6：制作纹理浮雕的徽标形状	96

4.6	评测习题		97

第 5 章 创建、修改和应用选区 ... 99

5.1	创建选区		99
	5.1.1	使用选框工具	99
	5.1.2	使用套索类工具	101
	5.1.3	使用快速选择工具	104
	5.1.4	使用魔棒工具	105
	5.1.5	使用【色彩范围】命令	106
5.2	选区的编辑与存储		108
	5.2.1	移动选区边界	108
	5.2.2	修改现有选区	109
	5.2.3	羽化选区边界	110
	5.2.4	变换选区边界	112
	5.2.5	存储与载入选区	113
5.3	使用蒙版和通道		114
	5.3.1	使用快速蒙版模式创建选区	115
	5.3.2	使用 Alpha 通道蒙版创建选区	116
5.4	技能训练		118
	5.4.1	上机练习 1：制作十字焦点示意图	118
	5.4.2	上机练习 2：为图像特定内容更换颜色	119
	5.4.3	上机练习 3：在图像中抠图并修改颜色	121
	5.4.4	上机练习 4：去除复杂图像的背景内容	123
	5.4.5	上机练习 5：简单制作带光芒的月亮图	125
	5.4.6	上机练习 6：利用选区调整图像局部颜色	126
	5.4.7	上机练习 7：制作图案叠加的纹理字特效	128
5.5	评测习题		130

第 6 章 绘画与绘图 ... 132

6.1	在 Photoshop 中绘画		132
	6.1.1	画笔预设与选项	132
	6.1.2	画笔工具和铅笔工具	133

6.1.3	混合器画笔工具	135
6.1.4	图案图章工具	137
6.1.5	历史记录艺术画笔工具	138
6.2	使用形状工具绘图	139
6.2.1	关于绘图	139
6.2.2	基本绘图工具	140
6.2.3	使用自定形状工具绘图	142
6.3	钢笔工具组	143
6.3.1	使用钢笔工具绘图	144
6.3.2	使用自由钢笔工具绘图	145
6.3.3	添加与删除路径锚点	146
6.4	编辑和管理路径	146
6.4.1	关于路径	147
6.4.2	选择路径	148
6.4.3	调整路径	149
6.4.4	管理与存储路径	150
6.5	技能训练	152
6.5.1	上机练习1：制作广告图像的涂彩效果	152
6.5.2	上机练习2：制作书签图像的艺术背景	155
6.5.3	上机练习3：制作情人节贺卡主题图形	157
6.5.4	上机练习4：制作贵宾卡背景和装饰图	159
6.5.5	上机练习5：制作新年贺卡装饰与文字效果	162
6.5.6	上机练习6：快速设计公司的Logo	164
6.6	评测习题	167

第7章 文字编辑与滤镜应用 169

7.1	创建与编辑文字	169
7.1.1	文字类型	169
7.1.2	文字图层	170
7.1.3	创建点文字	170
7.1.4	创建段落文字	171
7.1.5	创建文字选区	172
7.1.6	设置字符和段落格式	173
7.2	文字的高级应用	174
7.2.1	将文字转换为形状	175
7.2.2	创建文字变形效果	176
7.2.3	沿路径创建文字	177
7.2.4	为文字应用样式	178
7.3	滤镜的应用	179
7.3.1	关于滤镜	180
7.3.2	从菜单中应用滤镜	181
7.3.3	从滤镜库应用滤镜	182
7.3.4	典型滤镜的效果说明	183
7.4	技能训练	186
7.4.1	上机练习1：制作贝壳形状的文字特效	186
7.4.2	上机练习2：制作旅游广告标题和内容	188
7.4.3	上机练习3：制作图像的艺术油画效果	189
7.4.4	上机练习4：使用液化滤镜制作咖啡涟漪效果	191
7.4.5	上机练习5：使用镜头校正滤镜修复图像	192
7.4.6	上机练习6：将图像制成彩色画笔素描画	194
7.4.7	上机练习7：制作图像波纹艺术边缘效果	196
7.5	评测习题	199

第8章 自动化与Web图像应用 201

8.1	使用动作实现自动化	201
8.1.1	动作	201
8.1.2	动作面板	201
8.1.3	播放默认动作	202
8.1.4	载入与复位动作	204
8.1.5	创建动作与插入停止	204
8.2	处理一批图像文件	209
8.2.1	批处理图像	209
8.2.2	创建和应用快捷批处理	210
8.2.3	使用图像处理器转换文件	211
8.3	Web图像的处理	213
8.3.1	将Web图像切片	213
8.3.2	选择与修改切片	214
8.3.3	划分与组合切片	216
8.3.4	设置切片选项	218

	8.3.5	存储 Web 图像为网页 219
8.4	技能训练 220
	8.4.1	上机练习 1：制作拉丝金属立体标题文字 220
	8.4.2	上机练习 2：将图像制作成仿旧照片效果 221
	8.4.3	上机练习 3：批制作图像的油彩蜡笔效果 222
	8.4.4	上机练习 4：将多个图像制成 PDF 演示文稿 223
	8.4.5	上机练习 5：将分切的图像合成广角全景照 226
	8.4.6	上机练习 6：制作图像切片并存储为网页 227
8.5	评测习题 230

第 9 章 图像设计上机特训 232

9.1	上机练习 1：改善逆光拍摄的照片效果 232
9.2	上机练习 2：为美女模特进行化妆 233
9.3	上机练习 3：制作古典的花纹艺术字 236
9.4	上机练习 4：制作浪漫的浮凸艺术字 239
9.5	上机练习 5：制作木纹的立体艺术字 241
9.6	上机练习 6：制作被烧过的旧照片特效 244
9.7	上机练习 7：制作科幻式冰封美女特效 248
9.8	上机练习 8：制作魔幻式狮子咆哮特效 251
9.9	上机练习 9：制作彩光照射水波的特效 253
9.10	上机练习 10：应用通道混合器制作雪景 254

第 10 章 综合图像项目设计 256

10.1	商务名片设计 256
	10.1.1 制作名片正面背景 256
	10.1.2 制作名片正面内容 261
	10.1.3 制作名片背面内容 263
10.2	房地产广告设计 266
	10.2.1 制作背景与主题图 266
	10.2.2 制作 Logo 和添加内容 270
10.3	红酒海报设计 274
	10.3.1 制作海报的主题图 274
	10.3.2 制作海报的背景图 277
	10.3.3 制作酒庄徽标和内容 280

参考答案 284

第 1 章　Photoshop CC 应用基础

学习目标

本章将重点介绍 Photoshop CC 的用户界面和管理文件的操作方法，为后续设计图像的操作打下坚实的基础。

学习重点

☑ Photoshop CC 的界面组成
☑ 使用 Photoshop 管理文件
☑ 自定义工作区的操作
☑ 使用【Mini Bridge】面板

1.1 设置界面颜色方案

与旧版本相比，Photoshop CC 的用户界面经过重新设计，外观上有了很大的改变，Photoshop 的用户界面现在有黑色、深灰色、中灰和浅灰 4 个主题。用户可以根据自己的使用习惯设置界面的颜色方案。

选择【编辑】|【首选项】|【常规】命令，在打开的【首选参数】对话框中选择【界面】选项，然后在【外观】框中选择颜色方案选项并单击【确定】按钮，即可更改用户界面颜色，如图 1-1 所示。

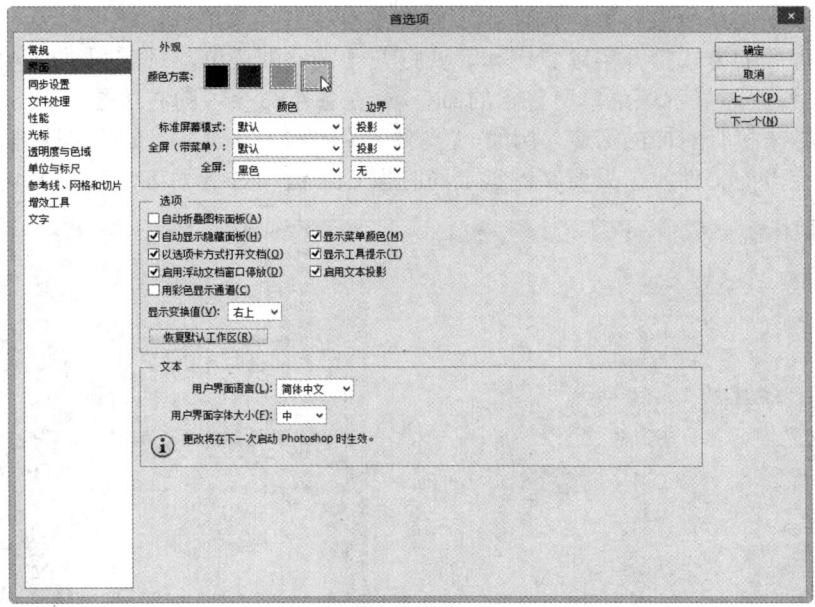

图 1-1　选择用户界面颜色方案

1.2 认识 Photoshop CC

启动 Photoshop CC 应用程序后,即可进入其用户界面。Photoshop CC 用户界面大致可分为菜单栏、选项面板、工具面板、面板组和文件窗口,如图 1-2 所示。

图 1-2　Photoshop CC 用户界面

1.2.1 菜单栏

Photoshop CC 的菜单栏位于用户界面正上方,它包含了图像处理的大部分操作命令,由【文件】、【编辑】、【图像】、【图层】、【类型】、【选择】、【滤镜】、【视图】、【窗口】、【帮助】10个菜单项组成,单击任意一个菜单项,即可打开菜单,如图 1-3 所示。

当用户需要使用某个菜单的时候,除了单击菜单项打开菜单外,还可以通过"按 Alt+菜单项后面的字母"的方式打开菜单。例如,要打开【文件】菜单,只需同时按 Alt+F 键即可。

打开菜单后,就能显示该菜单所包含的命令项,在各个命令项的右边是该命令项的快捷键,可以使用快捷键来执行对应的命令。例如,【文件】菜单中【存储】命令的快捷键是 Ctrl+S 键,当用户需要保存当前文件时,只要在键盘上同时按 Ctrl 键和 S 键即可,如图 1-4 所示。

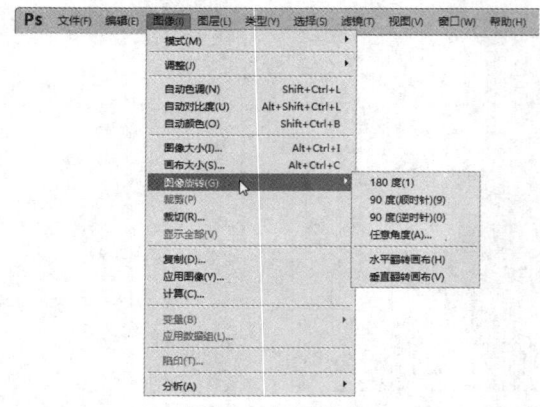
图 1-3　打开菜单

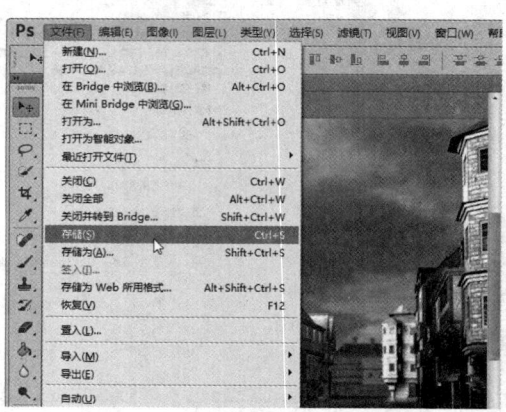
图 1-4　查看命令项的快捷键

问：菜单中有些命令项为什么是灰色的？
答：如果菜单中某些菜单命令项显示为灰色，则表示该命令在当前状态下不可用。

1.2.2 工具面板

工具面板默认位于用户界面的左侧，是 Photoshop 中使用频率最高的面板之一。工具面板包含了所有图像处理用到的编辑工具，如套索工具、画笔工具、裁剪工具、文字工具、修补工具等。

1. 展开面板

在默认情况下，工具面板以单列显示工具按钮，只需单击工具面板标题栏的【展开面板】按钮，即可展开工具面板，此时工具面板以双列显示工具按钮，如图 1-5 所示。

2. 打开工具组列表

Photoshop CC 的工具面板为用户提供了大量的编辑工具，当中有一些工具的功能十分相似，它们通常以组的形式隐藏在同一个工具按钮中。包含多个工具的工具按钮右下角会有一个小三角箭头。当用户要转换同一组的不同工具时，只要使用鼠标右键单击工具按钮或使用鼠标左键长按工具按钮即可打开工具组，此时选择相应的工具即可，如图 1-6 所示。

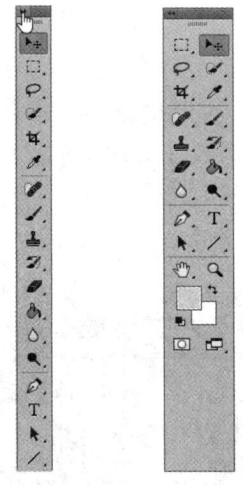

图 1-5　展开工具面板

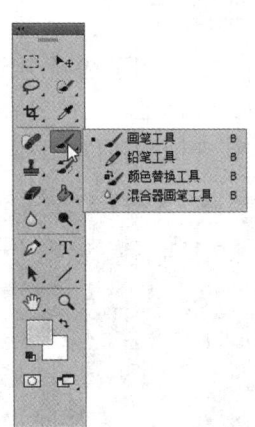

图 1-6　打开工具组列表

1.2.3 选项面板

Photoshop CC 的选项面板位于菜单栏的正下方，当在工具面板中选择不同工具时，选项面板也会显示不同的选项，以便对当前使用的工具进行相关设置，如图 1-7 所示。

图 1-7　使用选项面板设置工具选项

1.2.4 面板组

默认情况下，Photoshop CC 的面板组位于用户界面最右侧，它是用户编辑图像的重要辅助工具。为了方便使用,面板组区域在用户界面的最右侧只显示三个面板组,包含了最常用的颜色、调整、图层等面板,如图1-8所示。

当展开的面板组占用过多的位置时,可以单击【折叠为图标】按钮 将面板折叠并以图标显示。当使用面板时,只需单击折叠面板组的按钮图标即可打开对应的面板,如图1-9所示。

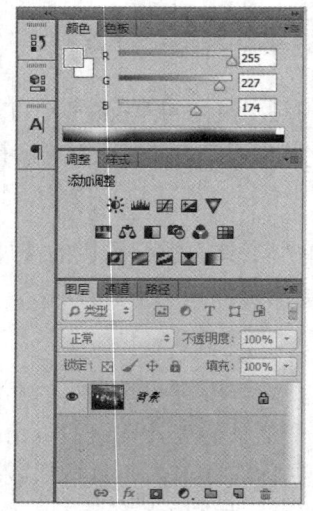

图1-8 面板组区域

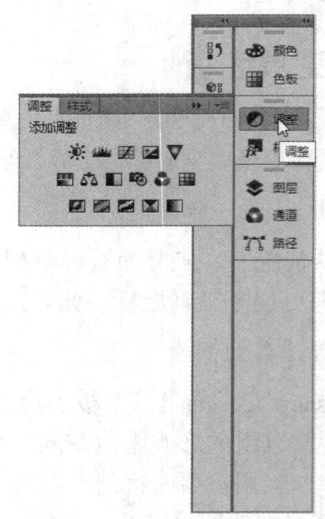

图1-9 折叠面板组后使用面板

1.2.5 文件窗口

Photoshop CC 采用了选项卡形式的文件窗口,该窗口用于显示和提供用户编辑当前文件。文件窗口分为文件标题、文件内容、文件状态三部分。当用户需要使文件窗口浮动显示时,按住文件标题后往外拖动即可使窗口浮动显示当前文件,如图1-10所示。

图1-10 浮动显示文件窗口

1.3 Photoshop 的文件管理

文件管理是 Photoshop CC 的基本操作,也是进一步学习设计创作的基础。

1.3.1 新建文件

新建文件时，用户可以设置文件的名称、大小、分辨率、颜色模式以及背景等内容。在 Photoshop CC 中，可以使用多种方法新建文件。

方法 1　通过菜单命令新建文件。在菜单栏中选择【文件】|【新建】命令，打开【新建】对话框后，可以选择预设的文件设置，或者自行设置名称、大小、分辨率、颜色模式以及背景等内容，然后单击【确定】按钮即可，如图 1-11 所示。

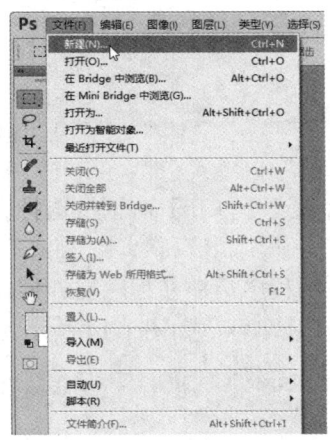
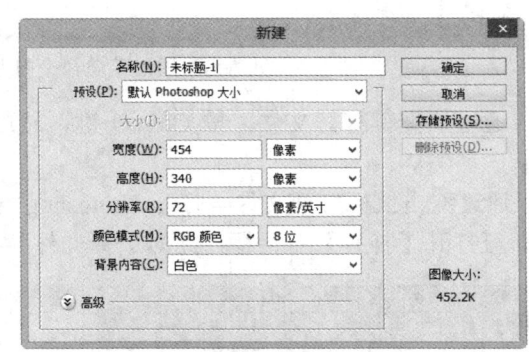

图 1-11　新建文件

方法 2　使用快捷键新建文件。按 Ctrl+N 键打开【新建】对话框，然后按照方法 1 操作即可创建新文件。

方法 3　通过文件窗口新建文件。在文件窗口的标题栏上单击右键，然后从快捷菜单中选择【新建文档】命令，即可打开【新建】对话框，接着依照方法 1 的步骤操作即可新建文件，如图 1-12 所示。

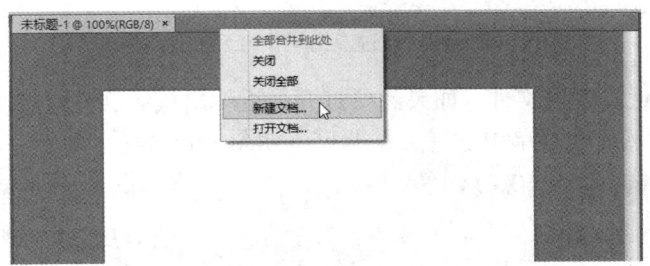

图 1-12　通过文件窗口新建文件

1.3.2 打开文件

当需要编辑 Photoshop 文件或其他图像文件时，可以通过 Photoshop CC 打开文件，然后根据需要查看文件内容或对其进行编辑。

在 Photoshop CC 中，打开 Flash 文件常用的方法有下面几种。

方法 1　通过菜单命令打开文件。在菜单栏上选择【文件】|【打开】命令，然后通过【打开】对话框选择要打开的 Photoshop 文件或图像文件，再单击【打开】按钮即可，如图 1-13 所示。

中文版 Photoshop CC 图形图像处理互动教程

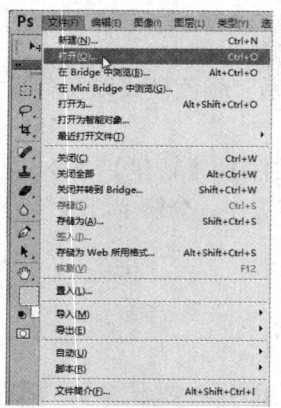
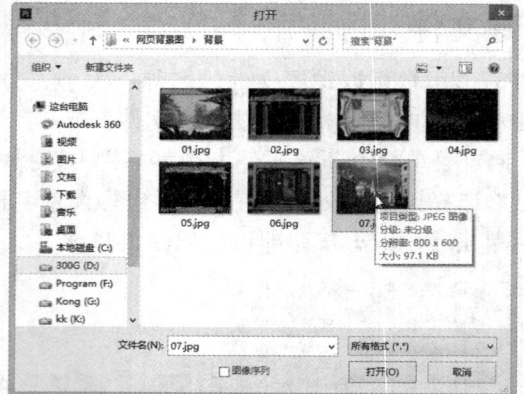

图 1-13 通过菜单命令打开文件

方法 2 通过快捷键打开文件。按 Ctrl+O 键，然后通过【打开】对话框选择文件并单击【打开】按钮。

方法 3 通过双击鼠标打开文件。打开 Photoshop 应用程序后，在程序文件窗口编辑区上双击鼠标，即可打开【打开】对话框，此时选择文件并打开即可，如图 1-14 所示。

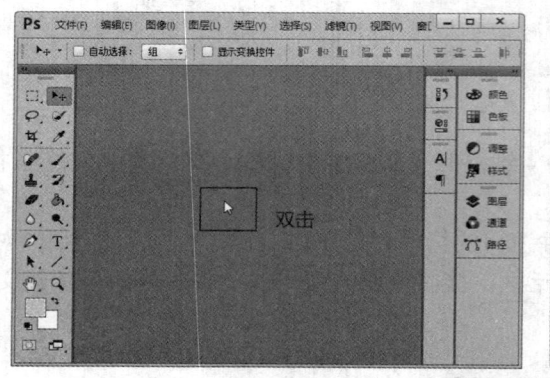

图 1-14 通过双击动作打开文件

方法 4 打开最近打开的文件。如果想要打开最近编辑过的文件，可以选择【文件】|【打开最近文件】命令，然后在菜单中选择文件即可，如图 1-15 所示。

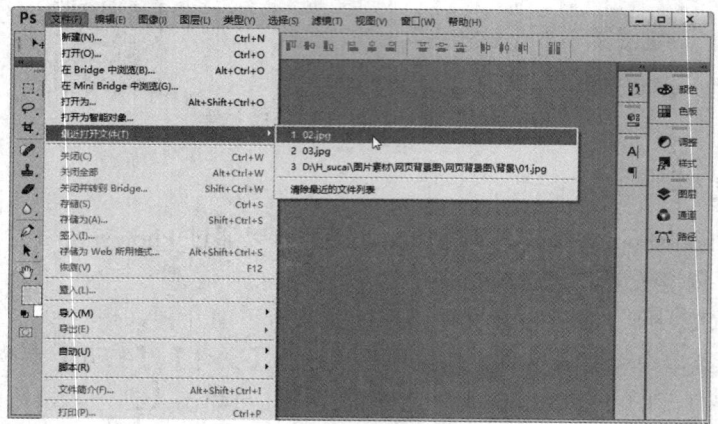

图 1-15 打开最近打开的文件

6

方法 5　通过 Bridge 程序打开文件。Photoshop CC 版本将 Bridge CC 程序一起附加安装，当需要使用 Bridge CC 程序打开文件时，只需选择【文件】|【在 Bridge 中浏览】命令即可打开 Bridge 程序，然后通过该程序选择并打开文件，如图 1-16 所示。

图 1-16　通过 Bridge 打开文件

1.3.3　存储与另存文件

新建或编辑文件后，可以将文件存储起来，以免设计过程中出现意外造成损失（如死机、程序出错、系统崩溃、停电等）。

在菜单栏中选择【文件】|【存储】命令，或按 Ctrl+S 键，即可执行存储文件的操作。

如果是新建的文件，当选择【文件】|【保存】命令或按 Ctrl+S 键时，Photoshop 会打开【存储为】对话框，在其中可以设置保存位置、文件名、保存格式和存储选项，如图 1-17 所示。

如果是打开的 Photoshop 文件，编辑后选择【文件】|【保存】命令或按 Ctrl+S 键时，则不会打开【存储为】对话框，而是按照原文件位置和文件名直接覆盖。

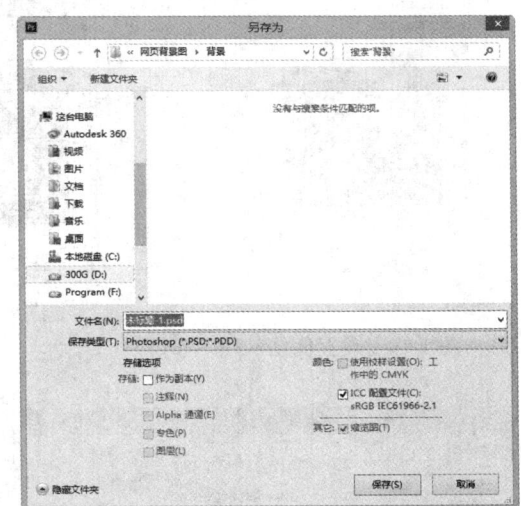

图 1-17　存储新文件

当编辑 Photoshop 文件后，如果不想覆盖原来的文件，可以选择【文件】|【存储为】命令（或按 Ctrl+Shift+S 键），然后通过【存储为】对话框更改文件保存位置或名称，将原文件保存为一个新文件。

1.3.4　存储为 Web 所用格式

当使用 Photoshop 设计图像后，需要将图像存储为网页发布到网站时，可以通过【存储为 Web 所用格式】对话框对图像进行优化处理，以适应网络传递的要求，接着存储为网页文件即可。

动手操作　存储为 Web 所用格式

1 打开"..\Example\Ch01\index.jpg"练习文件，再打开【文件】菜单，并选择【存储为

Web 所用格式】命令，如图 1-18 所示。

2 打开【存储为 Web 所用格式】对话框后，选择【优化】选项卡，再通过对话框右侧设置图像格式和优化选项，如图 1-19 所示。

3 选择【双联】选项卡，从浏览窗口中查看优化后的图像与原稿的效果对比，确认无误后单击【存储】按钮，如图 1-20 所示。

4 打开【将优化结果存储为】对话框后，设置文件名称，再选择格式为【HTML 和图像】，接着单击【保存】按钮，在弹出的警告对话框中直接单击【确定】按钮，即可将图像保存为 HTML 格式的网页文件，如图 1-21 所示。

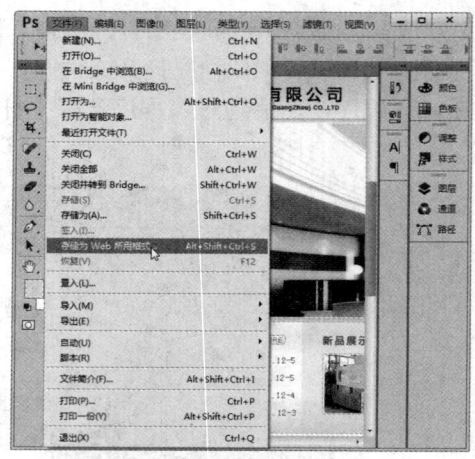

图 1-18　存储为 Web 所用格式

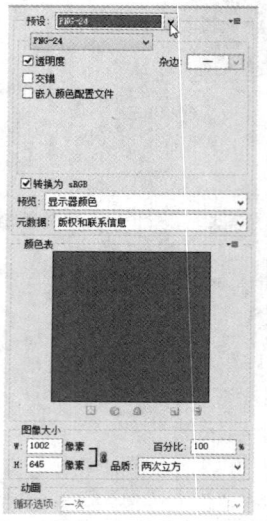

图 1-19　设置优化

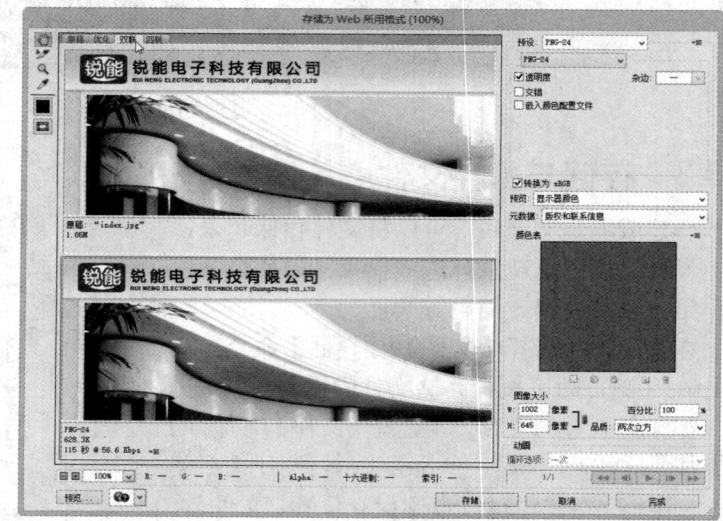

图 1-20　查看优化与原稿的对比

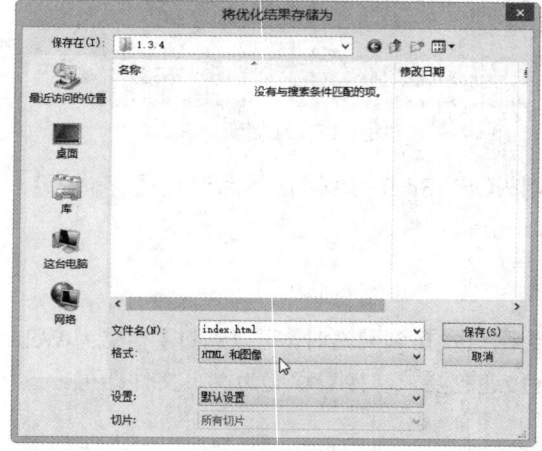

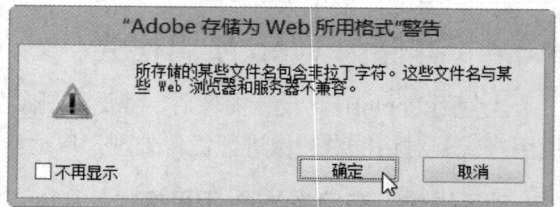

图 1-21　保存为网页文件

8

5 进入保存文件的目录，可以发现除了步骤 4 保存的网页文件外，系统还自动新建了 images 文件夹，优化后的图像放置在此文件夹内，如图 1-22 所示。双击网页文件，即可通过浏览器打开该文件，查看网页效果，如图 1-23 所示。

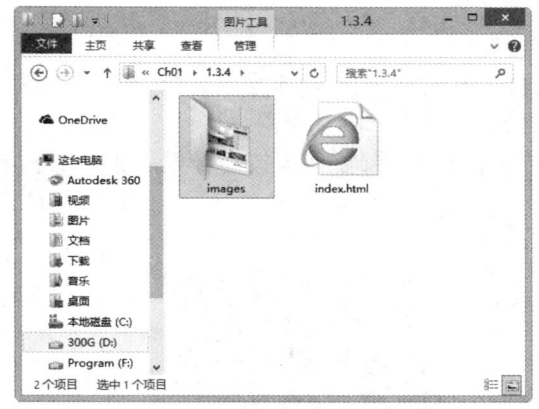

图 1-22 查看保存文件的结果　　　　　　　　图 1-23 通过浏览器查看网页

1.3.5 打印图像

当编辑完图像文件后，如果电脑连接了打印机，就可以直接通过 Photoshop 的【打印】功能将图像打印出来。

选择【文件】|【打印】命令，在打开的【Photoshop 打印设置】对话框中指定打印机，再设置打印色彩和其他打印选项，最后单击【打印】按钮即可使打印机执行打印图像的命令，如图 1-24 所示。

图 1-24 打印当前编辑的图像

1.4 技能训练

下面通过两个上机练习实例，巩固所学习知识。

1.4.1 上机练习1：自定义并新建工作区

本例先切换到【绘图】工作区，然后根据自己的使用习惯调整面板的位置，再通过【首选项】对话框设置用彩色显示通道，接着将自定义的工作区建成一个新的工作区。

操作步骤

1 启动 Photoshop CC 应用程序，然后选择【窗口】|【工作区】|【绘图】命令，切换到【绘图】工作区，如图 1-25 所示。

2 使用鼠标按住【图层】面板集标题栏，然后将该面板集移到面板组最上方，如图 1-26 所示。

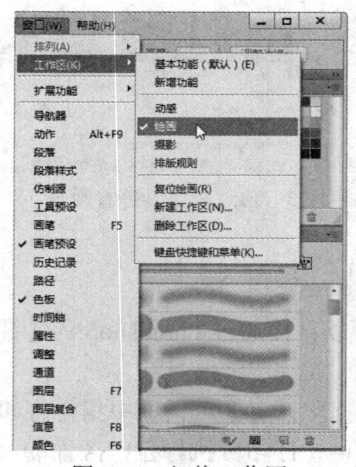
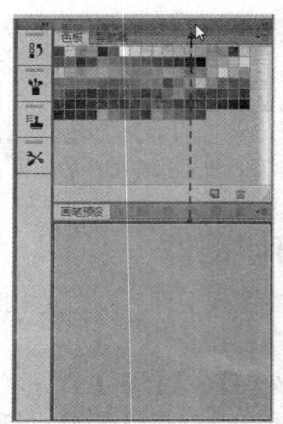

图 1-25　切换工作区　　　　　　　　图 1-26　调整面板集的位置

3 选择面板组下方的【画笔预设】面板，再使用鼠标按住该面板的标题，并将该面板移到折叠的面板组上，如图 1-27 所示。

4 选择折叠面板下方的【工具预设】面板按钮，然后按住该按钮将【工具预设】面板拖到右侧展开的面板组上，如图 1-28 所示。

5 单击【工具】面板左上方的【展开面板】按钮，展开【工具】面板，如图 1-29 所示。

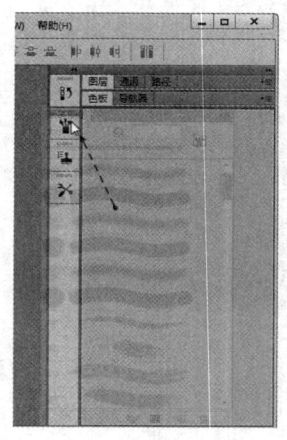
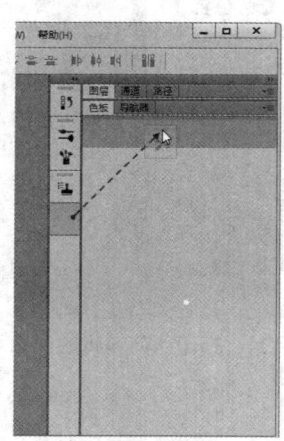
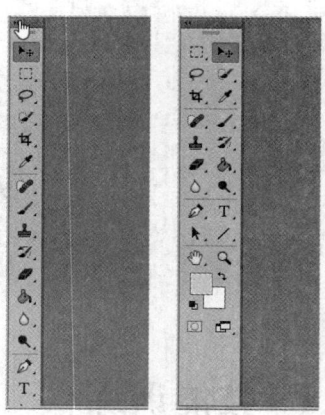

图 1-27　调整【画笔预设】　　图 1-28　调整【工具预设】　　图 1-29　展开【工具】面板
　　　　面板的位置　　　　　　　　　面板的位置

6 在面板组标题上单击右键，然后从打开的菜单中选择【界面选项】命令，打开【首选项】对话框后，选择【用彩色显示通道】复选框，接着单击【确定】按钮，如图 1-30 所示。设置彩色显示通道后，可以通过【通道】面板查看通道以彩色显示的结果，如图 1-31 所示。

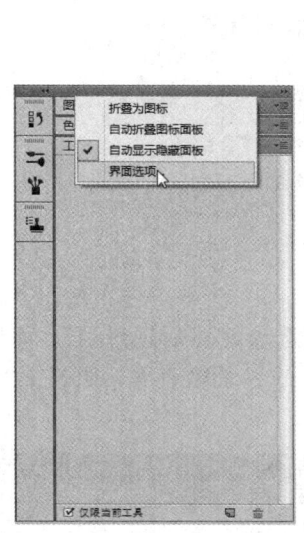
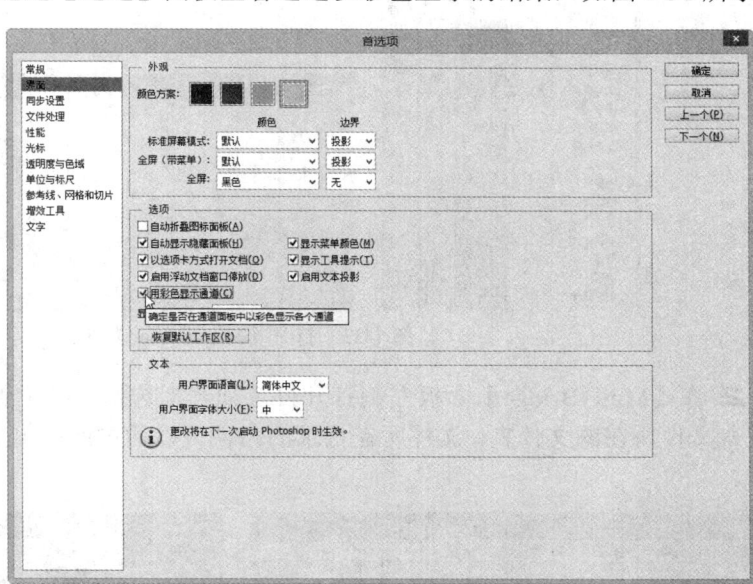

图 1-30　设置用彩色显示通道

7 完成上述自定义工作区的操作后，即可选择【窗口】|【工作区】|【新建工作区】命令，然后通过【新建工作区】对话框将当前工作区的设置建成新工作区，如图 1-32 所示。

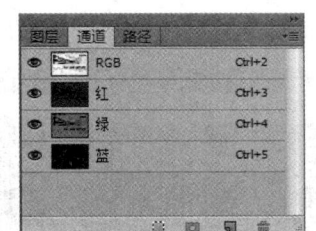
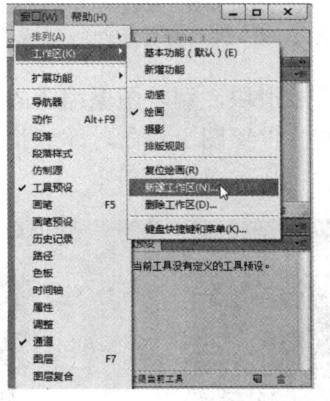
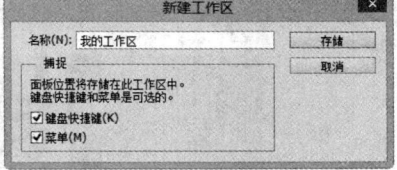

图 1-31　用彩色显示通道的结果　　　　　　图 1-32　新建工作区

1.4.2　上机练习 2：使用 Mini Bridge 打开文件

本例先使用 Mini Bridge 扩展功能调用 Bridge CC 应用程序功能，然后通过 Mini Bridge 面板查找到文件并在 Photoshop 中打开。

操作步骤

1 启动 Photoshop CC 应用程序，然后选择【窗口】|【扩展功能】|【Mini Bridge】命令，打开【Mini Bridge】面板后，单击【启动 Bridge】按钮，如图 1-33 所示。

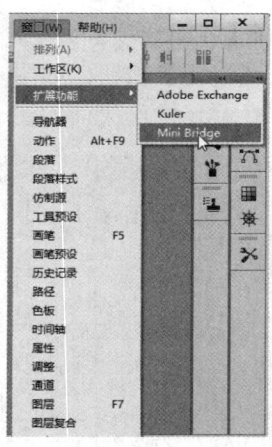

图 1-33　打开【Mini Bridge】面板

2 在【Mini Bridge】面板左侧打开目录列表,选择目录位置选项,然后通过目录列表项进入文件所在的文件夹。文件所在目录的路径可以通过面板上方的目录栏查看,如图 1-34 所示。

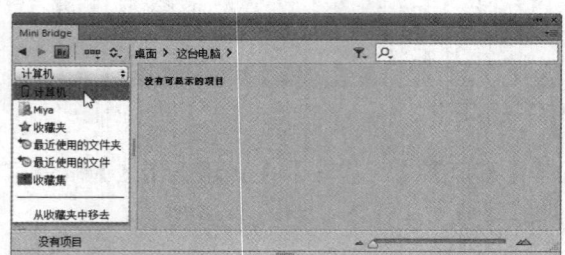

图 1-34　进入文件所在的目录

3 用鼠标拖动面板右下方的缩放滑块,调整图像缩图的大小,如图 1-35 所示。

4 选择需要打开的文件后,在文件缩图上双击,即可将该文件打开到 Photoshop 中,如图 1-36 所示。

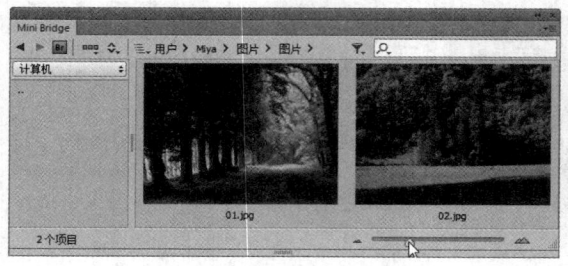

图 1-35　调整文件缩图大小　　　　　　　　　图 1-36　打开文件

1.5　评测习题

1. 填充题

(1)＿＿＿＿＿＿包含了所有图像处理用到的编辑工具,如套索工具、画笔工具、裁剪工具、文字工具、修补工具等。

（2）_____键，可以打开【新建】对话框。

（3）要使用【Mini Bridge】面板，则必须启动_____程序。

2. 选择题

（1）Photoshop CC 不包含哪种用户界面的颜色方案？　　　　　　　　　　（　　）

　　A. 黑色　　　　　B. 中灰　　　　　C. 浅灰　　　　　D. 白色

（2）按什么键可以打开【文件】菜单？　　　　　　　　　　　　　　　　（　　）

　　A. Alt+F　　　　B. Ctrl+F　　　　C. Ctrl+E　　　　D. Shift+F

（3）按哪个快捷键可以打开【另存为】对话框？　　　　　　　　　　　　（　　）

　　A. Ctrl+Shift+O　　B. Ctrl+Shift+E　　C. Ctrl+Shift+S　　D. Ctrl+Shift+F

（4）以下哪个菜单包含了用于调整图像、裁切图像、旋转图像等相关命令？（　　）

　　A.【文件】菜单　　B.【图像】菜单　　C.【类型】菜单　　D.【窗口】菜单

3. 判断题

（1）Photoshop CC 的菜单栏由【文件】、【编辑】、【图像】、【图层】、【类型】、【选择】、【滤镜】、【视图】、【窗口】、【帮助】10 个菜单项组成。　　　　　　　　　　　　　　（　　）

（2）菜单中某些菜单命令项显示为灰色，则表示该命令直接使用，不能通过对话框设置参数。　　　　　　　　　　　　　　　　　　　　　　　　　　　　　　　　　　　（　　）

（3）如果是打开的 Photoshop 文件，编辑后按 Ctrl+S 键时，不会打开【存储为】对话框。

（　　）

4. 操作题

切换到一种突出显示 Photoshop CC 新增功能的工作区模式，然后为图像文件应用新增的【智能锐化】滤镜，结果如图 1-37 所示。

图 1-37　使用滤镜锐化图像的结果

操作提示

（1）启动 Photoshop CC 应用程序，打开"..\Example\Ch01\1.5.jpg"文件。

（2）选择【窗口】|【工作区】|【新增功能】命令。

（3）在此工作区模式下，新增功能会突出显示。此时可以选择【滤镜】|【锐化】|【智能锐化】命令，通过【智能锐化】对话框锐化图像，如图1-38所示。

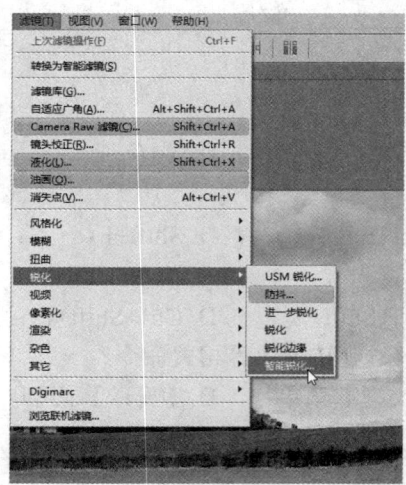
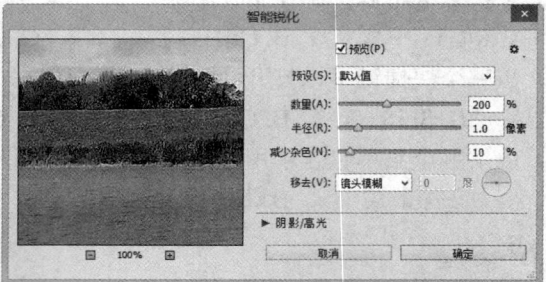

图1-38 使用【智能锐化】新增功能

第 2 章　查看与编辑图像

学习目标

本章主要介绍图像编辑入门知识以及查看图像、图像基本编辑方法等内容。

学习重点

- ☑ 图像编辑入门知识
- ☑ 查看图像的各种方法
- ☑ 图像基本编辑的方法
- ☑ 使用简单编辑方式制作图像效果

2.1　图像编辑入门

下面将介绍处理图像的基本概念，包括图像的分类、图像尺寸与分辨率、图像的颜色通道、图像模式转换和位深度等。

2.1.1　图像的类型

在计算机中，图像是以数字方式进行记录、处理和保存的，可以分为两类，即位图图像和矢量图形。

1. 位图图像

位图图像又称为点阵图像或栅格图像，这种图像使用图片元素的矩形网格（像素）表现图像，每个像素都分配有特定的位置和颜色值。在处理位图图像时，编辑的是像素，而不是对象或形状。

位图图像包含固定数量的像素。因此，如果在屏幕上以高缩放比率对它们进行缩放或以低于创建时的分辨率来打印它们，则将丢失其中的细节，并会呈现出锯齿，如图 2-1 所示。

图 2-1　放大后的图像出现明显锯齿

2. 矢量图形

矢量图形又称为矢量形状或矢量对象,它是由称作矢量的数学对象定义的直线和曲线构成的。矢量根据图像的几何特征对图像进行描述,任意移动或修改矢量图形,都会丢失细节或影响清晰度。

换言之,当调整矢量图形的大小、将矢量图形打印到打印机、将矢量图形导入到基于矢量的图形应用程序中时,矢量图形都将保持清晰的边缘,如图2-2所示。因此,对于将在各种输出媒体中按照不同大小使用的图稿(如徽标),矢量图形是最佳选择。

图2-2　矢量图形经过放大后不会丢失细节

2.1.2　图像尺寸与分辨率

1. 尺寸与分辨率的关系

图像的分辨率与图像尺寸有着紧密的联系。当尺寸相同时,图像分辨率越高,图像文件也就越大。除了图像分辨率外,位分辨率也会影响文件的大小,当图像尺寸和图像分辨率都相同时,位分辨率越大,文件体积也就越大。一般来说,图像的分辨率越高,得到的印刷图像的质量就越好。如图2-3所示为不同分辨率在放大时的图像质量。

图2-3　不同分辨率在放大时的图像质量

2. 分辨率种类

分辨率的种类较多,其划分方式与含义也不尽相同。下面就分别对图像分辨率、设备分辨率、网屏分辨率以及位分辨率这4种与图像设计关系比较密切的分辨率进行介绍。

- 图像分辨率:通常指的是每英寸图像所包含的像素点数。分辨率越高,图像越清晰,占用的磁盘空间越大,处理的时间越长;反之,图像越模糊,占用的磁盘空间越小,处理时间也越短。在 Photoshop CC 中，除了使用"英寸"单位来计算分辨率，还可以使用"厘米"等其他单位来计算分辨率，不同单位计算出来的分辨率不同，因此，如果没有特殊说明，一般使用英寸为单位进行计算。
- 设备分辨率：又称为输出分辨率，它是指每单位输出长度所代表的像素点数，是不可更改的，每个设备各自都有其固定的分辨率。如电脑显示器、扫描仪、数码相机等，都有一个固定的最大分辨率参数。
- 网屏分辨率：是指打印灰度图像或分色图像时，所用的网屏上每英寸的点数。这种分辨率通过每英寸的行数（LPI）来表示。
- 位分辨率：又称为位深，用来衡量每个像素存储的颜色信息的位数。

 问：矢量图形和图像分辨率有关系吗？
答：由于矢量图是用数学方式的描述建立的图像，因此与图像分辨率无关。

2.1.3 图像的颜色通道

每个 Photoshop 图像都有一个或多个通道，每个通道中都存储了关于图像色素的信息。图像中的默认颜色通道数取决于图像的颜色模式。

在默认情况下，位图、灰度、双色调和索引颜色模式的图像有一个通道；RGB 和 Lab 图像有三个通道，如图 2-4 所示；CMYK 图像有四个通道，如图 2-5 所示。

图 2-4　RGB 图像有三个颜色通道　　　　图 2-5　CMYK 图像有四个颜色通道

2.1.4 认识色彩模式

图像都是由色彩构成的，图像色彩的不同组合方式产生了不同的颜色效果，在 Photoshop 中称为色彩模式。

色彩模式决定了图像在显示或打印时的色彩处理方式，常见的色彩模式包括 RGB（红、绿、蓝）、CMYK（青、洋红、黄、黑）、Lab、位图（Bitmap）、灰度（Grayscale）、双色调（Duotone）、索引色（Indexed Color）等。

中文版 Photoshop CC 图形图像处理互动教程

1. RGB 颜色

RGB 颜色又称为加色模式，是 Photoshop CC 中最常用的色彩模式，也是显示器、电视机、投影仪等设备所使用的色彩模式。

RGB 中的色彩通道 R 代表红色（Red），G 代表绿色（Green），B 代表蓝色（Blue），也就是常说的"三原色"，这三种颜色通过叠加形成了其他的色彩，如图 2-6 所示。

RGB 中每种原色用 8 位数据保存，因此可以表示 0（黑色）~255（白色）共 256 个色彩亮度评级，三原色叠加一共可以产生 1677 万种色彩（俗称"24 位真彩色"）。

 由于可以产生多种色彩，因此在设计色彩丰富的图像时，RGB 色彩模式是最好的选择。同时由于 RGB 色彩模式通过亮度表示色彩，某些色彩的亮度范围已经超出了印刷色彩的范围，因此直接打印 RGB 模式的图像可能会造成颜色的丢失，也就是常说的"失真"。

2. CMYK 颜色

CMYK 颜色又称为减色模式，是一种印刷用的色彩模式。其中，C 代表 Cyan（青色），M 代表 Magenta（洋红），Y 代表 Yellow（黄色），K 代表 Black（黑色）。这四种颜色通过叠加形成了其他的色彩，如图 2-7 所示。CMYK 中的每种原色也用 8 位数据保存，可以表示 0（白色）~100%（通道颜色）的色彩范围。

3. Lab 颜色

Lab 图像模式以一个亮度通道 L（Lightness）以及 a、b 两个颜色通道来表示颜色，L 通道代表颜色的亮度，其值域为 0~100，当 L=50 时，就相当于 50%的黑。a 通道表示从红色至绿色的范围，b 通道表示从蓝色至黄色的范围，其值域都是+120~-120，如图 2-8 所示。Lab 图像模式是一种与设备无关的图像模式，它色域宽阔，不仅包含了 RGB 以及 CMYK 的所有色域，还能表现它们不能表现的更多色彩。因此，当把其他颜色转换为 Lab 色彩时，颜色并不会产生失真。

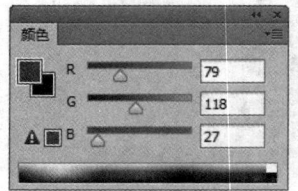 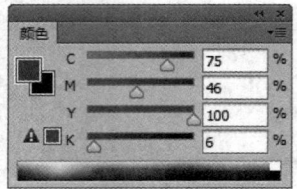 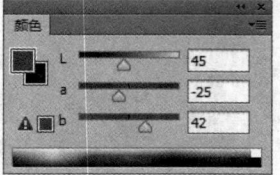

图 2-6　RGB 图像模式　　　2-7　CMYK 图像模式　　　图 2-8　Lab 图像模式图

由于 CMYK 色彩数量比 RGB 少，而且比 RGB 多一个色彩通道，从而使 CMYK 的色彩表现能力不及 RGB，并且文件体积比相应的 RGB 文件大，因此 CMYK 较少应用于 Web 图像方面。在编辑用于印刷的图像时，也不提倡直接使用 CMYK 模式，一方面由于 CMYK 有 4 个通道，处理速度慢；另一方面也因为显示器成像使用的是 RGB 模式，即使在 CMKY 模式下工作，Photoshop CC 也必须将 CMYK 即时转换为显示器所用的 RGB 模式，这样减慢了处理速度。

18

4. 位图

位图色彩模式用黑色与白色两种色彩表示图像，图像中每种色彩用 1 位数据保存，色彩数据只有 1 和 0 两种状态，1 代表白色，0 代表黑色。

位图模式主要用于早期不能识别颜色和灰度的设备，由于只用 1 位来表示颜色数据，因此其图像文件体积较其他色彩模式都小。位图模式也可用于文字识别，如果扫描需要使用光学文字识别技术识别的图像文件，需要将图像转化为位图模式。

 位图不能和彩色模式的图像相互转换，要将彩色模式的图像转换为位图模式，必须先将其转换为灰度模式。

5. 灰度

与位图图像相似，灰度色彩模式也用黑色与白色表示图像，但在这两种颜色之间引入了过渡色灰色。灰度模式只有一个 8 位的颜色通道，通道取值范围为 0（白色）~100%（黑色）。可以通过调节通道颜色数值产生各个评级的灰度，如图 2-9 所示。

"灰度"与"位图"色彩模式相比，灰度模式能更好地表现图像的颜色，同时由于其只有一个色彩通道，在处理速度和文件体积方面都较彩色的色彩模式占优，因此在制作各种黑白图像时，用户可以选用灰度模式。

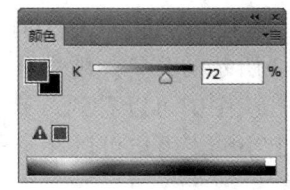

图 2-9 灰度图像模式

6. 双色调

双色调模式通过 1~4 种用户自定义的颜色来创建灰度图像。用户自定义的颜色用于定义图像的灰度评级，并不会产生彩色。当选用不同的颜色或颜色数目时，其创建的灰度评级也不同，这样较颜色单一的灰度图像可以表现出更丰富的层次感和质感。

将灰度图像转换为双色调模式时，会出现如图 2-10 所示的【双色调选项】对话框，可以在对话框中选择一至四色调类型，然后在对应的油墨框中选择所需的色彩以及为色彩命名。对话框底部将显示选择结果的预览。设置完成后的【颜色】调板如图 2-11 所示，用户可在调板中拖动滑块选择所需的灰度评级。

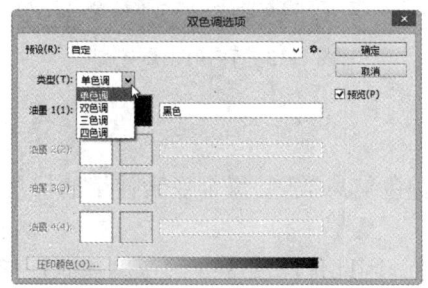

图 2-10 【双色调选项】对话框

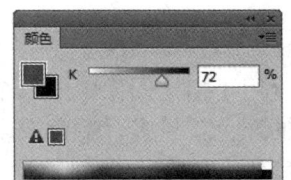

图 2-11 调整灰度颜色

 在将其他图像模式转换为双色调模式之前，必须先转换为灰度模式，然后才能转换为双色调模式。

7. 索引色

索引色模式只能存储一个 8bit 色彩深度的文件，即最多 256 种颜色，这些颜色被保存在一个称为颜色表的区域中，每种颜色对应一个索引号，索引色模式由此得名。可以选择【图像】|【模式】|【颜色表】命令打开【颜色表】对话框，如图 2-12 所示。

在将其他图像模式转换为索引图像时，如果原图像中的某种颜色没有出现在颜色表中，Photoshop CC 会选择颜色表中最相近的颜色取代该种颜色，将会造成一定程度的失真。

2.1.5 转换色彩模式

可以根据需要转换图像模式，将某种模式的图像转换为其他合适的模式。在转换过程中造成的颜色丢失往往是不可逆的；某些色彩模式之间也不能互相转换。因此在转换之前用户必须对各种色彩模式有充分了解，并且有十分明确的操作目的，否则可能会造成无可挽救的损失。

在 Photoshop CC 中打开文件，然后在菜单栏选择选择【图像】|【模式】命令，打开如图 2-13 所示的菜单，用户只需选择不同的命令即可转换色彩模式。

从图中可以看到，子菜单中包含了各种模式的命令，当前图像使用的色彩模式名称前会勾上小钩。用户可以在子菜单中选择任意可用的模式命令，此时图像将转换为新选择的色彩模式。

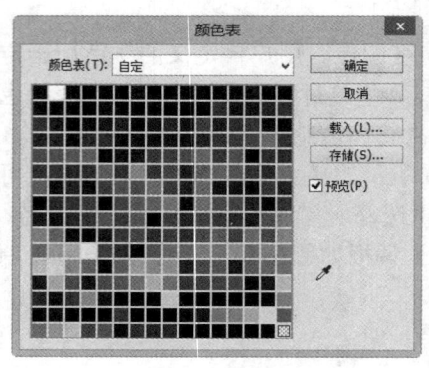

图 2-12 索引颜色表

图 2-13 转换图像模式

2.1.6 认识位深度

位深度用于指定图像中的每个像素可以使用的颜色信息数量。每个像素使用的信息位数越多，可用的颜色就越多，颜色表现就越逼真。

位深度为 8 的图像有 2^8 数量（即 256）的可能值，因此位深度为 8 的灰度模式图像有 256 个可能的灰色值。而对于 RGB 图像，它由 RGB 三个颜色通道组成。8 位像素的 RGB 图像中的每个通道有 256 个可能的值，这意味着 RGB 图像有 1600 万个以上可能的颜色值。所以，RGB 图像能够表现很丰富的内容色彩。

在 Photoshop CC 中，可以通过【图像】|【模式】的子菜单命令更改图像的位深度，如图 2-14 所示。

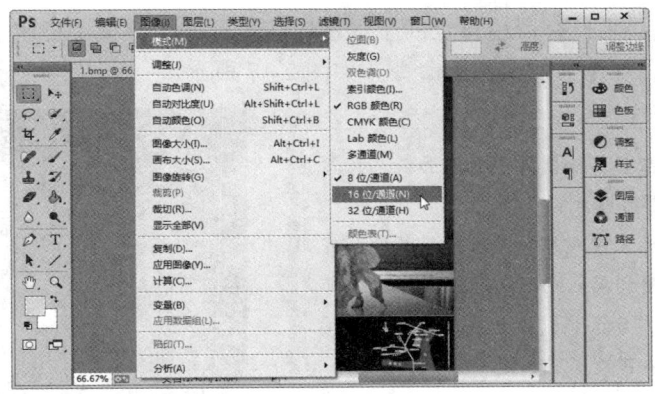

图 2-14 更改图像的位深度

2.2 查看图像

Photoshop CC 提供了很多种编辑图像和设计特效的功能，但对于大多数图像处理来说，基本的图像查看与编辑功能是最常用的。

2.2.1 使用屏幕模式

Photoshop 提供了多种屏幕模式，可以使用不同的屏幕模式达到显示或隐藏菜单栏、标题栏和滚动条的目的，从而更方便地查看图像。

要使用不同的屏幕模式，可以使用以下方法进行操作：

方法 1　如果要显示默认屏幕模式（菜单栏位于顶部，滚动条位于侧面），可以选择【视图】|【屏幕模式】|【标准屏幕模式】命令，如图 2-15 所示。

图 2-15　标准屏幕模式

方法 2　如果要显示带有菜单栏和 50%灰色背景，但没有标题栏和滚动条的全屏窗口，可以选择【视图】|【屏幕模式】|【带有菜单栏的全屏模式】命令，如图 2-16 所示。

图 2-16　带有菜单栏的全屏模式

方法 3 如果要显示只有黑色背景的全屏窗口（无标题栏、菜单栏或滚动条），可以选择【视图】|【屏幕模式】|【全屏模式】命令，如图 2-17 所示。

问：怎样在全屏幕模式下使用面板，又怎样退出全屏幕模式？

答：在全屏幕模式下，面板是隐藏的，可以将鼠标移到屏幕两侧来显示面板，或者按 Tab 键显示面板。当需要退出全屏模式时，可以按 F 键或 Esc 键。

图 2-17　全屏模式

2.2.2　使用缩放工具

全屏幕通常用于查看图像的全部效果，在需要查看图像局部区域时，可以使用【缩放工具】来实现。

当使用【缩放工具】时，每单击一次都会将图像放大（直接单击）或缩小（按住 Alt 键单击）到下一个预设百分比，并以单击的点为中心将显示区域居中，如图 2-18 所示。

图 2-18　使用缩放工具放大图像

如果要放大查看图像的特定区域，可以使用【缩放工具】在图像需要查看的区域中拖动，此时图像将以【缩放工具】所在的位置逐渐缩放，如图 2-19 所示。

在使用【缩放工具】拖动缩放图像时，向图像左侧（包括左上、左下）移动会缩小图像；向图像右侧（包括右上、右下）移动会放大图像。另外使用【缩放工具】拖动即时缩放图像的功能需要图形硬件加速支持，简单说就是要求显卡支持动态图形加速技术。否则用户在拖出【缩放工具】时会先拖出缩放选框，放开鼠标后才会根据缩放选框缩放图像。

图 2-19　拖动缩放工具放大图像区域

除了使用【缩放工具】单击或拖动缩放图像外，还可以通过选项栏的功能按钮设置图像显示方式，如图 2-20 所示。

图 2-20 通过功能按钮设置图像显示

- 100%：以 100%的大小显示图像。实际像素视图所显示的图像与它在浏览器中显示的一样（基于显示器分辨率和图像分辨率）。
- 适合屏幕：将图像缩放为屏幕大小。
- 填充屏幕：缩放当前图像以适合屏幕。

2.2.3 使用抓手工具

当文件窗口中没有显示全部图像时，可以使用【抓手工具】拖动以平移图像，查看图像的其他区域，如图 2-21 所示。

图 2-21 使用抓手工具移动图像

2.2.4 使用旋转视图工具

使用【旋转视图工具】可以在不破坏图像的情况下旋转画布，同时不会使图像变形。旋转画布在很多情况下很有用，如在绘制斜线时，可以旋转画布以使绘制方向变成水平方向，这样能使绘画更加方便。

如果要使用【旋转视图工具】旋转画布，可以先在工具面板中选择【旋转视图工具】，然后在图像中单击并拖动，以进行旋转。无论当前画布是什么角度，图像中的罗盘都将指向北方，如图 2-22 所示。当需要将画布恢复到原始角度，只需单击选项栏的【复位视图】按钮即可。

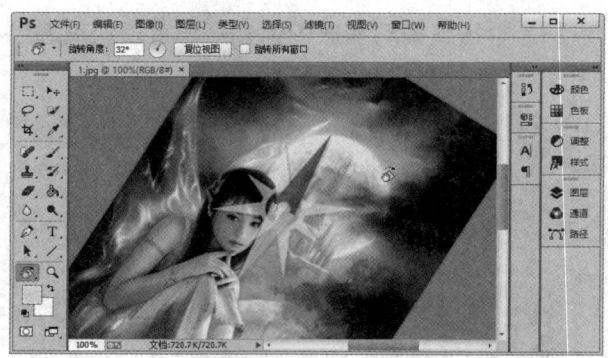

图 2-22　使用工具旋转画布

2.2.5　在多个窗口中查看图像

在 Photoshop 中，可以打开多个窗口来显示不同图像或同一图像的不同视图。可以选择【窗口】|【排列】|【为"图像文件名"新建窗口】命令新建窗口，如图 2-23 所示。

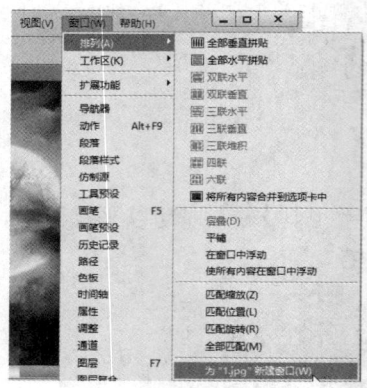 

图 2-23　通过新建窗口查看图像不同视图

如果要排列工作区中的多个文件窗口，可以打开【窗口】|【排列】子菜单，然后选择以下选项之一：

- 全部垂直拼贴：将所有文件窗口垂直拼贴排列。
- 全部水平拼贴：将所有文件窗口水平拼贴排列。
- 双联水平：水平两栏排列两个文件窗口。
- 双联垂直：垂直两列排列两个文件窗口。
- 三联水平：水平三栏排列三个文件窗口。
- 三联垂直：垂直三列排列三个文件窗口。
- 三联堆积：左侧单列右侧两栏排列三个文件窗口。
- 四联：左侧两栏右侧两栏排列四个文件窗口。
- 六联：左侧三栏右侧三栏排列四个文件窗口。
- 将所有内容合并到选项卡中：以单个文件窗口显示图像，所有图像集合在窗口内。
- 层叠：从屏幕的左上角到右下角以堆叠和层叠方式显示未停放的窗口。
- 平铺：以边靠边的方式显示窗口。当关闭图像时，打开的窗口将调整大小以填充可用空间。

- 在窗口中浮动：允许图像自由浮动。
- 使所有内容在窗口中浮动：使所有图像浮动。
- 将所有内容合并到选项卡中：全屏显示一个图像，将其他图像最小化到选项卡中。

2.3 图像基本编辑

图像编辑的基础操作包括复制图像、应用图像、设置图像与画布大小及裁剪图像等。

2.3.1 复制图像

复制图像可以为当前图像创建出图像副本。这样就不用再多次打开同一文件，通过副本就可以为同一个图像文件设计出不同艺术风格的图像效果，提高了工作效率。

选择【图像】|【复制】命令，在打开的【复制图像】对话框中为图像副本重新命名，最后单击【确定】按钮即可复制图像，如图2-24所示。

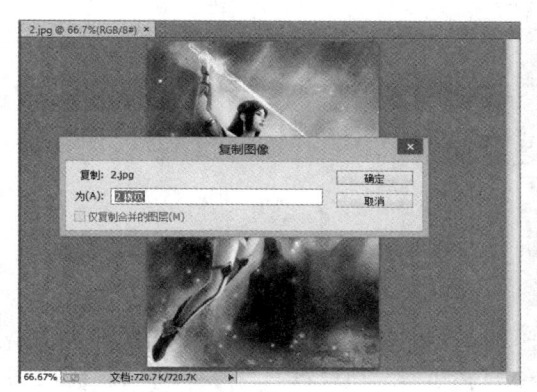

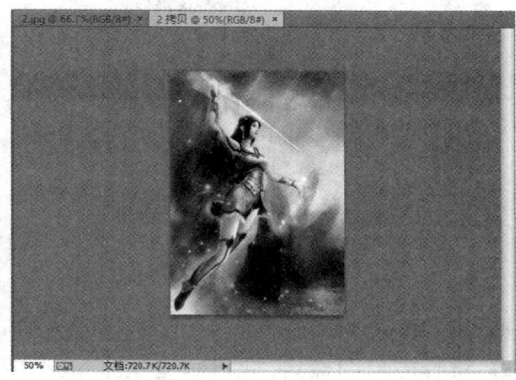

图 2-24 复制图像

2.3.2 应用图像

应用图像可将源图像的图层和通道与目标图像的图层和通道混合，从而制作出奇特的图像效果。

在菜单栏中选择【图像】|【应用图像】命令，打开【应用图像】对话框，然后进行相关设置即可应用该命令。如图2-25所示为【应用图像】对话框。

【应用图像】对话框中的选项说明如下：
- 源：用于选择要与目标图像组合的源图像。
- 图层：用于选择要与目标图像组合的源图像图层。
- 通道：用于选择要与目标图像组合的源图像通道。
- 反向：选择该复选框可在 Photoshop 进行通道计算时使用通道内容的负片。
- 混合：用于选择源图像与目标图像混合的类型。
- 不透明度：用于指定应用效果的强度。
- 保留透明区域：选择该复选框可将效果应用到结果图层的不透明区域。

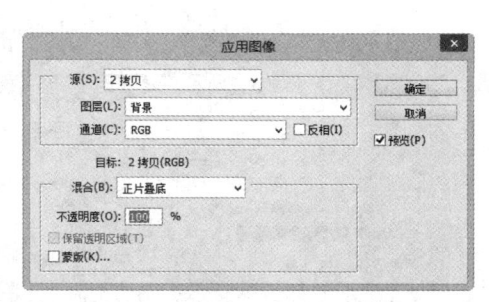

图 2-25 【应用图像】对话框

- 蒙版：选择该复选框可通过蒙版应用混合。

下面将使用两个图像文件，然后执行【应用图像】命令，制作图像的混合效果。在使用【应用图像】命令时，使用的两个图像的大小应保持一致。

动手操作　制作图像混合效果

1 打开光盘中的"..\Example\Ch02\2.3.2a.jpg、2.3.2b.jpg"文件，其中两个文件的大小属性一致，分别如图 2-26 所示。

2 单击"2.3.2b.jpg"文件的标题，使之作为当前图像，然后选择【图像】|【应用图像】命令，打开【应用图像】对话框。

3 在打开的【应用图像】对话框中，【源】和【目标】均为"2.3.2b.jpg"。其中，【源】可以更改，【目标】不能更改，所以指定的当前文件就是默认的目标文件，再设置源文件为"2.3.2a.jpg"，如图 2-27 所示。

图 2-26　两个图像文件　　　　图 2-27　设置【源】图像

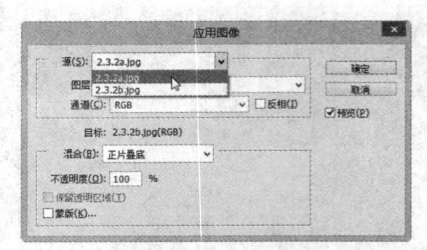

4 设置混合为【线性光】，不透明度为 100%，然后单击【确定】按钮，如图 2-28 所示。

5 执行应用图像后，即将"2.3.2a.jpg"图像（源图像）以【线性光】的混合模式应用于"2.3.2b.jpg"（目标图像）上，结果如图 2-29 所示。

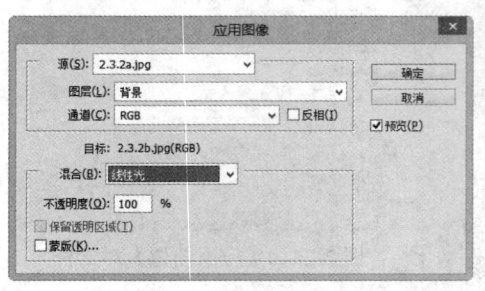

图 2-28　设置混合模式　　　　图 2-29　应用图像的结果

2.3.3　修改图像与画布大小

为了使图像大小更符合实际需要，可以修改图像像素大小或文件画布大小。当调整画布大小时，可以在不修改图像内容的情况下，增大或减小画布。增大画布，可以为图像提供更多的工作空间；减小画布，则可以裁剪掉多余的部分。

动手操作　通过修改图像与画布大小制作边框

1 打开光盘中的"..\Example\Ch02\2.3.3.jpg"文件，在菜单栏中选择【图像】|【图像大小】命令（或按 Alt+Ctrl+I 键），打开【图像大小】对话框。

2 在【图像大小】对话框中设置【宽度】为 650 像素，这时图像高度也会随之更改，接着单击【确定】按钮，如图 2-30 所示。

3 在菜单栏中选择【图像】|【画布大小】命令，打开【画布大小】对话框，分别指定新建大小宽度和高度比原画布尺寸均多 20 像素，然后选择画布扩展颜色为【其它】，如图 2-31 所示。

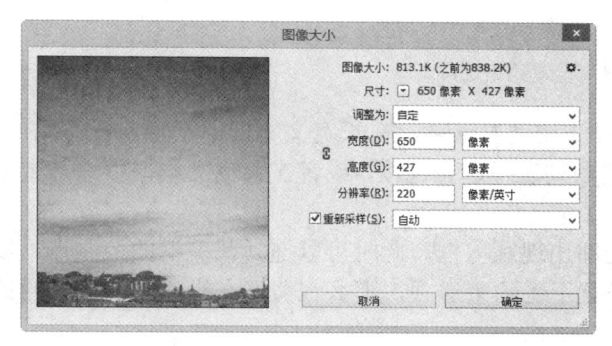

图 2-30　调整图像大小　　　　　　　　　图 2-31　调整画布大小

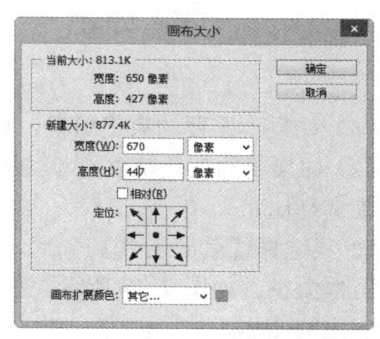

4 打开【拾色器（画布扩展颜色）】对话框后，选择颜色为【#ff9933】，再单击【确定】按钮，如图 2-32 所示。修改画布大小的结果如图 2-33 所示。

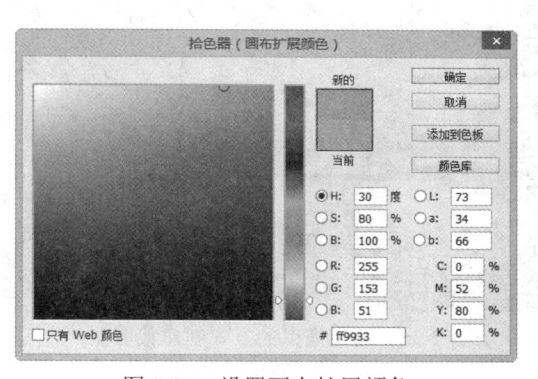

图 2-32　设置画布扩展颜色　　　　　　　　图 2-33　修改画布大小的结果

2.3.4　裁剪图像

裁剪是移去部分图像以形成突出或加强构图效果的过程。在 Photoshop CC 中，可以使用【裁剪工具】和【透视裁剪工具】工具来裁剪图像。

1. 使用裁剪工具裁剪图像

动手操作　使用裁剪工具裁剪图像

1 在工具面板中选择【裁剪工具】，然后在选项栏设置是否约束裁剪框，如图 2-34 所示。

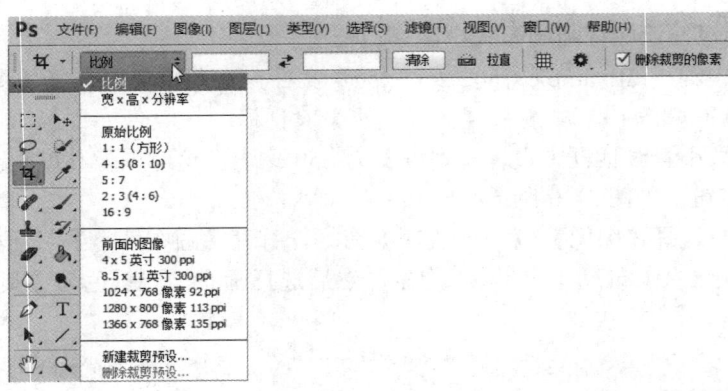

图 2-34 设置约束选项

（1）如果不需要约束裁剪框，可以选择【比例】选项，在长宽文本框中不输入任何数值。

（2）如果要约束裁剪框，可以从约束选项列表中选择选项，或者在长宽文本框中输入数值以设置宽高比。

2 当选择【裁剪工具】后，图像上即出现裁剪框，此时可以拖动裁剪框的控制点，设置裁剪框大小，如图 2-35 所示。如果是设置了受约束选项，那么裁剪框在操作时将按照约束选项的比例变化。

3 除了上面的方法以外，还可以直接在图像上拖动鼠标创建裁剪框。如果是设置了受约束选项，那么裁剪框将按照约束选项的比例创建；如果没有设置受约束选项，则裁剪框根据鼠标拖动幅度创建，如图 2-36 所示。

图 2-35 调整裁剪框　　　　　图 2-36 通过拖曳的方式创建裁剪框

4 创建裁剪框后，如果有必要可以调整裁剪选框：

（1）如果要将裁剪框移动到图像其他位置，可以将指针放在裁剪框内并拖动图像，以移动图像的方式调整裁剪框的位置，如图 2-37 所示。

（2）如果要缩放裁剪框，可以拖动裁剪框的控制点。如果要约束比例，可以在拖动角控制点时按住 Shift 键。

（3）如果要旋转图像，可以将指针放在裁剪框之外（指针变为弯曲的箭头）并拖动，如图 2-38 所示。

5 要完成裁剪，可以执行下列操作之一：

（1）按 Enter 键或单击选项栏中的【提交】按钮。

（2）在裁剪选框内双击。

图 2-37　移动图像　　　　　　　　　　　　图 2-38　旋转图像

6 如果要取消裁剪操作，只需按 Esc 键或单击选项栏中的【取消】按钮◎。

2. 使用透视裁剪工具裁剪图像

【透视裁剪工具】▦ 不仅可以裁剪图像，还可变换图像中的透视。这在处理包含扭曲的图像时非常有用。当从一定角度而不是以平直视角拍摄对象时，会发生扭曲的现象。

动手操作　使用透视裁剪工具裁剪图像

1 在工具面板中选择【透视裁剪工具】▦，然后在图像上创建裁剪框，如图 2-39 所示。
2 移动裁剪选框的控制点，定义图像的透视，如图 2-40 所示。

图 2-39　创建裁剪框　　　　　　　　　　　图 2-40　定义图像透视

3 在选项栏中设置重新取样选项，如图 2-41 所示。

（1）如果要裁剪图像而不重新取样（默认），需要确保选项栏中的【分辨率】文本框是空白的。可以单击【清除】按钮以快速清除所有文本框。

（2）如果要在裁剪过程中对图像进行重新取样，可以在选项栏中输入高度、宽度和分辨率的值。

（3）如果要基于另一图像的尺寸和分辨率对一幅图像进行重新取样，需要先打开依据的那幅图像，然后单击选项栏中的【前面的图像】

图 2-41　设置重新取样

按钮，接着使要裁剪的图像成为现用图像。

4 要完成裁剪，可以执行下列操作之一：

（1）按 Enter 键或单击选项栏中的【提交】按钮☑。

（2）在裁剪选框内双击，如图 2-42 所示。

图 2-42　完成裁剪

5 如果要取消裁剪操作，只需按 Esc 键或单击选项栏中的【取消】按钮◎。

2.4　技能训练

下面将通过多个上机练习实例，介绍利用一些简单但非常实用的图像编辑技巧，如旋转图像、快捷裁切图像空白区域、为图像空白部分填充颜色、对图像进行描边等。

2.4.1　上机练习 1：调整倾斜的图像

本例先以逆时针方向旋转图像，将图像摆正，然后使用【裁切】命令去掉多余的空白区域，再对图像边缘的空白区域进行填充颜色处理。

操作步骤

1 打开光盘中的"..\Example\Ch02\2.4.1.jpg"文件，选择【图像】|【图像旋转】|【任意角度】命令，打开【旋转画布】对话框后，设置角度为 10、方向为【度（逆时针）】，然后单击【确定】按钮，如图 2-43 所示。

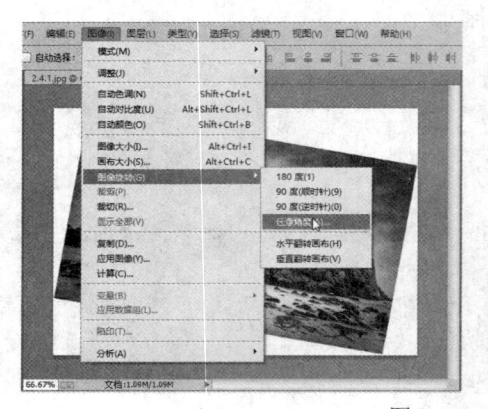

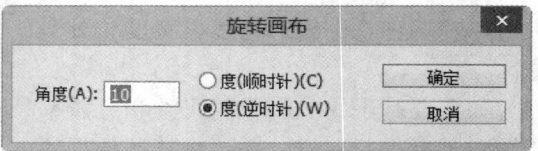

图 2-43　逆时针旋转图像

2 选择【图像】|【裁切】命令，打开【裁切】对话框后选择【左上角像素颜色】单选项，再设置裁切方位，然后单击【确定】按钮，如图2-44所示。

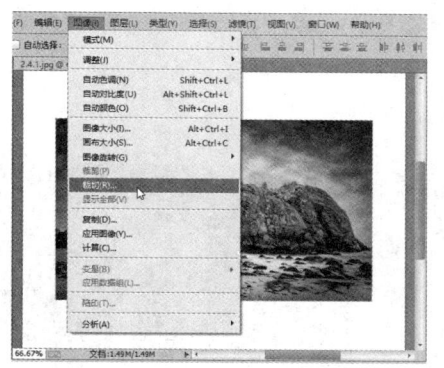

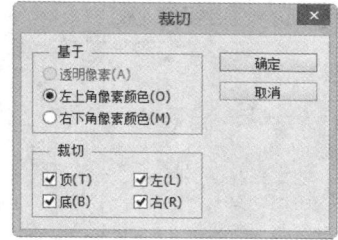

图 2-44　裁切图像

3 在工具面板中选择【油漆桶工具】，然后设置前景色为浅灰色，再设置工具属性，接着在图像边缘空白区域上单击，填充空白区域为浅灰色，如图2-45所示。

2.4.2　上机练习2：裁剪图像并进行描边

本例使用16：9的固定比例对图像进行裁剪处理，然后根据图像中的水平线拉直图像，接着对图像进行描边处理，为图像制作黄色的边框效果。

图 2-45　为图像边缘空白区域填充颜色

操作步骤

1 打开光盘中的"..\Example\Ch02\2.4.2.jpg"文件，在工具面板中选择【裁剪工具】，然后在工具选项面板中设置约束为【16：9】，如图2-46所示。

2 将指针放在裁剪框内并拖动图像，以移动图像的方式调整裁剪框的位置，使裁剪框包含图像最主要的内容，如图2-47所示。

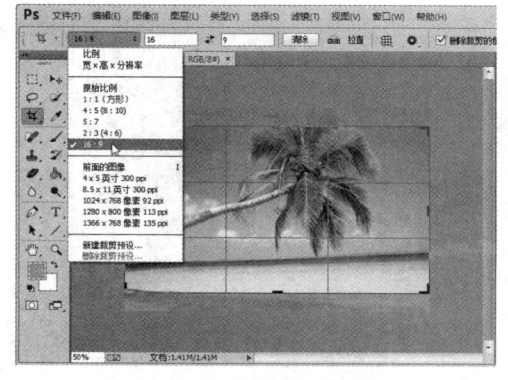

图 2-46　设置裁切比例

图 2-47　调整裁剪框内的图像位置

31

3 在选项面板上单击【拉直】按钮，然后在图像上拖出一条与海面水平线重合的直线，根据水平面拉直图像，如图 2-48 所示。

4 在裁剪框中直接双击，确定执行裁剪处理，如图 2-49 所示。

图 2-48　拉直图像　　　　　　　　　图 2-49　确定执行裁剪

5 按 Ctrl+A 键创建全选图像的选区，然后选择【编辑】|【描边】命令，打开【描边】对话框后，设置宽度为 2 像素、颜色为【#ffff00】、位置为【居中】，单击【确定】按钮，如图 2-50 所示。

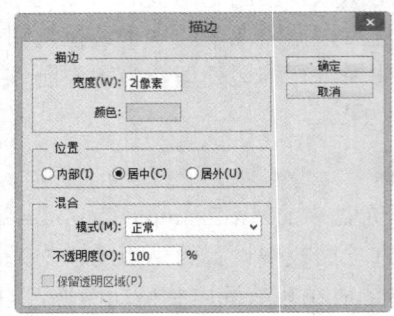

图 2-50　添加描边

6 返回文件窗口后，按 Ctrl+D 键取消选区，然后保存文件，结果如图 2-51 所示。

2.4.3　上机练习 3：裁剪图像并制作柔光效果

本例使用 5:7 的固定比例对图像进行裁剪处理，然后复制一个图像副本，并利用图像副本制作图像的柔光效果。

操作步骤

1 打开光盘中的 "..\Example\Ch02\2.4.3.jpg"

图 2-51　取消图像上的选区

文件，选择【图像】|【图像大小】命令，然后设置图像的宽度为 800 像素，图像的高度为 595 像素，接着单击【确定】按钮，如图 2-52 所示。

2 在工具面板中选择【裁剪工具】，然后在工具选项面板中设置约束为【5：7】，如图 2-53 所示。

3 将指针放在裁剪框内并拖动图像，以移动图像的方式调整裁剪框的位置，使裁剪框包含图像最主要的内容，接着在裁剪框中双击，确定执行裁剪，如图 2-54 所示。

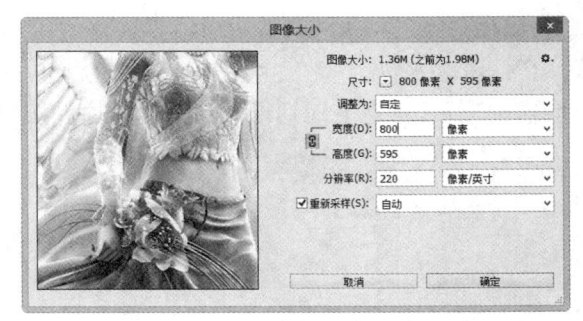

图 2-52　调整图像大小

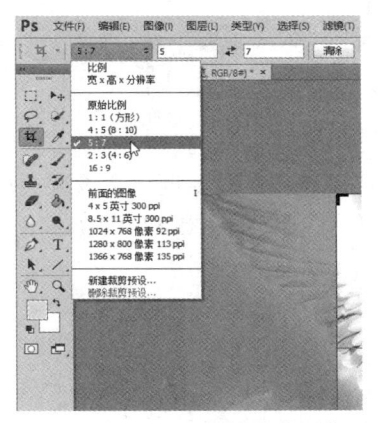

图 2-53　以固定比例裁剪图像

图 2-54　调整图像位置并执行裁剪

4 选择【图像】|【复制】命令，在打开的【复制图像】对话框中为图像副本进行命名，然后单击【确定】按钮即可，如图 2-55 所示。

5 选择【图像】|【应用图像】命令，打开【应用图像】对话框后，设置源文件和混合模式，然后单击【确定】按钮，如图 2-56 所示。

图 2-55　复制图像

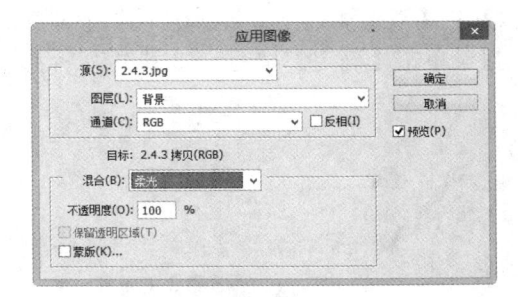

图 2-56　应用图像

2.4.4　上机练习 4：制作三种色调的图像效果

本例先将文件转换为【灰度】色彩模式，再转换为【双色调】色彩模式，然后使用【三色调】类型，为图像设置三种色调，以制作出暗青色风格的图像效果。

操作步骤

1 打开光盘中的"..\Example\Ch02\2.4.4.jpg"练习文件，选择【图像】|【模式】|【灰度】命令，打开【信息】对话框后单击【扔掉】按钮，放弃文件的颜色信息，如图2-57所示。

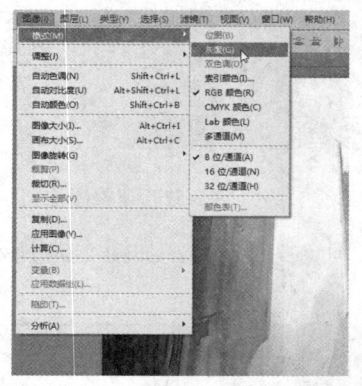

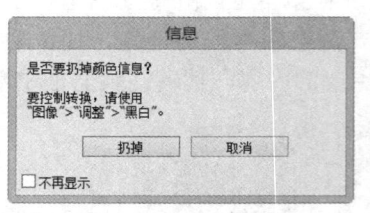

图2-57 转换成灰度色彩模式

2 选择【图像】|【模式】|【双色调】命令，打开【双色调选项】对话框后，设置类型为【三色调】，接着设置油墨1色彩为【黑色】、油墨2色彩为【绿色】，如图2-58所示。

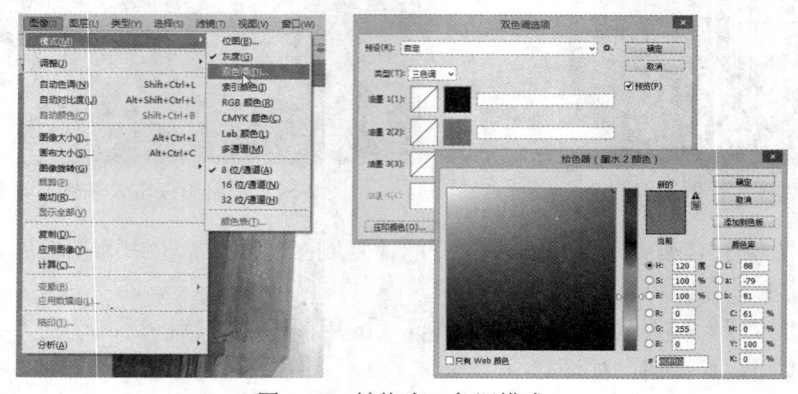

图2-58 转换为双色调模式

3 在【双色调选项】对话框中设置油墨3的色彩为【蓝色】，然后分别为三种色调设置名称，接着单击【确定】按钮，如图2-59所示。

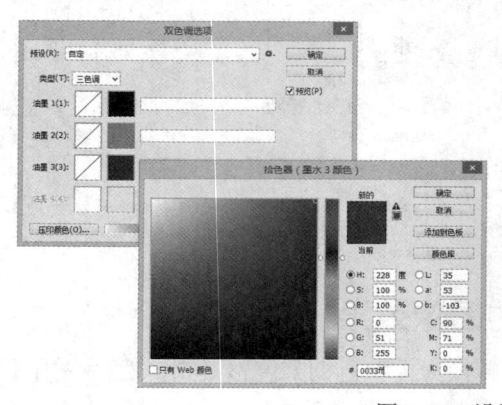

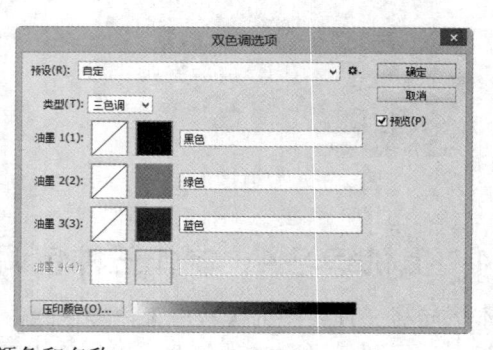

图2-59 设置颜色和名称

4 返回 Photoshop 中查看图像效果。图像经过三种色调的应用，原来彩色的图像变成一种具有暗青色复古色彩效果的图像，如图 2-60 所示。

图 2-60　查看图像效果

2.5　评测习题

1. 填充题

（1）在计算机中，图像可分为_____和矢量图形两类。

（2）_____使用图片元素的矩形网格（像素）表现图像，每个像素都分配有特定的位置和颜色值。

（3）_____又称为加色模式，是 Photoshop 创作时最常用的色彩模式，也是显示器、电视机、投影仪等设备所使用的色彩模式。

2. 选择题

（1）关于图像分辨率，下面哪个说明是正确的？　　　　　　　　　　　　　（　　）

    A. 指的是每英寸图像所包含的像素点数

    B. 指每单位输出长度所代表的像素点数

    C. 指打印灰度图像或分色图像时，所用的网屏上每英寸的点数

    D. 用来衡量每个像素存储的颜色信息的位数

（2）使用【缩放工具】拖动缩放图像时，向图像哪个方向移动会缩小图像？（　　）

    A. 正上方　　　　　　　　　　　　B. 右侧（包括右上、右下）

    C. 左侧（包括左上、左下）　　　　D. 正下方

（3）使用下面哪个快捷键可以执行【图像】|【图像大小】命令？　　　　　（　　）

    A. Ctrl+S　　　　B. Ctrl+L　　　　C. Shift+L　　　　D. Alt+Ctrl+I

（4）当使用全屏模式查看图像时，按下哪个键可以退出全屏模式，并恢复到标准屏幕模式？

    　　　　　　　　　　　　　　　　　　　　　　　　　　　　　　　（　　）

    A. Ctrl　　　　　B. U　　　　　　C. Esc　　　　　　D. F1

3. 判断题

（1）矢量根据图像的几何特征对图像进行描述，任意移动或修改矢量图形，而不会丢失细

节或影响清晰度。 （   ）

（2）RGB 颜色通道包含青色、洋红、黄色、黑色 4 种颜色的通道。 （   ）

（3）【应用图像】功能可将源图像的图层和通道与目标图像的图层和通道混合，从而制作出各种图像效果。

4．操作题

为图像进行 2∶3 比例的裁剪处理，然后扩大画布并设置画布扩展颜色为黄色，结果如图 2-61 所示。

图 2-61　编辑图像的结果

操作提示

（1）打开光盘中的"..\Example\Ch02\2.5.fla"练习文件，在工具面板中选择【裁剪工具】，然后在工具选项面板中设置约束为【2∶3】。

（2）在裁剪框上双击，指定执行裁剪的处理。

（3）在菜单栏中选择【图像】|【画布大小】命令，打开【画布大小】对话框，并分别指定新建大小宽度和高度比原画布尺寸均多 20 像素，然后选择画布扩展颜色为【其它】。

（4）打开【拾色器（画布扩展颜色）】对话框后，选择颜色为【#ff9933】，再单击【确定】按钮。

第 3 章　颜色应用与调整

学习目标

本章将详细介绍在 Photoshop 中设置溢色、选择颜色和对图像进行各种类型的颜色调整等方法。

学习重点

- ☑ 了解颜色的应用
- ☑ 设置溢色警告
- ☑ 颜色的选择和使用
- ☑ 调整图像的整体和局部颜色效果

3.1　颜色的基础知识

一个出色的图像作品，除了来自于设计的创意，还有很大一部分来自于颜色的运用。因此，颜色对于图像设计来说是很重要的课题。在学习运用颜色前，首先需要了解颜色的基础知识。

3.1.1　认识颜色

颜色是复杂的物理现象，它之所以存在，是因为三个实体，即光源、物体和观察者。

人们在日常生活中所见的白光，实际上由红（Red）、绿（Green）、蓝（Blue）三种波长光组成。物体经光源照射，吸收和反射不同波长的红光、绿光、蓝光，再经由人的眼睛，传到大脑便形成了眼睛所看到的各种颜色，换句话说，物体的颜色就是它们反射的光的颜色。

绝大多数可见光谱可用红、绿、蓝三色光的不同比例和强度的混合来表示。把三种基色交互重叠，即可产生次混合色：青（Cyan）、洋红（Magenta）、黄（Yellow），如图 3-1 所示。

> 红、绿、蓝三种光线加起来，最亮的是白光，即白色区域是因为光线全被反射出来。若光线全被吸收，那么看到的应该是黑色。

所有的颜色都可归属为两大类：有彩色和无彩色。所谓有彩色，即红、黄、蓝等色彩倾向的色；而无彩色，即黑、白、灰。每一种颜色均含三要素（色相、明度、彩度），关系如图 3-2 所示。

- 色相（Hue）：色相是区别各色的一种名称，如红、黄、蓝等。色相与色彩的强弱、明暗没有关系，有彩色都有色相，而无彩色没有色相。
- 明度（Brilliance or value）：指色的明暗程度，不管有彩色还是无彩色都有明度。
- 彩度（Chroma）：指色彩的强弱，即色彩的饱和度。彩度越高，色越纯，越艳；彩度越低，色越涩，越浊。纯粹色彩发挥其固有的特性，毫无黑白色混入，达到饱和的色彩称为纯色。

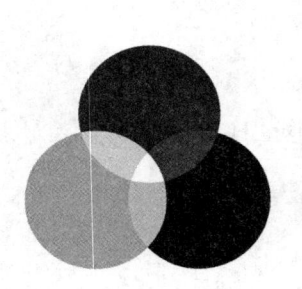

图 3-1　三原色的叠加　　　　　　　图 3-2　色彩三要素

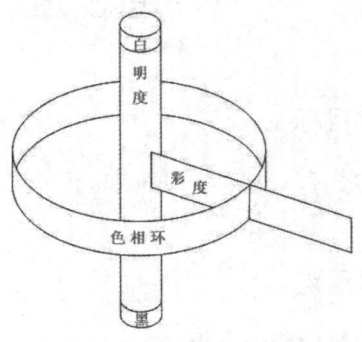

3.1.2　常见颜色配搭

1. 颜色的印象

人们能够感觉物体存在的最基本的视觉因素是色彩，色彩构成了生活的环境，也总给人带来丰富的联想。例如，由红色联想到鲜血，由绿色联想到植物，由蓝色联想到海洋等，这些自然色彩使人类基本上形成了一系列共同的印象，下面介绍这些"视觉语言"表达的含义：

- 红色：代表热烈、喜庆、激情、辟邪、危险等。
- 橙色：代表温暖、事物、友好、财富、警告等。
- 黄色：代表艳丽、单纯、光明、温和、活泼等。
- 绿色：代表生命、安全、年轻、和平、新鲜等。
- 青色：代表信任、朝气、脱俗、真诚、清丽等。
- 蓝色：代表整洁、沉静、冷峻、稳定、精确等。
- 紫色：代表浪漫、幽雅、神秘、高贵、妖艳等。
- 白色：代表纯洁、神圣、干净、高雅、单调等。
- 灰色：代表平凡、随意、宽容、苍老、冷漠等。
- 黑色：代表正统、严肃、死亡、沉重、恐怖等。

2. 常见配色方案

当然，颜色不会单独存在。事实上，一个颜色效果是由多种因素决定的，如反射的光、周边的搭配色以及观看者的欣赏角度等。

下面是一些常见颜色的基本搭配方案，供大家参考。

- 暖色调：即红色、橙色、黄色、赭色等色彩的搭配。这种色调的运用，可给人以温馨、和煦、热情的感觉，如图 3-3 所示。
- 冷色调：即青色、绿色、紫色等色彩的搭配。这种色调的运用，给人以宁静、清凉、高雅的感觉，如图 3-4 所示。
- 对比色调：将色相完全相反的色彩搭配在同一个空间。如红与绿、黄与紫、橙与蓝等。这种色彩搭配，可以产生强烈的视觉效果，给人以亮丽、鲜艳、喜庆的感觉，如图 3-5 所示。

图 3-3　暖色调 　　　　　　图 3-4　冷色调 　　　　　　　　图 3-5　对比色调

另外，在平面设计领域还有 10 种基本的配色设计，即无色设计（achromatic）、类比设计（analogous）、冲突设计（clash）、互补设计（complement）、单色设计（monochromatic）、中性设计（neutral）、分裂补色设计（(splitcomplement）、原色设计（primary）、二次色设计（secondary），以及三次色三色设计（tertiary）等。这些配色设计简单说明如下：

- 无色设计：不用彩色，只用黑、白、灰色。
- 冲突设计：将一个颜色和它补色左边或右边的色彩配合起来。
- 单色设计：将一个颜色和任一个或它所有的明、暗色配合起来。
- 分裂补色设计：将一个颜色和它补色任一边的颜色组合起来。
- 二次色设计：将二次色绿、紫、橙色结合起来。
- 类比设计：在色相环上任选三个连续的色彩或其任一明色和暗色。
- 互补设计：使用色相环上相反的颜色。
- 中性设计：加入一个颜色的补色或黑色，使它的色彩消失或中性化。
- 原色设计：把纯原色红、黄、蓝色结合起来。
- 三次色三色设计：三次色三色设计是下面两个组合中的一个：红橙、黄绿、蓝紫色或是蓝绿、黄橙、红紫色，并且在色相环上每个颜色彼此都有相等的距离。

3.2　设置溢色警告

在调整图像色彩模式时，某些颜色可能会出现溢色，以致无法正常显示或打印。下面介绍颜色调整时设置溢色警告的方法。

3.2.1　溢色的概念

在介绍溢色概念前，先了解色域的概念。色域是颜色系统可以显示或打印的颜色范围。在 Photoshop CC 使用的各种模型中，Lab 色彩模型具有最宽的色域，它包含了 RGB 和 CMYK 色域中的所有颜色。一般来说，对于可在计算机显示器或电视机屏幕上显示的颜色，RGB 色域都包含了这些颜色的子集。因此，某些颜色（如纯青或纯黄）就无法在显示器上精确显示。

CMYK 色域相对较窄，仅包含了能够使用印刷色油墨打印出来的颜色。当不能打印的颜色显示在屏幕上时，称为溢色，即超出了 CMYK 色域范围，如图 3-6 与图 3-7 所示，即是 RGB 原始图像与转换为 CMYK 模式并产生溢色后的图像。

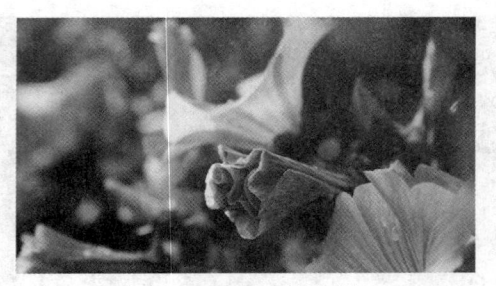

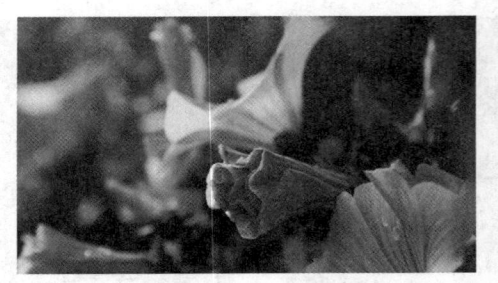

图 3-6　RGB 原始图像　　　　　　　　　　图 3-7　产生溢色后的 CMYK 图像

3.2.2　辨别溢色的方法

将图像转换为 CMYK 模式时，Photoshop 会自动将所有颜色调入色域。因此可以在将图像转换为 CMYK 模式之前，辨别图像中的溢色或手动进行校正。下面介绍辨别溢色的方法。

方法 1　选择【窗口】|【信息】命令打开【信息】调板。当鼠标指针移至图像中的溢色上时，【信息】面板中的 CMYK 值旁都会出现感叹号进行特殊提示，如图 3-8 所示。

图 3-8　【信息】面板以感叹号进行溢色特殊提示

方法 2　在工具面板中使用【吸管工具】单击选择了一种溢色时，在【颜色】面板中会出现一个警告三角形，显示最接近的 CMYK 等价色。如果需要选择 CMYK 等价色，可以直接单击警告三角形或色块，如图 3-9 所示。

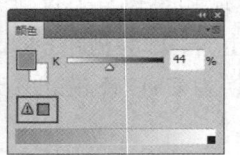

图 3-9　【颜色】面板中显示了最接近的 CMYK 等价色

颜色应用与调整 **3**

方法 3　选择【视图】|【色域警告】命令，或按 Shift+Ctrl+Y 键，即可高亮显示位于当前校样配置文件空间色域之外的所有像素，如图 3-10 所示。

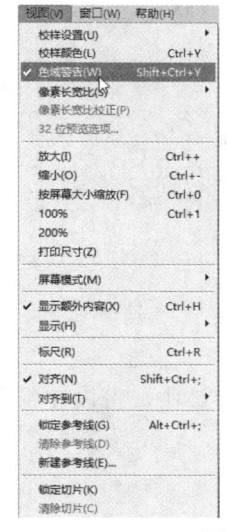

图 3-10　高亮显示色域之外的所有像素

3.2.3　设置溢色警告色

为了使图像中的溢色警告色能够更明显地区别图像本身的颜色，可自定修改溢色警告色。

动手操作　修改溢色警告色

1　选择【编辑】|【首选项】|【透明度与色域】命令，打开【首选项】对话框，在【色域警告】栏中单击颜色色块，如图 3-11 所示。

2　在打开的【拾色器（色域警告颜色）】对话框中选择新的警告颜色，单击【确定】按钮返回【首选项】对话框，如图 3-12 所示。

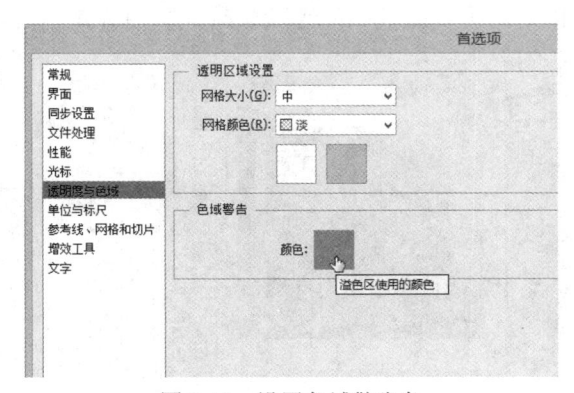

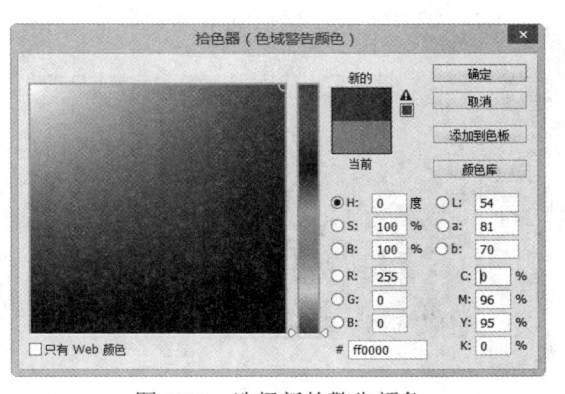

图 3-11　设置色域警告色　　　　　　　　图 3-12　选择新的警告颜色

3　在【不透明度】文本框中输入数值，以调整警告颜色的透明程度，显示"背景"图像，最后单击【确定】按钮即可完成修改溢色警告色，如图 3-13 所示。

41

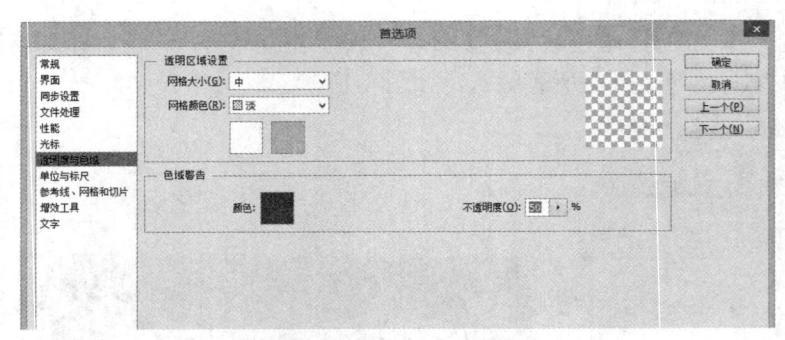

图 3-13 调整警告色不透明度

3.3 颜色的选择

要在图像上应用颜色，需要学会选择颜色。在 Photoshop CC 中，可以使用多种方法选取颜色。

3.3.1 设置前景色和背景色

Photoshop 使用前景色来绘画、填充和描边选区，使用背景色来生成渐变填充和在图像已抹除的区域中填充。一些特殊效果滤镜也使用前景色和背景色。

可以直接通过工具面板的【前景色】框和【背景色】框来设置前景色和背景色颜色，具体操作方法如下：

（1）如果要更改前景色，可以单击工具面板中靠上的颜色控件，然后在 Adobe 拾色器中选择一种颜色，如图 3-14 所示。

（2）如果要更改背景色，可以单击工具面板中靠下的颜色控件，然后在 Adobe 拾色器中选取一种颜色，如图 3-15 所示。

（3）如果要反转前景色和背景色，可以单击工具面板中的【切换颜色】图标。

（4）如果要恢复默认的前景色和背景色，可以单击工具面板中的【默认颜色】图标。

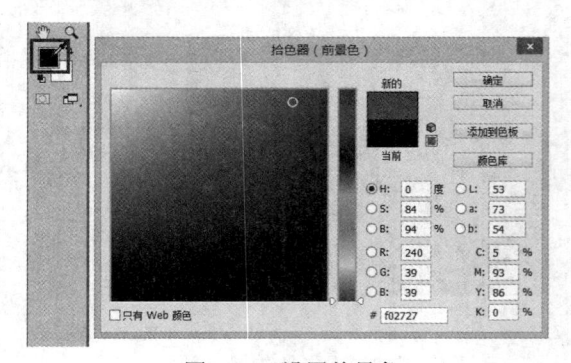

图 3-14 设置前景色　　　　　　　　图 3-15 设置背景色

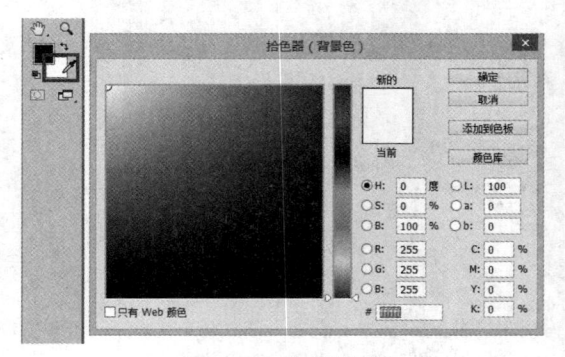

3.3.2 使用吸管工具选择颜色

【吸管工具】是一种专门用于采集色样以指定新的前景色或背景色的工具。使用此工具可以从打开的图像或屏幕上的任何位置采集色样。

颜色应用与调整 ③

动手操作　使用吸管工具选择颜色

1 在工具面板中选择【吸管工具】，然后在选项栏中的【取样大小】下拉列表中选择一个选项，更改吸管的取样大小。

（1）取样点：读取所单击像素的精确值。

（2）3×3 平均、5×5 平均、11×11 平均、31×31 平均、51×51 平均、101×101 平均：读取单击区域内指定数量的像素的平均值。

2 从【样本】下拉列表中选择用户采集色样的目标图层选项。

3 如果要使用可在当前前景色上预览取样颜色的圆环来圈住吸管工具，则选择【显示取样环】复选框（此选项需要图形硬件加速功能），如图 3-16 所示。

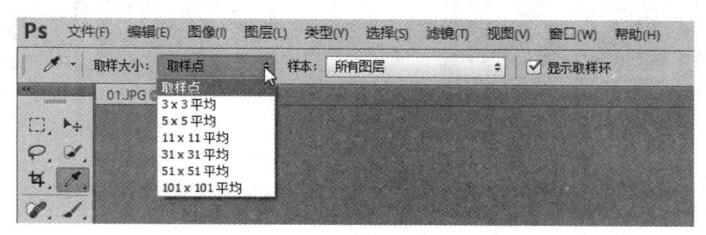

图 3-16　设置吸管工具选项

4 完成选项设置后，执行下列操作之一：

（1）如果要选择新的前景色，可以在图像内单击，或者将指针放置在图像上，按住鼠标左键并在屏幕上随意拖动，此时【前景色】框会随着拖动不断变化。松开鼠标按钮，即可拾取新颜色，如图 3-17 所示。

（2）如果要选择新的背景色，可以按住 Alt 键并在图像内单击，或者将指针放置在图像上，按住 Alt 键再按下鼠标左键在屏幕上的任何位置拖动，此时【背景色】框会随着拖动不断变化。松开鼠标按钮，即可拾取新颜色，如图 3-18 所示。

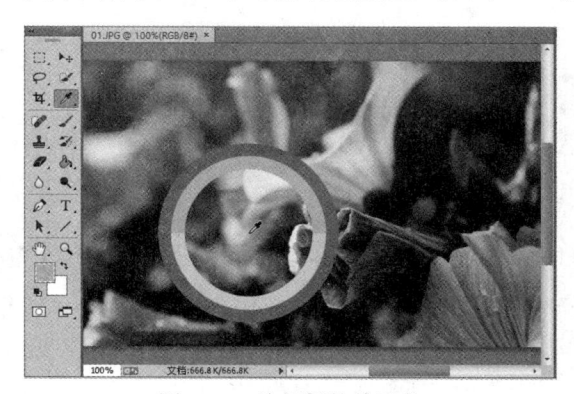

图 3-17　选择新的前景色　　　　　　　图 3-18　选择新的前景色

动手操作　为图像填充前景色

1 打开光盘中的"..\Example\Ch03\3.3.2.jpg"练习文件，在工具面板中选择【吸管工具】，然后设置取样大小为【取样点】、样本为【当前图层】，按住鼠标在图像上移动，设置合适的前景色，如图 3-19 所示。

2 在工具面板中选择【油漆桶工具】，然后在选项面板中设置使用前景色，接着在图像边缘空白位置上单击，为空白区域填充前景色，如图 3-20 所示。

图 3-19　使用吸管工具设置前景色　　　　图 3-20　为图像填充前景色

3.3.3　在绘图时选择颜色

在绘图时，经常需要在绘图过程中更改颜色，如果每次更换颜色时都需要先选择【吸管工具】后才进行颜色采样的话，就显得比较麻烦。因此，绘图过程中可以利用以下技巧选择颜色。

1．在绘图时从图像中选择颜色

如果要在使用任一绘图工具时暂时使用【吸管工具】选择前景色，可以在使用绘图工具过程中，按住 Alt 键将原来的工具切换成【吸管工具】，此时使用该工具选择颜色即可，如图 3-21 所示。当放开 Alt 键后，又变回原来的绘图工具。

图 3-21　绘图时按下 Alt 键选择前景色

2．在绘图时使用 HUD 拾色器选择颜色

上面的技巧是使用 Adobe 拾色器选择颜色。此外，还可以使用 HUD 拾色器选择颜色。提示型显示（HUD）拾色器可以使用户在文件窗口中绘画时快速选择颜色。

在使用 HUD 拾色器前，可以打开通过【编辑】|【首选项】|【常规】命令（或按 Ctrl+K

键）打开【首选项】对话框，然后在【HUD 拾色器】下拉列表中选择拾色器类型，如图 3-22 所示。

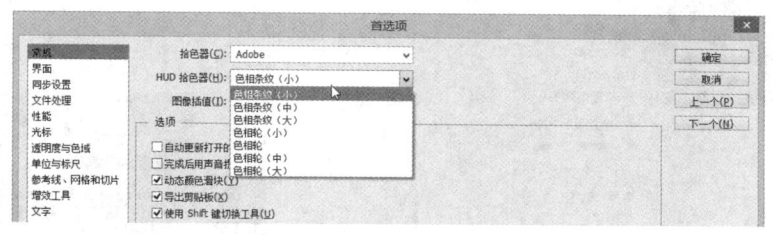

图 3-22 选择 HUD 拾色器类型

设置 HUD 拾色器类型后，在使用绘图工具处理图像时，可以先按住 Shift+Alt 键，然后按住鼠标右键，即可在弹出的 HUD 拾色器中选择颜色，如图 3-23 所示。

图 3-23 使用 HUD 拾色器选择颜色

3.3.4 使用颜色面板和色板面板

1. 颜色面板

【颜色】面板显示当前前景色和背景色的颜色值。使用【颜色】面板中的滑块，可以利用几种不同的颜色模型来编辑前景色和背景色。此外，也可以从显示在【颜色】面板底部的四色曲线图的色谱中选择前景色或背景色。

在【颜色】面板中，可以通过在面板选项菜单中设置不同颜色模型来选择颜色，如图 3-24 所示。

> 当选择颜色时，【颜色】面板可能显示下列警告：
> ● 当选择不能使用 CMYK 油墨打印的颜色时，四色曲线图左上方将出现一个内含惊叹号的三角形 ⚠。
> ● 当选择的颜色不是 Web 安全色时，四色曲线图左上方将出现一个方形 ⬛。

2. 色板面板

【色板】面板可存储用户经常使用的颜色。可以在面板中添加或删除颜色，或者为不同的

45

项目显示不同的颜色库。如图 3-25 所示为【色板】面板。

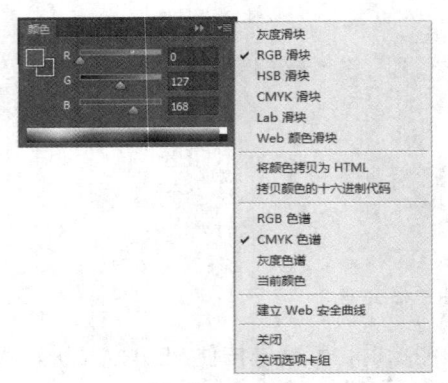

图 3-24　更改【颜色】面板的颜色模型　　　　图 3-25　【色板】面板

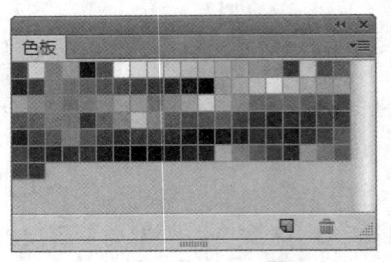

在【色板】面板选择颜色可以按照下列方法操作：
（1）如果要选择前景色，可以单击【色板】面板中的颜色。
（2）如果要选择背景色，可以按住 Ctrl 键并单击【色板】面板中的颜色。
（3）如果要将前景色存储到【色板】面板，可以设置前景色后，单击【新建色板】按钮，然后在【色板名称】对话框中设置名称并单击【确定】按钮，如图 3-26 所示。
（4）如果要删除【色板】上的颜色，可以选择颜色色板并拖到【删除色板】按钮上，如图 3-27 所示。

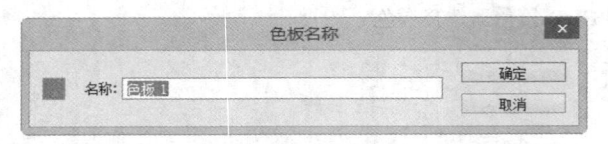

图 3-26　设置色板名称　　　　图 3-27　删除色板

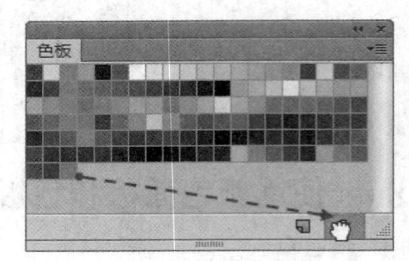

3.4　图像颜色的调整

当图像素材的颜色效果不能满足使用要求时，就需要对图像颜色进行适当的调整，如调整图像的色阶、色相、颜色的饱和度等。

3.4.1　调整面板

在 Photoshop 中，大部分用于调整颜色和色调的工具都可以在【调整】面板中找到，可以单击【调整】面板的工具图标来应用调整。当单击工具图标后，该工具的属性会显示在【属性】面板中，通过【属性】面板即可设置工具的各个选项，以达到调整图像的效果，如图 3-28 所示。

当图像通过【调整】面板应用某个调整功能后，程序会自动为图像创建调整图层，如图 3-29 所示。

> 问：调整图层有什么作用？
> 答：调整图层可将颜色和色调调整应用于图像，而不会永久更改像素值。例如，可以创建【色阶】或【曲线】调整图层，而不是直接在图像上调整【色阶】或【曲线】。颜色和色调调整存储在调整图层中并应用于该图层下面的所有图层。

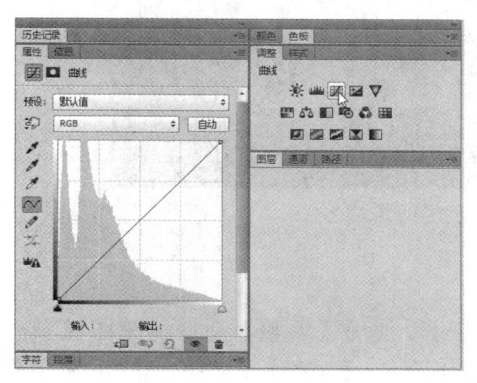

图 3-28 应用调整工具

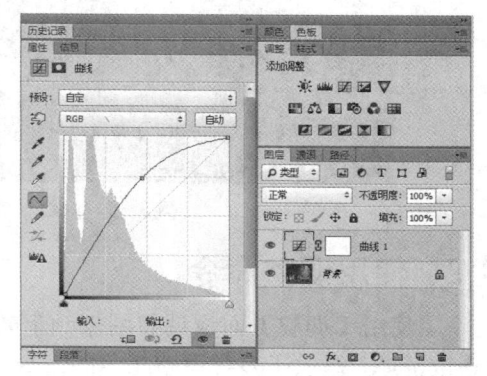

图 3-29 应用调整会创建调整图层

【属性】面板功能按钮说明如下：

- 【切换图层可见性】按钮 ：单击该按钮，可以切换调整的可见性。
- 【复位】按钮 ：单击该按钮，可以将调整恢复到其原始设置。
- 【删除此调整图层】按钮 ：单击该按钮，可以去除调整。
- 【查看上一状态】按钮 ：单击该按钮，可以查看调整的上一个状态。
- 【此调整影响下面的所有图层】按钮 ：单击该按钮，可以将调整应用于【图层】面板中该图层下的所有图层。

动手操作　使用【调整】面板修正图像的偏色

1 打开光盘中的"..\Example\Ch03\3.4.1.jpg"文件，在【调整】面板中单击【色彩平衡】按钮 ，如图 3-30 所示。

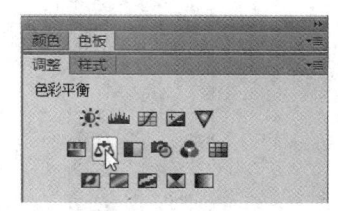

图 3-30 单击【色彩平衡】按钮

2 此时程序打开【属性】面板，设置色调为【中间调】，然后通过拖动三个颜色样本栏的滑块调整图像颜色，如图 3-31 所示。

图 3-31 设置中间调的色彩平衡

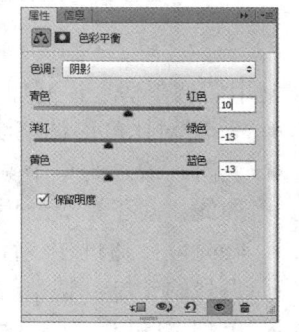

图 3-32 设置高光和阴影色调的色彩平衡

3 切换色调为【高光】，拖动三个颜色样本栏的滑块调整图像颜色，然后切换色调为【阴影】，拖动三个颜色样本栏的滑块调整图像颜色，如图 3-32 所示。完成上述操作后，图像的偏色问题被解决了，结果如图 3-33 所示。

图 3-33　经过调整色彩平衡后的图像对比

3.4.2　使用调整命令

除了使用【调整】面板调整图像颜色效果外，还可以使用【调整】命令调整图像颜色。Photoshop CC 提供了多种调整颜色的命令，打开【图像】|【调整】子菜单，即可选择调整命令，如图 3-34 所示。

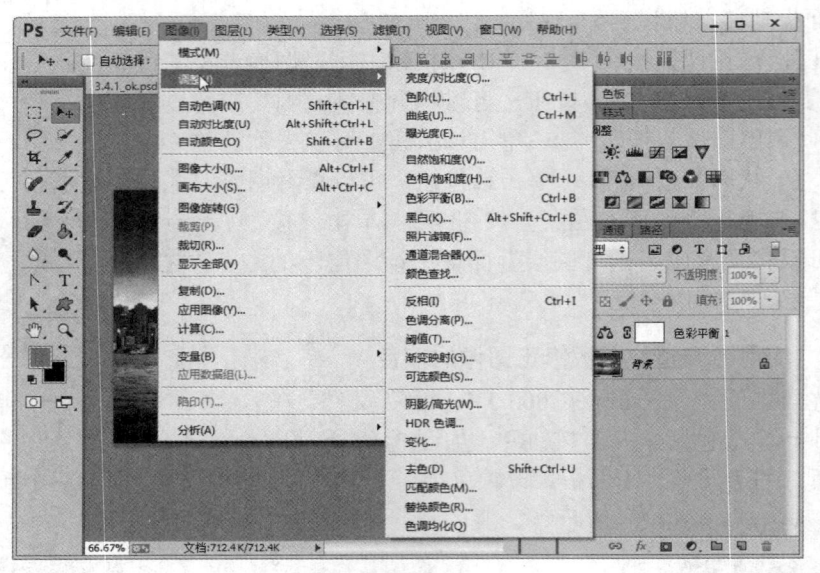

图 3-34　选择调整命令

常用的调整命令说明如下：
- 亮度/对比度：调整图像的亮度和对比度。
- 色阶：通过为单个颜色通道设置像素分布来调整色彩平衡。
- 曲线：对于单个通道，为高光、中间调和阴影进行调整，最多提供 14 个控点。
- 曝光度：通过在线性颜色空间中执行计算来调整色调。
- 自然饱和度：调整颜色饱和度，以便在颜色接近最大饱和度时最大限度地减少修剪。
- 色相/饱和度：调整整个图像或单个颜色分量的色相、饱和度和亮度值。

- 色彩平衡：更改图像中所有的颜色混合。
- 照片滤镜：通过模拟在相机镜头前使用滤镜时所达到的摄影效果来调整颜色。
- 黑白：可以将彩色图像转换为灰度图像，同时保持对各种颜色的转换方式的完全控制。
- 通道混合器：修改颜色通道并进行使用其他颜色调整工具不易实现的色彩调整。
- 阴影/高光：改善图像的阴影和高光细节。它基于阴影或高光中的周围像素（局部相邻像素）增亮或变暗。
- HDR 色调：将全范围的 HDR 对比度和曝光度设置应用于各个图像。
- 匹配颜色：将一张图像中的颜色与另一张图像相匹配；将一个图层中的颜色与另一个图层相匹配；将一个图像中选区的颜色与同一图像或不同图像中的另一个选区相匹配。此命令还调整亮度和颜色范围，并对图像中的色痕进行中和。
- 替换颜色：将图像中的指定颜色替换为新颜色值。

> 问：HDR 是什么意思？
> 答：HDR 是英文 High-Dynamic Range 的缩写，意为"高动态范围"。HDR 图像是使用多张不同曝光的图像，然后将其叠加合成一张图像。

动手操作　使用调整命令使暗淡的图像变得艳丽

1 打开光盘中的 "..\Example\Ch03\3.4.2.jpg" 文件，选择【图像】|【调整】|【亮度/对比度】命令，打开【亮度/对比度】对话框，然后通过拖动参数滑块或直接输入数值的方法，设置亮度为 30，接着单击【确定】按钮，如图 3-35 所示。

2 在菜单栏中选择【图像】|【调整】|【色相/饱和度】命令或按 Ctrl+U 键，打开【色相/饱和度】对话框后，选择【全图】选项，再拖动【色相】参数项的滑块和【饱和度】参数项的滑块，调整图像的色相和饱和度，最后单击【确定】按钮，如图 3-36 所示。

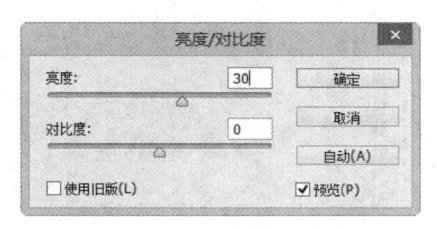

图 3-35　调整图像的亮度

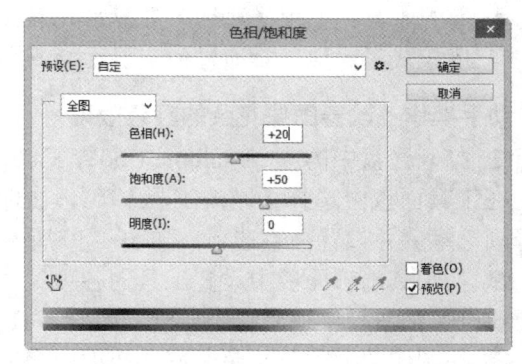

图 3-36　调整图像的色相和饱和度

3 选择【图像】|【调整】|【色彩平衡】命令或按 Ctrl+B 键，打开【色彩平衡】对话框后，选择【中间调】单选项，再拖动各个颜色项的滑块，调整图像中间调色彩效果，如图 3-37 所示。

4 选择【高光】单选项，再次拖动各个颜色项的滑块，调整图像亮部的色彩效果，最后单击【确定】按钮，如图 3-38 所示。

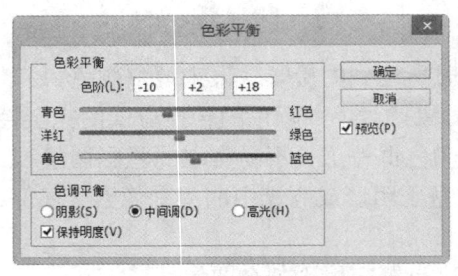

图 3-37　设置中间调的色彩平衡 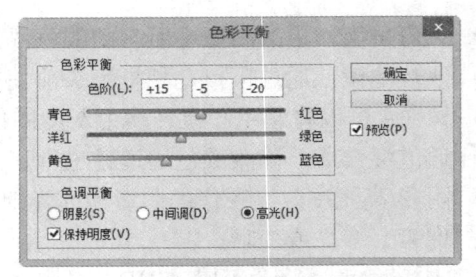　　　　　　图 3-38　设置高光的色彩平衡

5 完成上述操作后，即可返回文件窗口查看图像调整颜色后的效果，如图 3-39 所示。

图 3-39　调整图像颜色后的对比效果

3.4.3　调整图像局部颜色

在编辑处理图像时，有时只需要改善图像局部的颜色效果而非全部，使用【调整】面板和【调整】命令作用到整个图像上是达不到目的的。此时可以使用 Photoshop 提供的【减淡工具】、【加深工具】和【海绵工具】有针对性地调整图像局部颜色。

- 减淡工具：使用【减淡工具】可改变图像特定区域的曝光度，使图像变亮。
- 加深工具：使用【加深工具】可改变图像特定区域的曝光度，使图像变暗。
- 海绵工具：使用【海绵工具】可精确地更改图像区域的色彩饱和度。当图像处于灰度模式时，该工具通过使灰阶远离或靠近中间灰色来增加或降低对比度。

动手操作　改善图像花朵的颜色效果

1 打开光盘中的 "..\Example\Ch03\ 3.4.3.jpg" 文件，在工具面板中选择【减淡工具】，在选项栏中选择画笔笔尖并设置画笔选项，如图 3-40 所示。

2 在工具选项面板中设置工具的各项属性，再单击【喷枪】按钮将画笔用作喷枪，如图 3-41 所示。

3 在图像的太阳花花朵区域上拖动，增加花朵的亮度，如图 3-42 所示。如果区域较大，可以多次拖动鼠标来扩大作用区域或重复应用变亮。本例增加花瓣区域亮度的效果如图 3-43 所示。

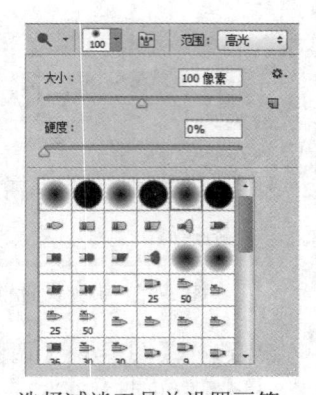

图 3-40　选择减淡工具并设置画笔

图 3-41　设置工具选项

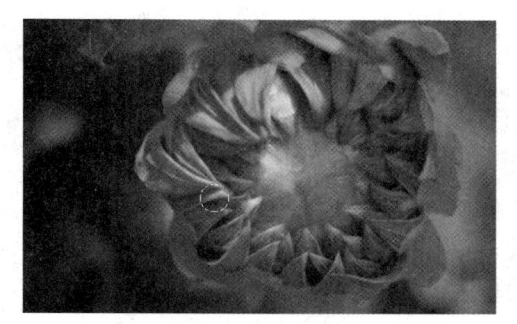

图 3-42　增加花朵的亮度　　　　　　　　　图 3-43　增加花朵亮度的效果

4 在工具面板中选择【加深工具】，在选项面板中选择画笔笔尖并设置画笔选项，再设置其他工具选项，如图 3-44 所示。

5 在图像的柔焦背景区域上拖动，降低该区域的亮度，使图像背景与花朵的对比更加强烈，如图 3-45 所示。

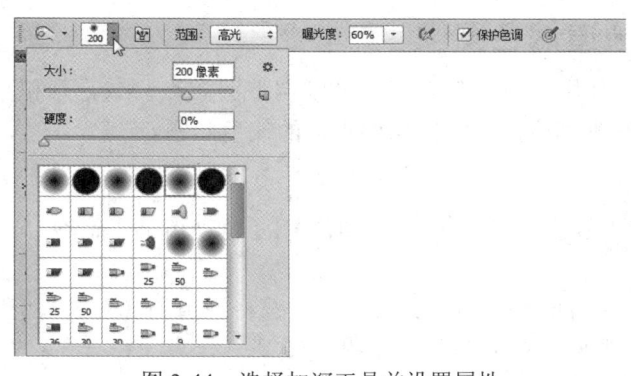

图 3-44　选择加深工具并设置属性　　　　　　图 3-45　加深图像背景颜色

6 在工具面板中选择【海绵工具】，在选项面板中选择画笔笔尖并设置画笔选项，然后从【模式】下拉列表中选择更改颜色的方式为【加色】并为海绵工具指定流量，如图 3-46 所示。

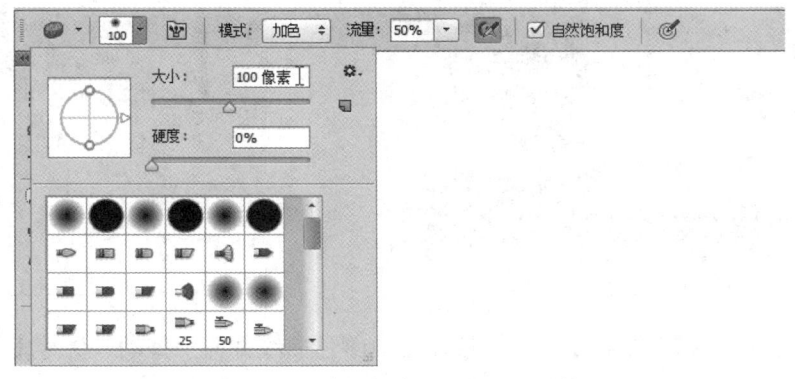

图 3-46　选择海绵工具并设置属性

7 在图像的花朵部分上拖动，增加花朵颜色的饱和度，如图 3-47 所示。本例对图像花朵区域增加饱和度的效果如图 3-48 所示。

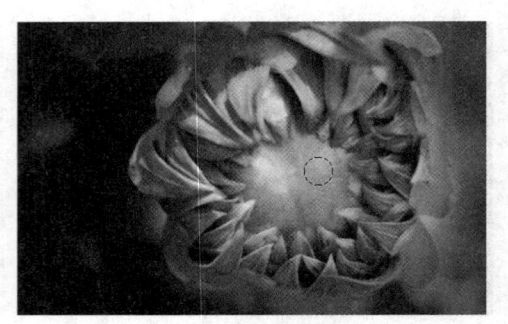

图 3-47　增加花朵区域的饱和度 　　　　　　　　图 3-48　增加花朵区域饱和度的效果

3.5　技能训练

下面通过多个上机练习实例，巩固学习的知识。

3.5.1　上机练习 1：解决 RGB 通道偏色图像

本例先对图像进行自动色调处理，然后使用【曲线】功能，分别调整图像红、绿、蓝和 RGB 通道的色彩效果，接着降低图像的自然饱和度，以解决图像出现的偏色问题。

操作步骤

1 打开光盘中的 "..\Example\Ch03\3.5.1.jpg" 文件，选择【图像】|【自动色调】命令，对图像进行自动色调处理，如图 3-49 所示。

2 选择【图像】|【调整】|【曲线】命令，打开【曲线】对话框后选择通道为【红】，然后使用鼠标按住通道颜色曲线并向下拖动，调整通道的颜色，如图 3-50 所示。

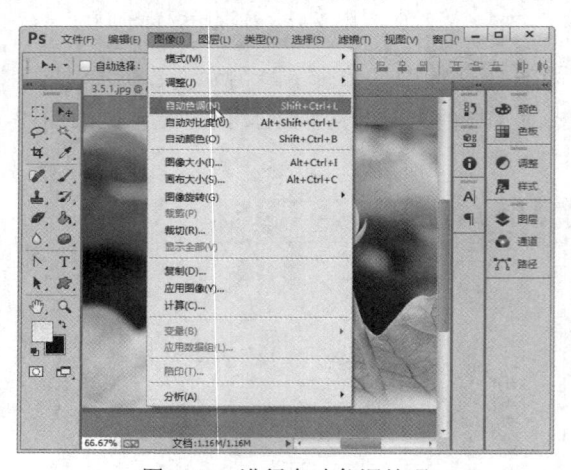

图 3-49　进行自动色调处理 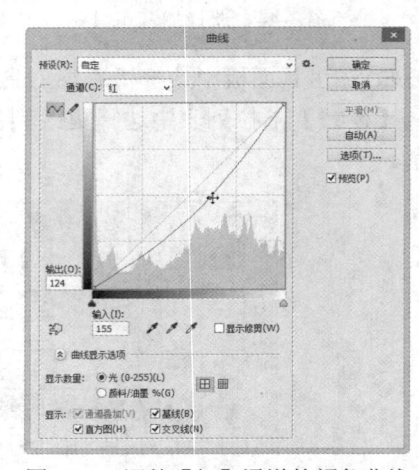　　　　　　　　图 3-50　调整【红】通道的颜色曲线

3 切换通道为【绿】，然后使用鼠标按住通道颜色曲线并向上拖动，调整【绿】通道的颜色，如图 3-51 所示。

4 切换通道为【蓝】，然后使用鼠标按住通道颜色曲线上方并向上拖动，再按住通道颜色曲线下方并向下拖动，调整【蓝】通道的颜色，如图 3-52 所示。

5 切换通道为【RGB】，使用鼠标按住 RGB 通道颜色曲线（黑色），并向下轻微拖动，调

52

整【RGB】通道的颜色，然后单击【确定】按钮，如图 3-53 所示。

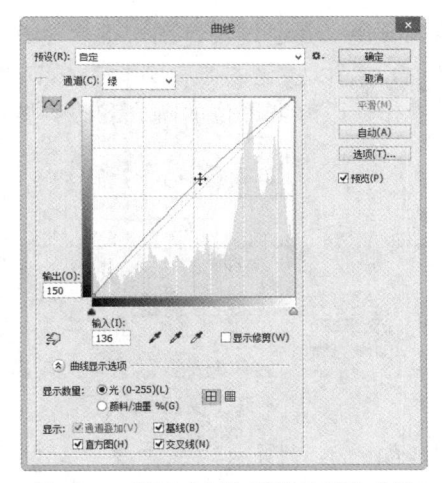

图 3-51　调整【绿】通道的颜色曲线 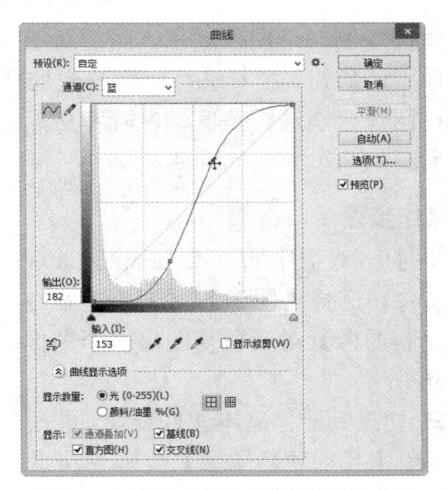　　　　　图 3-52　调整【蓝】通道的颜色曲线

6 选择【图像】|【调整】|【自然饱和度】命令，打开【自然饱和度】对话框后，设置自然饱和度的参数为-50，以降低自然饱和度，最后单击【确定】按钮，如图 3-54 所示。

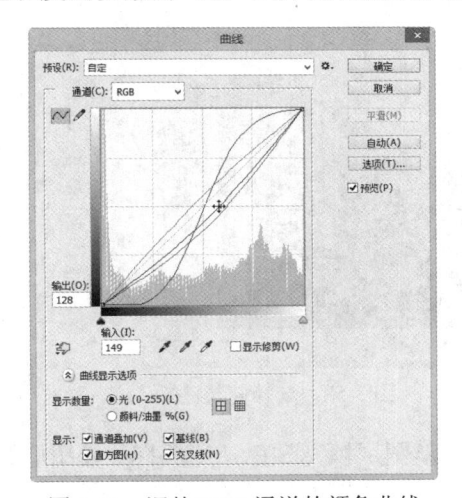

图 3-53　调整 RGB 通道的颜色曲线 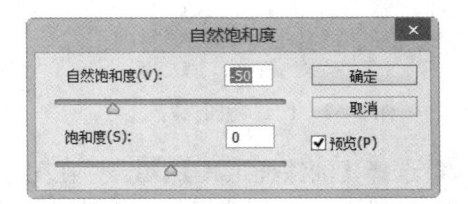　　　　　图 3-54　降低自然饱和度

7 完成上述操作后，即可返回文件窗口查看图像的效果，如图 3-55 所示。

图 3-55　原偏色图像和最终图像的对比效果

3.5.2 上机练习2：降低曝光和强化图像细节

本例复制一个图像副本，然后新增一个图层并填充颜色，并通过设置图层混合模式，突出图像中的蜻蜓，接着进行应用图像处理，使图像进行叠加，以强化图像中蜻蜓的细节内容，最后对图像分别进行亮度、色阶和自然饱和度等调整操作，以降低图像的曝光和改善图像细节效果。

操作步骤

1 打开光盘中的 "..\Example\Ch03\3.5.2.jpg" 练习文件，选择【图像】|【复制】命令，然后通过【复制图像】对话框复制出一个图像副本，如图3-56 所示。

2 切换到图像副本文件窗口，再打开【图层】面板并单击【创建新图层】按钮，创建一个新图层，如图3-57 所示。

3 在工具面板的前景色控件上单击，打开【拾色器（前景色）】对话框后，选择一种颜色（#C99C00），然后单击【确定】按钮，如图3-58 所示。

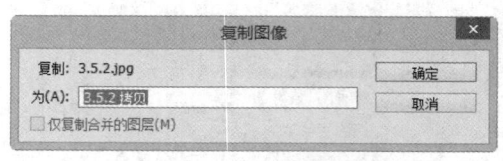

图3-56 复制图像

图3-57 创建新图层

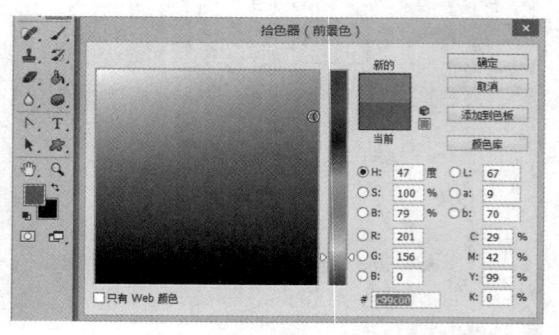

图3-58 选择前景色

4 选择【油漆桶工具】，并在图像上单击，为新图层填充颜色，然后打开【图层】面板并选择图层1，设置图层的混合模式为【减去】，如图3-59 所示。

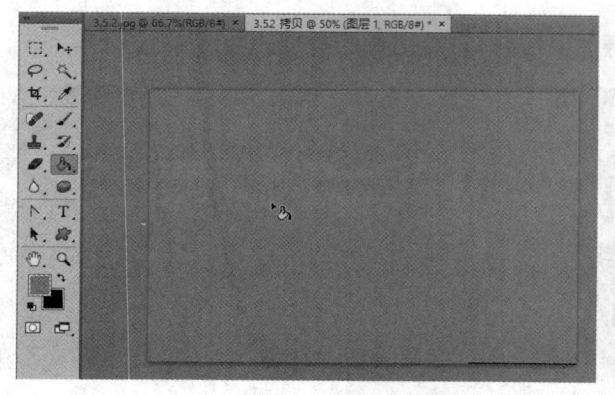

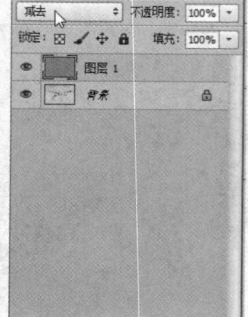

图3-59 填充图层并设置混合模式

5 切换到练习文件的文件窗口，然后选择【图像】|【应用图像】命令，打开【应用图像】对话框后，设置源为图像副本，再设置混合为【叠加】，接着单击【确定】按钮，如图 3-60 所示。

6 选择【图像】|【调整】|【亮度/对比度】命令，然后设置亮度为-20，再单击【确定】按钮，如图 3-61 所示。

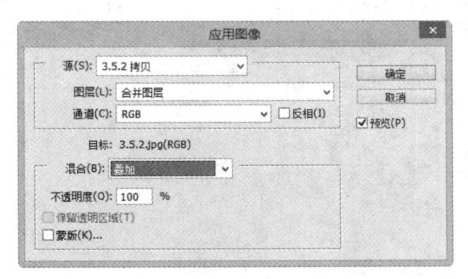

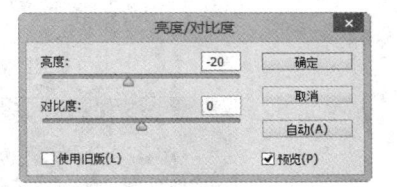

图 3-60 应用图像　　　　图 3-61 降低图像的亮度

7 选择【图像】|【调整】|【色阶】命令，在打开的【色阶】对话框中设置通道为【红】，然后拖动输入色阶和输出色阶的滑块，设置红通道的色阶，接着将通道切换为【RGB】，再拖动输入色阶的滑块，设置 RGB 通道的色阶，最后单击【确定】按钮，如图 3-62 所示。

8 选择【图像】|【调整】|【自然饱和度】命令，然后设置自然饱和度为-50、饱和度为 20，再单击【确定】按钮，如图 3-63 所示。

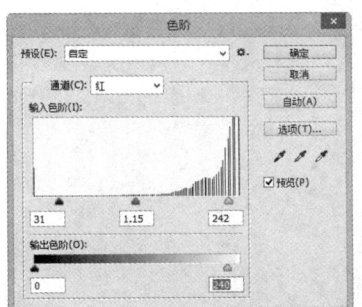

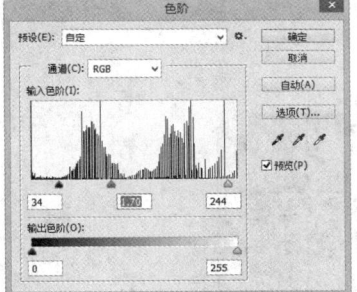

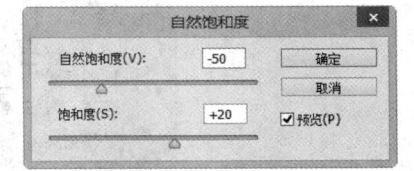

图 3-62 设置图像的色阶　　　　图 3-63 调整自然饱和度与饱和度

9 完成上述处理后，即可通过文件窗口查看图像的效果，如图 3-65 所示。

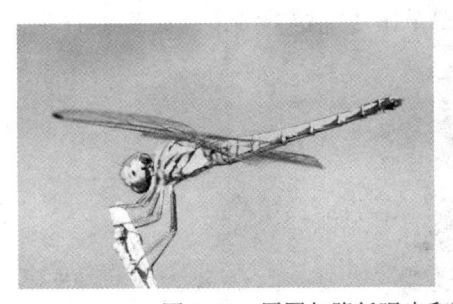

图 3-64 原图与降低曝光和强化细节的图像的对比效果

3.5.3 上机练习 3：解决图像逆光拍摄的问题

本例将为图像添加一个【曝光度】调整图层，调整图像曝光效果，再添加一个【亮度/对比度】调整图层，以降低图像的亮度，然后为背景图像应用【阴影/高光】命令，改善图像的阴影和高光效果，解决图像因逆光拍摄而出现部分曝光过度和部分曝光不足的问题。

操作步骤

1 打开光盘中的"..\Example\Ch03\3.5.3.jpg"文件，打开【调整】面板，再单击【曝光度】按钮，打开【属性】面板后设置曝光度、位移、灰度系数校正等参数，如图3-65所示。

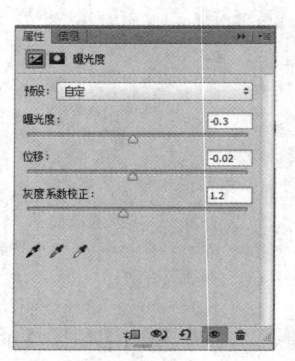

图3-65 创建曝光度调整图层

2 打开【调整】面板，单击【亮度/对比度】按钮，打开【属性】面板后，设置亮度为-10、对比度为20，如图3-66所示。

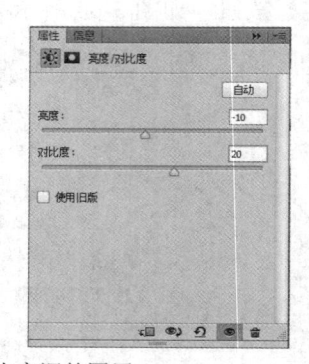

图3-66 创建亮度/对比度调整图层

3 打开【图层】面板并选择背景图层，选择【图像】|【调整】|【阴影/高光】命令，然后设置阴影数量为90%、高光数量为20%，接着单击【确定】按钮，如图3-67所示。

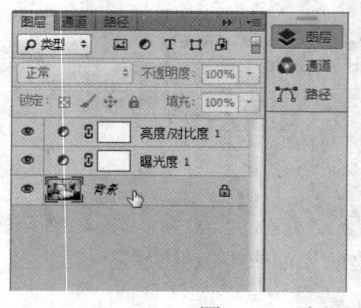

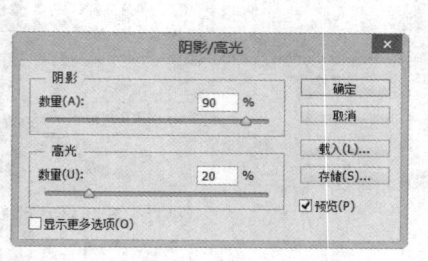

图3-67 选择图层并调整阴影和高光

4 完成上述处理后，即可通过文件窗口查看图像的效果，如图3-68所示。

图 3-68 原图与改善曝光效果后的图像的对比效果

3.5.4 上机练习 4：改善图像局部光线的不足

本例先对图像进行自动颜色处理，然后选择图像光线不足的区域，再调高亮度和对比度，接着调整阴影和高光的效果，将图像较暗的区域调亮。

操作步骤

1 打开光盘中的"..\Example\Ch03\3.5.4.jpg"文件，选择【图像】|【自动颜色】命令，自动化调整图像颜色，如图 3-69 所示。

2 按 Ctrl+Shift+Alt+2 键，选择图像中高光区域，然后选择【选择】|【反向】命令，反向选择图像较暗的区域，如图 3-70 所示。

图 3-69 执行自动颜色处理 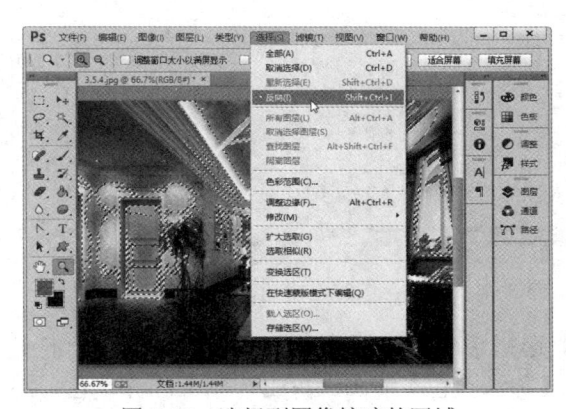　　　　　　　　图 3-70 选择到图像较暗的区域

3 选择【图像】|【调整】|【亮度/对比度】命令，打开对话框后，设置亮度为 30、对比度为 10，然后单击【确定】按钮，如图 3-71 所示。

4 按 Ctrl+D 键取消选区，然后选择【图像】|【调整】|【阴影/高光】命令，接着设置阴影数量为 10%、高光数量为 30%，最后单击【确定】按钮，如图 3-72 所示。

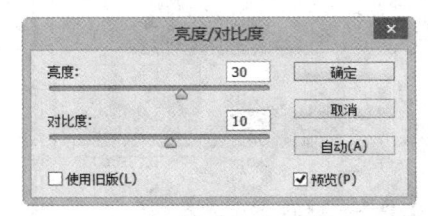

图 3-71 调整选区部分的亮度和对比度 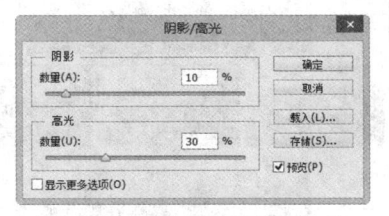　　　　图 3-72 调整图像阴影和高光

5 完成上述处理后，即可通过文件窗口查看图像的效果，如图 3-73 所示。

57

图 3-73 原图与改善局部光线的图像的对比效果

3.5.5 上机练习 5：制作图像的艺术色彩效果

本例将调整图像的色相和饱和度，然后通过【变化】功能增强图像的黄色和红色，再使用【HDR 色调】功能调整图像颜色，使图像有一种艺术的色彩视觉效果。

操作步骤

1 打开光盘中的"..\Example\Ch03\3.5.5.jpg"文件，选择【图像】|【调整】|【色相/饱和度】命令，设置调整项为【全图】，再设置色相和饱和度均为 20，如图 3-74 所示。

2 切换调整项为【红色】，然后设置色相为 15，再单击【确定】按钮，如图 3-75 所示。

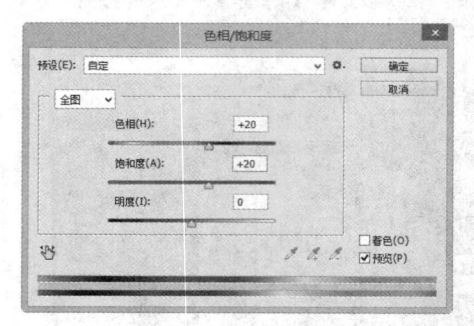

图 3-74 设置全图的色相和饱和度　　　　图 3-75 设置红色的色相

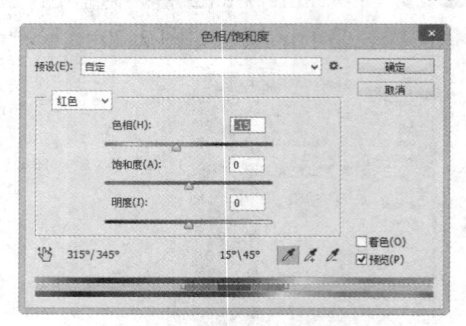

3 选择【图像】|【调整】|【变化】命令，打开【变化】对话框后选择【中间调】选项，然后在【加深黄色】缩图上单击为图像加深黄色，接着在【加深红色】缩图上单击为图像加深红色，最后单击【确定】按钮，如图 3-76 所示。

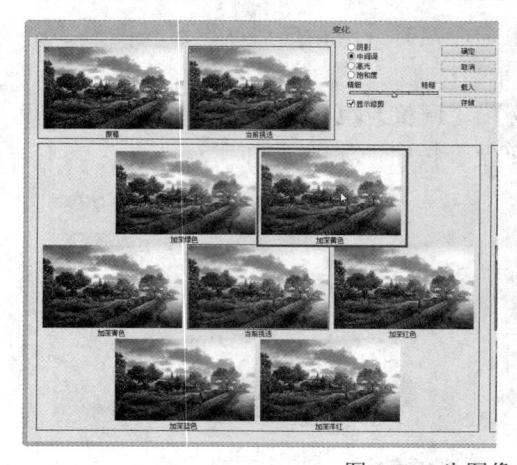

图 3-76 为图像加深黄色和红色

4 选择【图像】|【调整】|【HDR 色调】命令，打开【HDR 色调】对话框后，设置如图 3-77 所示的相关参数。

5 在对话框中单击【色调曲线和直方图】标题右侧的小三角按钮，打开【色调曲线和直方图】选项卡后，设置色调曲线，然后单击【确定】按钮，如图 3-78 所示。

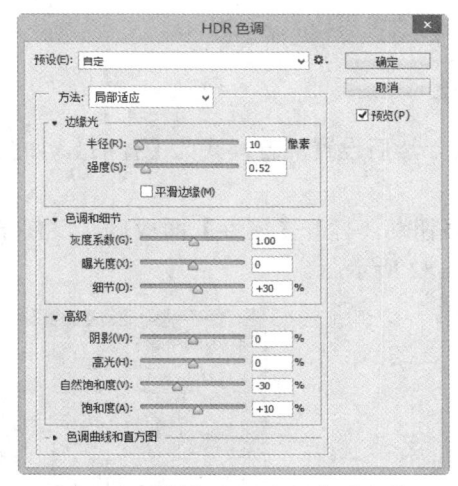

图 3-77　设置 HDR 色调各项参数　　　　图 3-78　设置色调曲线

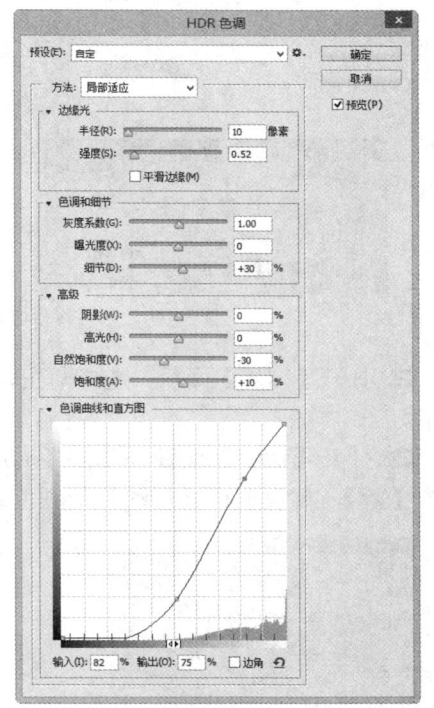

6 完成上述处理后，即可通过文件窗口查看图像的效果，如图 3-79 所示。

图 3-79　原图和调出艺术色彩的图像的对比效果

3.5.6　上机练习 6：为风景图像制出黄昏效果

本例先为图像添加【渐变映射】调整图层，然后应用叠加的混合效果，接着添加【通道混合器】调整图层，并分别设置蓝、红、绿通道颜色，最后添加【自然饱和度】调整图层，调整自然饱和度与饱和度，将风景图像制出黄昏的色彩效果。

操作步骤

1 打开光盘中的"..\Example\Ch03\3.5.6.jpg"文件，打开【调整】面板并单击【渐变映射】按钮，打开【属性】面板后，单击渐变色打开【渐变编辑器】对话框，然后选择【紫，橙渐变】样本，如图 3-80 所示。

59

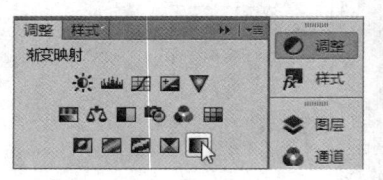

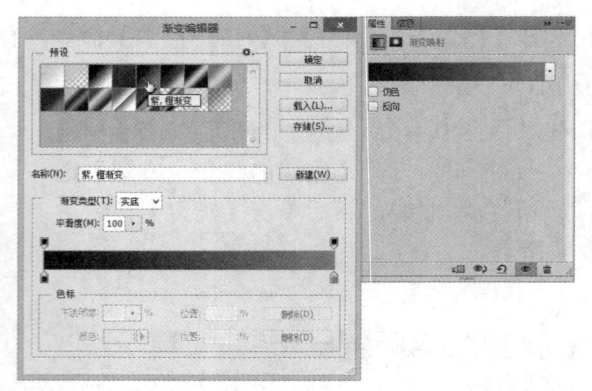

图 3-80　创建渐变映射调整图层

2 打开【图层】面板，选择渐变映射调整图层，然后设置混合模式为【叠加】，如图 3-81 所示。

3 打开【调整】面板并单击【通道混合器】按钮，打开【属性】面板后，设置输出通道为【蓝】，再设置该通道的各种颜色参数，如图 3-82 所示。

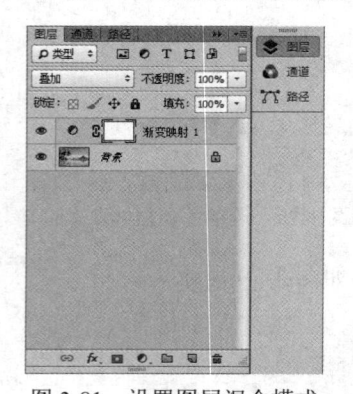

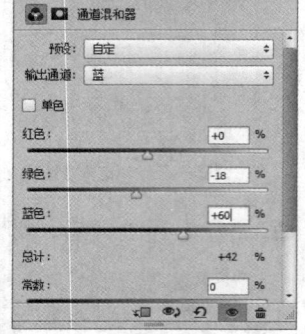

图 3-81　设置图层混合模式　　　　　图 3-82　创建调整图层并设置蓝通道颜色

4 切换输出通道为【红】，再设置该通道的各种颜色参数，然后切换输出通道为【绿】，继续设置该通道的各种颜色参数，如图 3-83 所示。

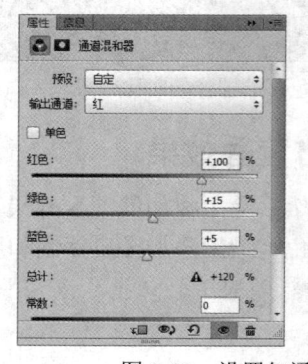

图 3-83　设置红通道和绿通道的颜色

5 打开【调整】面板并单击【自然饱和度】按钮，打开【属性】面板后，设置自然饱和度为-30、饱和度为 10，如图 3-84 所示。

图 3-84 创建自然饱和度调整图层

❻ 完成上述处理后，即可通过文件窗口查看图像的效果，如图 3-85 所示。

图 3-85 原图与制成黄昏效果图像的对比

3.6 评测习题

1. 填充题

（1）调整图层可将颜色和色调调整应用于图像，而不会永久更改_____。

（2）使用【色相/饱和度】命令不仅可以调整整个图像或单个颜色分量的色相、饱和度，还可调整图像的_____。

（3）_____是一种专门用于采集色样以指定新的前景色或背景色的工具。

（4）使用_____可改变图像特定区域的曝光度，使图像变暗。

2. 选择题

（1）使用下面哪个快捷键可以执行【图像】|【调整】|【色阶】命令？　　　　（　　）
　　　A. Ctrl+S　　　　B. Ctrl+L　　　　C. Shift+L　　　　D. Ctrl+Shift+L

（2）使用哪个快捷键可以执行【图像】|【调整】|【色相/饱和度】命令？　　（　　）
　　　A. Ctrl+F　　　　B. Ctrl+U　　　　C. Ctrl+F2　　　　D. Ctrl+T

（3）人们在日常生活中所见的白光，实际由哪三种波长光组成？　　　　　　（　　）
　　　A. 红、绿、黄　　　　　　　　　　B. 红、绿、青
　　　C. 红、绿、蓝　　　　　　　　　　D. 青、洋红、黑

（4）在 Photoshop 使用的各种模型中，哪种色彩模型具有最宽的色域？　　（　　）
　　　A. 灰度　　　　B. CMYK　　　　C. RGB　　　　D. Lab

3. 判断题

（1）在使用绘图工具中，按住 Alt 键可以将绘图工具切换成【吸管工具】。（　　）

（2）在使用绘图工具处理图像时，可以按住 Shift 键然后按住右键，即可在弹出的 HUD 拾色器中选择颜色。（　　）

4. 操作题

对图像进行色彩平衡、亮度和饱和度等调整处理，然后使用【海绵工具】为图像中的花朵加色，将原来暗淡的图像变得颜色丰富，如图 3-86 所示。

图 3-86　原图与处理后图像的对比效果

操作提示

（1）打开光盘中的 "..\Example\Ch03\3.6.jpg" 练习文件，选择【图像】|【调整】|【色彩平衡】命令，然后设置中间调的色阶分别为 20、-10、20。

（2）选择【图像】|【调整】|【亮度/对比度】命令，然后设置亮度为 25、对比度为 0。

（3）选择【图像】|【调整】|【色相/饱和度】命令，然后设置饱和度为 20。

（4）在工具面板中选择【海绵工具】，然后在选项面板中设置画笔大小和模式为【加色】，接着在图像的花朵区域上涂擦，以增加花朵的颜色饱和度。

第 4 章　创建、管理与应用图层

学习目标

Photoshop 的所有处理均是在图层上完成的，它就好比一层层透明的容器，独立装载着文件的各个组成部分。本章将介绍图层的创建、管理和应用等内容。

学习重点

☑ 认识图层
☑ 创建图层的方法
☑ 管理图层的方法
☑ 应用图层混合和样式
☑ 设置图层不透明度

4.1　图层基础知识

1. 图层的概念

一幅完整的图像作品通常由多个局部场景组成。在 Photoshop 中，可以将这些局部场景看作是分别绘制于多张完全透明的纸上，在上层纸张的空白处可以透视下层的内容，然后通过将多张透明纸按一定的顺序叠加，从而形成最终的作品。形象地说，作品中的每张透明纸就是图层的概念，如图 4-1 所示。

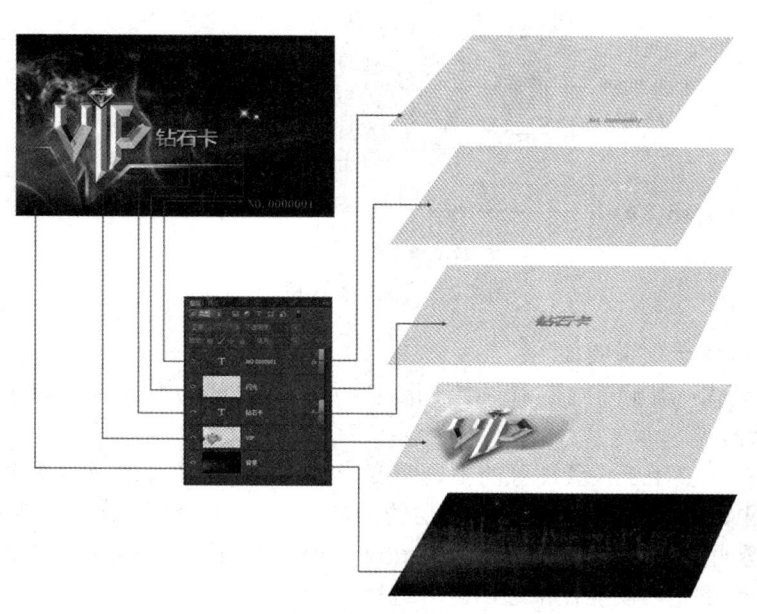

图 4-1　图层结构图

图层最大的用途就是能将作品中的各个组成部分独立化，实现单一的编辑、应用。例如，将所有作品元素同时放置于同一张纸上，当需要对某个场景进行修改时，必须使用橡皮擦将不满意的地方抹除，此方法不但麻烦，而且容易破坏其他完好的部分，所以通常只能放弃整个作品重画。利用图层，就可以找到不协调的图层进行独立修改，或者索性删除，再创建一个新图层，重新进行局部绘制即可。

此外，图层可随意移动、复制或粘贴，大大提高了绘制效率。同时，通过更改图层顺序与属性，可以改变图像的合成效果，使用调整图层、填充图层或图层样式美化作品亦不会影响到其他未被选择的图层。

2. 图层面板

【图层】面板是 Photoshop 中最重要的面板之一，主要用于显示与设置当前文件所有图层的状态与属性，通过它可以完成创建、编辑与美化图层等绝大部分操作。当打开包含有多个图层的 PSD 文件后，即可显示如图 4-2 所示的【图层】面板。

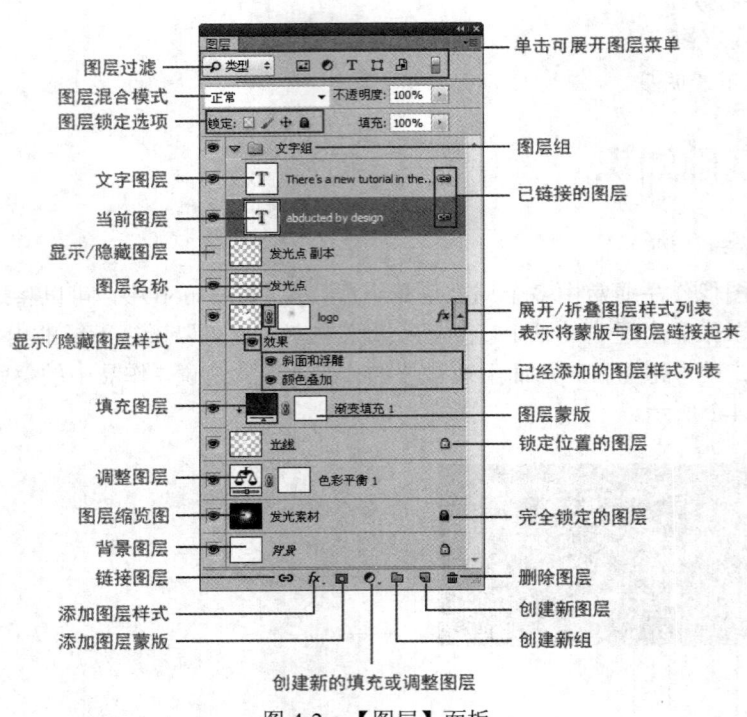

图 4-2 【图层】面板

【图层】面板中各选项说明如下：

- 图层混合模式：用于指定当前图层图像与下层图像之间的混合形式。Photoshop 提供了 27 种混合模式。
- 不透明度：主要用于设置图像的不透明度，数值越高，图像的透明效果越明显。
- 锁定：通过单击 4 个按钮可以指定图层的锁定方式，下面分别介绍四个锁定按钮的作用：
  ➢ 【锁定透明像素】按钮◙：激活此按钮即可锁定当前图层的透明区域，此时对图层进行绘制或填充，仅能在不透明区域进行。
  ➢ 【锁定图像像素】按钮✓：激活此按钮后，不可对当前图层进行绘图方面的操作。

> 【锁定位置】按钮：激活此按钮后，将锁定当前图层的位置，主要用于固定指定对象不被移动。

> 【锁定全部】按钮：激活此按钮后，当前图层或图层组将处于完全锁定状态，不能进行任何编辑。

- 填充：此选项与【不透明度】相似，用于设置填充时的色素透明度，但只对当前图层起作用。
- 图层组：用于分组图层的文件夹，可将文件中的大量图层进行分类。单击图层组标题左侧的倒三角图标，可以将图层组中的内容折合隐藏，再次单击可重新显示。
- 文字图层：使用【文本工具】创建的图层，以输入的文字内容作为图层名称。
- 【链接图层】按钮：如果要将文件中的多个图层同时移动或变形，可以先选择多个图层，再单击此按钮，将它们组成一个链接群进行编辑，以提高工作效率。
- 调整图层：用于修改当前图层效果的辅助图层，如调整图层的颜色、亮度、对比度等。
- 当前图层：目前选择的图层，呈蓝色反白文字效果。Photoshop 中的绝大部分操作是针对当前图层有效的。
- 图层缩览图：主要用于显示图层的效果，软件预设了 4 种缩览图大小，在【图层】面板右上方单击按钮，即可打开图层快捷菜单，选择【画板选项】命令，可打开如图 4-3 所示的【画板选项】对话框，如选择【中缩览图】选项，即可得到如图 4-4 所示的缩览图大小。

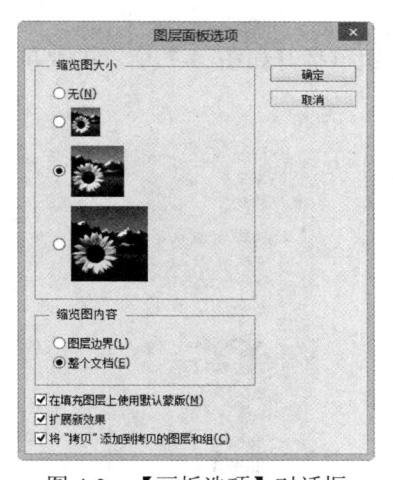

图 4-3　【画板选项】对话框　　　　　　图 4-4　中缩览图效果

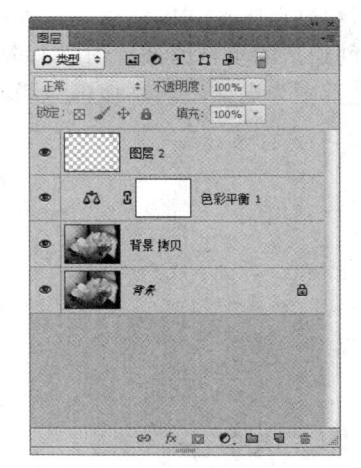

- 显示/隐藏图层：当图层的左侧出现图标时，表示此图层处于可见状态。再次单击可使其消失，同时该图层的所有内容将隐藏，表示该图层处于不可见状态。
- 填充图层：用于修改当前图层颜色效果的辅助图层。
- 图层名称：图层缩览图右侧会显示图层的名称。在创建新图层时，自动以"图层 1、图层 2…"顺序编号，只要双击此名称即可进入编辑状态。
- 显示/隐藏图层样式：为图层添加图层样式后即会出现图层效果栏，单击此小三角符号可折合图层效果栏，再次单击可重新显示。
- 图层效果：在图层名称右侧双击即可打开【图层样式】对话框，从中可为图层添加投影、内阴影、外发光等 10 种样式，如图 4-5 所示。

65

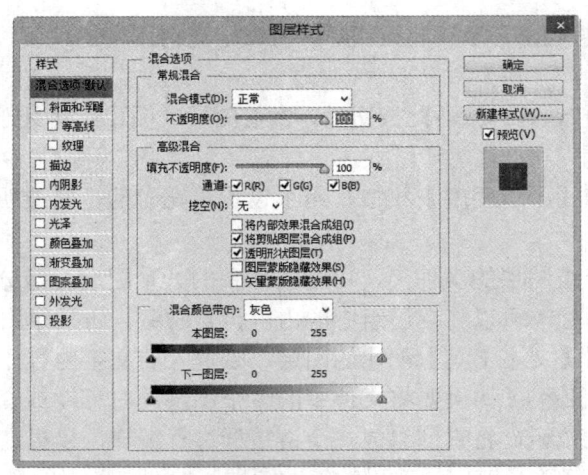

图 4-5 【图层样式】对话框

- 背景图层：背景层是一个不透明的特殊图层，且无法调整图层顺序，但是可以转换为普通图层。打开一幅 jpg 格式的图像文件后，图像本身就为背景图层。
- 【添加图层样式】按钮 fx：单击此按钮可打开如图 4-6 所示的菜单，可以在其中为当前图层添加图层样式。
- 【添加图层蒙版】按钮：单击此按钮可为当前图层添加蒙版。如果图层中有选区，将根据选区形状创建图层蒙版。
- 【创建新的填充或调整图层】按钮：单击此按钮可打开如图 4-7 所示的菜单，可以在其中为当前图层添加填充图层或者调整图层。

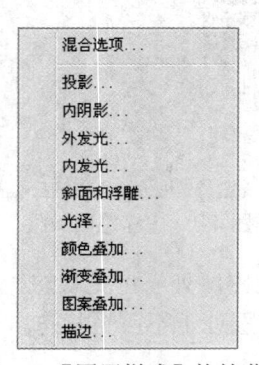

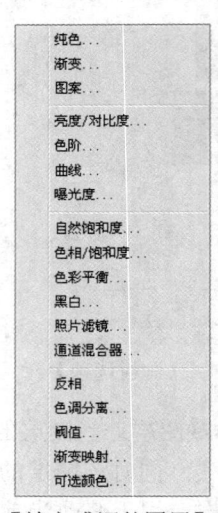

图 4-6 【图层样式】快捷菜单　　　　　图 4-7 【填充或调整图层】快捷菜单

- 【创建新组】按钮：单击此按钮可以新建一个图层组。
- 【创建新图层】按钮：单击此按钮可以新建一个透明的图层。如果将图层拖到此按钮上，即可快速复制图层。
- 【删除图层】按钮：单击此按钮可以删除当前图层，如果将图层拖到此按钮上，可以快速删除图层。

● 图层过滤器：通过【过滤类型】列表框 可以选择图层过滤类型；单击 按钮可以过滤特定的图层类型。

4.2 创建图层

下面主要介绍在 Photoshop CC 中创建新图层、填充图层和调整图层的方法。

4.2.1 创建新图层

1. 创建新图层或组

创建新图层或组的方法如下：

方法 1 使用默认选项创建新图层或组。单击【图层】面板的【创建新图层】按钮 或【创建新组】按钮 即可。

方法 2 选择【图层】|【新建】|【图层】命令（或按 Shift+Ctrl+N 键）或选择【图层】|【新建】|【组】命令，如图 4-8 所示。

方法 3 从【图层】面板菜单中选择【新建图层】命令或【创建新组】命令。

方法 4 按住 Alt 键并单击【图层】面板中的【创建新图层】按钮 或【创建新组】按钮 ，以显示【新建图层】对话框并设置图层选项，如图 4-9 所示。

方法 5 按住 Ctrl 键并单击【图层】面板中的【创建新图层】按钮 或【创建新组】按钮 ，可以在当前选中的图层下添加一个图层或添加一个图层组。

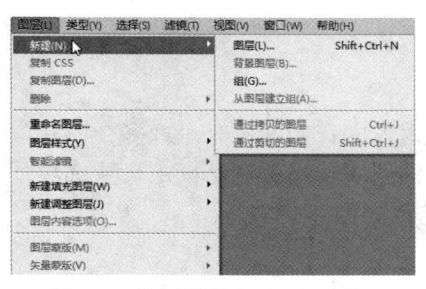

图 4-8 通过菜单新建图层或组　　　　图 4-9 通过对话框新建图层

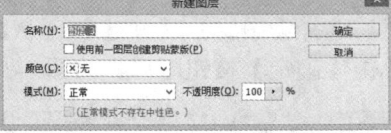

图层选项的说明如下：
● 名称：指定图层或组的名称。
使用前一图层创建剪贴蒙版：此选项不可用于组。
● 颜色：为【图层】面板中的图层或组分配颜色。
● 模式：指定图层或组的混合模式。
● 不透明度：指定图层或组的不透明度级别。
填充模式中性色：使用预设的中性色填充图层。该选项针对混合模式而设，但并非所有混合模式都存在中性色。例如，【溶解】模式没有中性色，【变亮】模式则可设中性色，如图 4-10 所示。

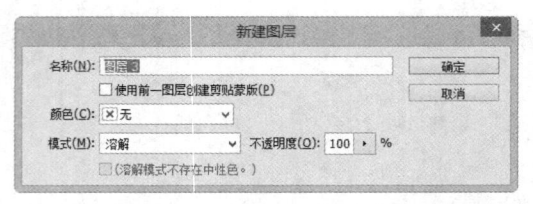

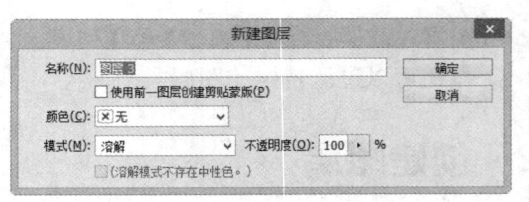

图 4-10　设置填充模式中性色

2. 使用其他图层中的效果创建图层

使用其他图层中的效果创建图层就如同创建图层的副本，这种做法可以使新建的图层包含现有图层的所有效果。

在【图层】面板中选择现有图层。将该图层拖动到【图层】面板底部的【创建新图层】按钮 上即可，如图 4-11 所示。此时【图层】面板将新建了一个副本图层。

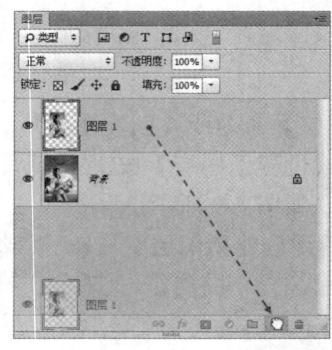

图 4-11　使用其他图层创建新图层

3. 从图层建立组

从图层建立组就是在创建组的同时将选定的图层放置在组内。首先选定一个或多个图层，然后选择【图层】|【新建】|【从图层建立组】命令，在【从图层新建组】对话框中设置选项，单击【确定】按钮即可，如图 4-12 所示。从图层建立组的结果如图 4-13 所示。

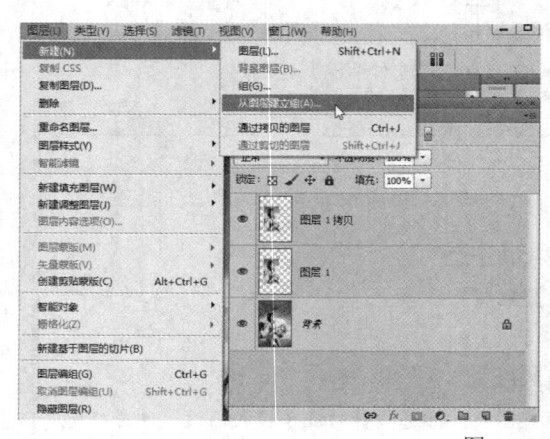

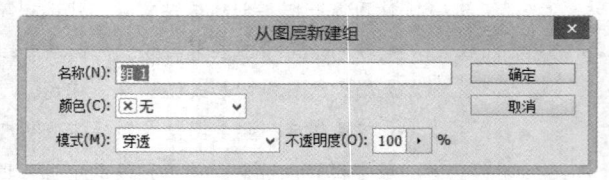

图 4-12　从图层建立组

4. 删除图层或组

当不需要某个图层或某组图层时，可以将图层或组删除。选择要删除的图层或组，然后按

Delete 键即可。此外，还可以在选定图层或组的情况下，单击【图层】面板的【删除图层】按钮，或者直接将图层或组拖到【删除图层】按钮上，如图 4-14 所示。

图 4-13　从图层建立组的结果　　　　　　　图 4-14　删除图层或组

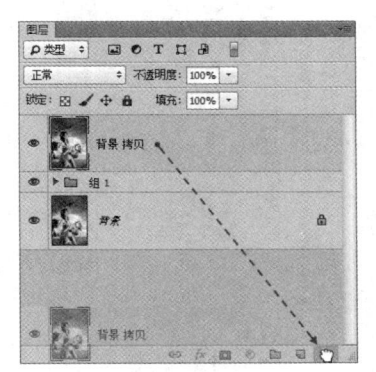

4.2.2　创建填充图层

如果想调整图层的颜色效果，但又担心破坏原始图层时，可以为当前图层添加填充图层。其方法是在当前图层上方新建一个图层，并填充纯色、渐变色或者图案，再结合【混合模式】与【不透明度】的调整，这样不仅不会影响底层的图像效果，还会与其产生特殊的混合效果。

动手操作　创建纯色填充图层改变图像色彩

1 打开光盘中的 "..\Example\Ch04\4.2.2.jpg" 文件，在【图层】面板中单击【创建新的填充或调整图层】按钮，在打开的菜单中选择【纯色】选项，如图 4-15 所示。

2 打开【拾色器（纯色）】对话框，在拾色器中选择一种颜色，然后单击【确定】按钮，如图 4-16 所示。

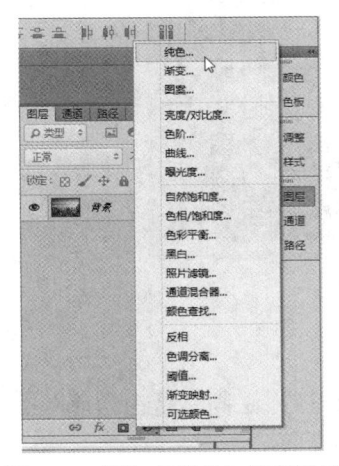

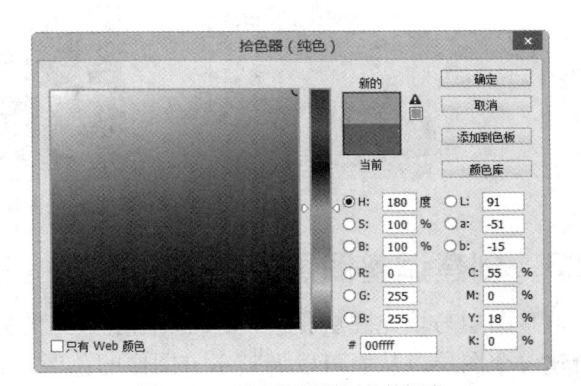

图 4-15　添加【纯色】填充图层　　　　　　图 4-16　选择图层的填充颜色

3 此时背景图层上方创建了一个名为"颜色填充 1"的填充图层，而整个图层会蒙上步骤 2 所选择的填充颜色，如图 4-17 所示。

4 将图层混合模式修改为【柔光】，使填充图层与背景图层产生混合效果，改变图像的颜色，如图 4-18 所示。

69

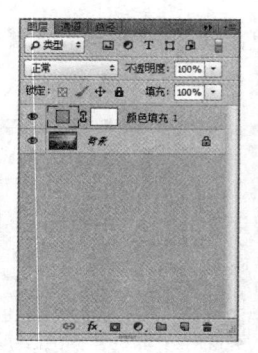

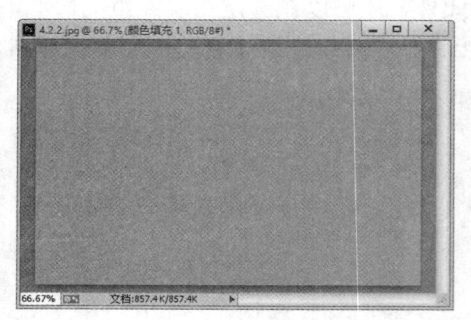

图 4-17　创建纯色填充图层后的结果

图 4-18　修改填充图层的混合模式

5 如果觉得当前的色调过浓，可以适当降低不透明度的数值，本例设置为 50%，结果如图 4-19 所示。

图 4-19　降低填充图层的不透明度

4.2.3　创建调整图层

调整图层与填充图层相似，是调整图层效果的另一种方法。该方法同样是在当前图层的上方新建一个图层，从而可以调整下方图像的色调、亮度和饱和度等。

动手操作　创建调整图层改善图像亮度

1 打开光盘中的"..\Example\Ch03\4.2.3.jpg"文件，单击【创建新的填充或调整图层】按钮，再选择【亮度/对比度】选项，如图 4-20 所示。

2 程序在当前图层的上方新建了一个"亮度/对比度 1"调整图层，并显示【调整（亮度/对比度）】面板，此时可以拖动亮度和对比度的滑块，设置亮度和对比度，如图 4-21 所示。

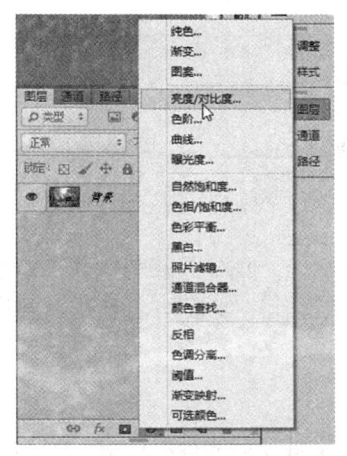

图 4-20　创建【亮度/对比度】调整图层　　　　　图 4-21　设置亮度和对比度

3 调整亮度和对比度参数后，可以通过文件窗口查看添加调整图层后的图像效果，如图 4-22 所示。

图 4-22　图像调整亮度和对比度后的效果

4.3　管理图层

图层的管理包括复制、选择、链接、过滤、锁定、栅格化、显示和隐藏及合并图层等。

4.3.1　复制图层

在设计过程中，如果要多次使用同一个图层，如果重复执行创建操作，将会降低工作效率。Photoshop 允许对图层进行复制操作，从而达到快速复制的目的。

动手操作　复制图层

1 选择好当前图层，然后选择以下任一操作：

（1）执行【图层】|【复制图层】命令。

（2）在【图层】面板中右键单击图层，在打开的菜单中选择【复制图层】命令。

（3）在【图层】面板中单击 按钮，在打开下拉菜单中选择【复制图层】命令。

2 打开【复制图层】对话框后，输入新图层的名称，再单击【确定】按钮即可，如图 4-23 所示。

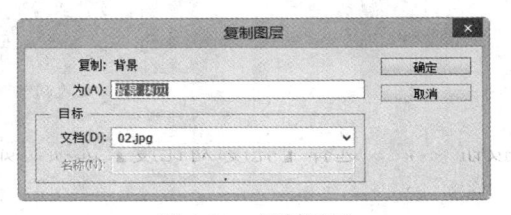

图 4-23　复制图层

71

按 Ctrl+J 键可以快速创建当前图层的图层副本。

4.3.2 选择图层

在编辑图像时，可以选择一个或多个图层以便在上面工作。但对于某些操作（如绘画以及调整颜色和色调），一次只能在一个图层上工作。对于其他操作（如移动、对齐、变换或应用样式等），则可以一次选择并处理多个图层。

1. 现用图层

单个选定的图层称为现用图层，现用图层的名称将出现在文件窗口的标题栏中，如图 4-24 所示。

图 4-24　现用图层

2. 在【图层】面板选择图层

在【图层】面板选择图层可以执行下列操作之一：

（1）在【图层】面板中单击图层即可将其选中。

（2）如果要选择多个连续的图层，可以先单击第一个图层，然后按住 Shift 键单击最后一个图层，如图 4-25 所示。

（3）如果要选择多个不连续的图层，可以按住 Ctrl 键并在【图层】面板中单击这些图层，如图 4-26 所示。

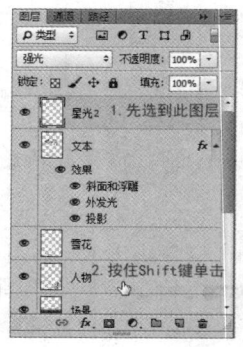

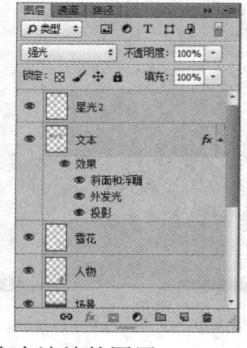

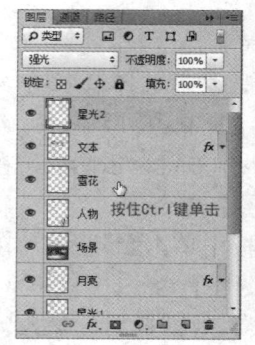

图 4-25　选择多个连续的图层　　　　图 4-26　选择多个不连续的图层

（4）如果要选择所有图层，可以打开【选择】菜单，然后选择【所有图层】命令，或者按 Alt+Ctrl+A 键。

（5）如果要取消选择某个图层，可以在按住 Ctrl 键的同时单击该图层。

（6）如果不选择任何图层，可以在【图层】面板中的背景图层或底部图层下方单击。

> 在进行选择图层时，可以按住 Ctrl 键并单击图层缩览图外部的区域。如果是按住 Ctrl 键并单击图层缩览图，则会选择图层的非透明区域。

3. 在文件窗口中选择图层

在文件窗口中选择图层，首先要选择【移动工具】，然后执行下列操作之一：

（1）在选项面板中选择【自动选择】复选框，然后从下拉列表框中选择【图层】选项，接着在文件中单击要选择的图层即可。这种方法可以选择包含光标下的像素的顶部图层，简单地说，就是光标单击的像素是属于哪个图层的，就选到该图层。例如，如果图像上有文字图层，文本下方是背景图像，当使用【移动工具】让光标单击文本时，光标单击到的像素是属于文本，因此就选择到文本所在图层，而不会选择到文本下方的背景图像所在的图层，如图 4-27 所示。

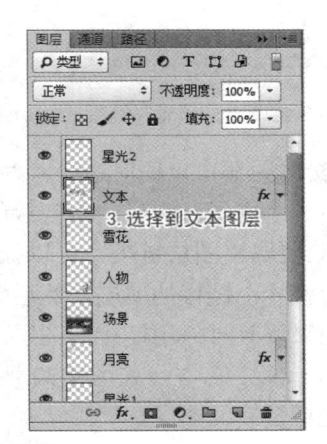

图 4-27　使用移动工具选择图层

（2）在选项面板中选择【自动选择】复选框，然后从下拉列表框中选择【组】，接着在文件中单击要选择的内容，即可选择包含光标下的像素的顶部组。如果单击到某个未编组的图层，它将变为选定状态。

（3）在图像中使用鼠标右键单击，然后从关联菜单中选择图层。关联菜单列出了所有包含当前指针位置下的像素的图层，此时只需选择需要的图层选项即可，如图 4-28 所示。

图 4-28　通过右键快捷菜单选择图层

4.3.3 链接图层

在对多个图层同时进行移动、缩放、旋转等操作时，可以先将其选择然后再链接起来。只有选择两个以上的图层时，链接功能才可用。当不需要同时对多个图层进行编辑时，可以取消图层的链接。

动手操作　整体移动标题的位置

1 打开光盘中的"..\Example\Ch04\4.3.3.psd"文件，在【图层】面板中选择需要链接的多个图层，如图 4-29 所示。

2 选择图层后，单击【图层】面板底部的【链接图层】按钮 ⊖｜，如图 4-30 所示。

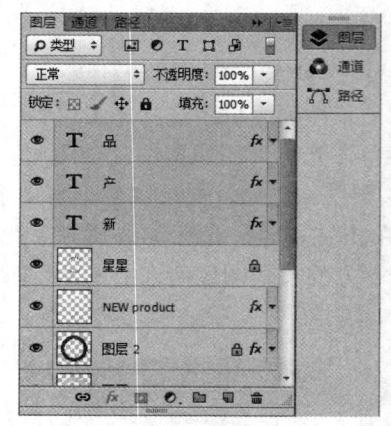

图 4-29　选择需要链接的图层

图 4-30　链接图层

3 链接的图层可以同时进行某些处理。本例将移动图层，调整图像中标题文本的位置。当移动其中一个图层时，另一个链接的图层会一起移动，如图 4-31 所示。

4 如果要取消图层链接，可以执行以下操作之一：

（1）选择一个链接的图层，然后单击【链接图层】按钮 ⊖｜。

（2）如果要临时停用链接的图层，可以按住 Shift 键并单击链接图层的链接图标。此时图标上将出现一个红色 X，如图 4-32 所示。按住 Shift 键再次单击链接图标可再次启用链接。

（3）选择链接的图层，然后选择【图层】|【取消图层链接】命令。

图 4-31　移动链接图层内容的位置

图 4-32　停用图层链接

> 问：有什么方法可以一次选择到链接图层？
> 答：如果要选择所有链接图层，可以先选择其中一个图层，然后选择【图层】|【选择链接图层】命令。

4.3.4 过滤图层

过滤图层可以根据类型、名称、效果、属性等内容过滤当前文件的图层，以达到快速搜索到图层的目的。

在【图层】面板上打开【选择滤镜类型】下拉列表框，然后选择【类型】滤镜类型，接着在【选择滤镜类型】项目右侧选择相关的滤镜类型，即可对图层进行过滤，如单击【文字图层滤镜】按钮 T ，【图层】面板上就只显示文字图层，如图 4-33 所示。

如果需要通过颜色来搜索图层，可以设置搜索类型为【颜色】，然后在【颜色选项】下拉列表框中选择一种颜色，【图层】面板即可显示该种颜色的图层，如图 4-34 所示。

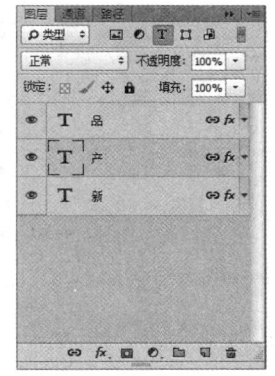

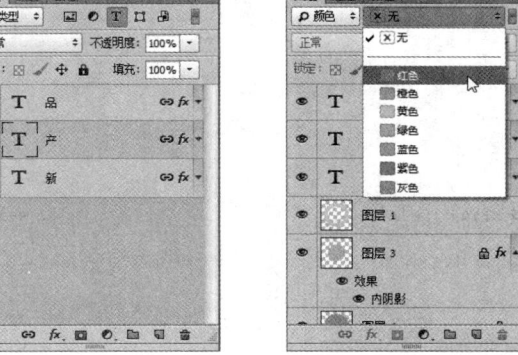

图 4-33 应用文字图层滤镜

图 4-34 通过颜色过滤图层

如果想要更准确地搜索图层，可以使用图层名称来搜索图层。将搜索选项设置为【名称】，然后在【名称】文本框中输入图层名称即可搜索出相符名称的图层，如图 4-35 所示。

如果要关闭图层过滤功能，只需在【图层】面板中单击【打开或关闭图层过滤】开关按钮即可，如图 4-36 所示。

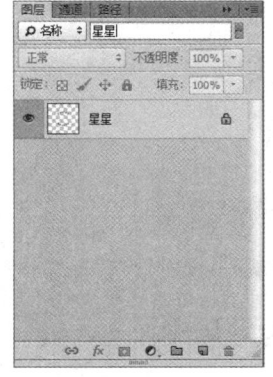

图 4-35 通过名称过滤图层

图 4-36 关闭图层过滤功能

4.3.5 锁定图层

在 Photoshop 中，可以完全或部分锁定图层以保护其内容。

如果希望在完成某个图层时完全锁定它，以便在进行其他编辑时，不会影响到该图层或者当图层具有正确的透明度和样式，但仍然未决定图层的位置时，就可以部分锁定图层，以保护图层的透明度和样式等设置，而只允许移动图层位置。

1. 锁定图层或组的全部属性

选择图层或组，然后【图层】面板中单击【锁定全部】按钮即可，如图 4-37 所示。

2. 部分锁定图层

选择图层，然后在【锁定】项目栏单击一个或多个锁定按钮，如图 4-38 所示。

- 锁定透明像素：将编辑范围限制为只针对图层的不透明部分。
- 锁定图像像素：防止使用绘画工具修改图层的内容。
- 锁定位置：防止图层的内容被移动。

图 4-37　锁定选定的图层　　　　　　图 4-38　部分锁定图层

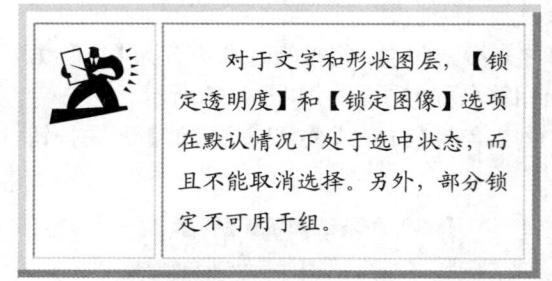

对于文字和形状图层，【锁定透明度】和【锁定图像】选项在默认情况下处于选中状态，而且不能取消选择。另外，部分锁定不可用于组。

3. 将锁定选项应用于选定图层或组

选择多个图层或一个组，从【图层】菜单或【图层】面板菜单中选择【锁定组内的所有图层】命令，然后选择锁定选项并单击【确定】即可，如图 4-39 所示。

4.3.6 栅格化图层

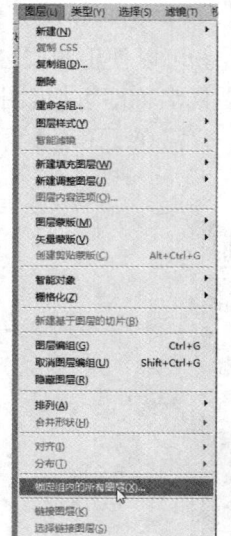

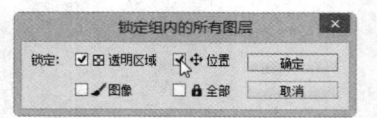

图 4-39　锁定组内的所有图层

在包含矢量数据（如文字图层、形状图层、矢量蒙版或智能对象）和生成的数据（如填充图层）的图层上，是不能使用绘画工具或滤镜的。但是，可以栅格化这些图层，将其内容转换为平面的图像，然后再使用绘图工具或滤镜即可。

选择要栅格化的图层，然后选择【图层】|【栅格化】命令，从子菜单中选择下列一个选项即可栅格化图层，如图4-40所示。

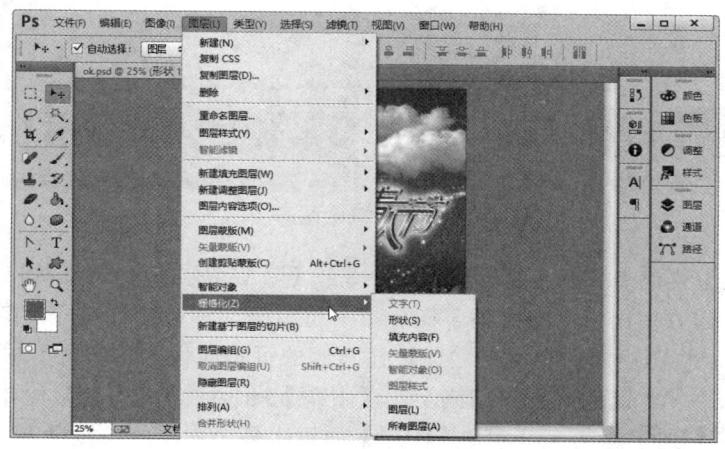

图4-40 栅格化图层

- 文字：栅格化文字图层上的文字。该操作不会栅格化图层上的任何其他矢量数据。
- 形状：栅格化形状图层。
- 填充内容：栅格化形状图层的填充，同时保留矢量蒙版。
- 矢量蒙版：栅格化图层中的矢量蒙版，同时将其转换为图层蒙版。
- 智能对象：将智能对象转换为栅格图层。
- 图层样式：将应用样式的图层转换为栅格图层。
- 图层：栅格化选定图层上的所有矢量数据。
- 所有图层：栅格化包含矢量数据和生成的数据的所有图层。

4.3.7 显示与隐藏图层

如果上层的图层阻挡了下层图层的操作，或者要对底层的图层进行编辑时，可以将那些暂时不编辑的图层隐藏掉。当需要显示时，再解除隐藏。对于图层组和图层样式也是如此。

默认状态下，图层均处于可视状态，并且在【图层】面板左侧会出现一栏【眼睛】图标 。要显示或隐藏图层、组或样式，可以执行下列操作之一：

（1）如果要查看图层样式和效果的【眼睛】图标，可以单击【在面板中显示图层效果】图标，如图4-41所示。

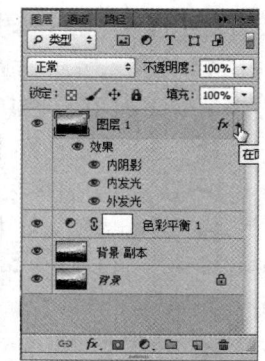

图4-41 显示图层效果

（2）单击图层、组或图层效果旁的【眼睛】图标 ，即可在文件窗口中隐藏其内容。再次单击【眼睛】图标 ，可以重新显示内容，如图4-42所示。

图 4-42　隐藏图层

（3）从【图层】菜单中选择【显示图层】命令或【隐藏图层】命令，即可显示或隐藏图层。

（4）按住 Alt 键并单击一个【眼睛】图标 ，可以只显示该图标对应的图层或组的内容。

（5）Photoshop 将在隐藏所有图层之前记住它们的可见性状态。如果不想更改任何其他图层的可见性，在按住 Alt 键的同时单击同一个【眼睛】图标 ，即可恢复原始的可见性设置。

（6）在【眼睛】列中拖动，可改变【图层】面板中多个图层的可见性。

> 问：如果图像文件中有隐藏的图层，那么打印时，隐藏图层内容会被打印吗？
> 答：当图像文件中包含隐藏图层，那么在打印文件时，只打印可见图层的内容。隐藏图层的内容将不在打印内容之列。

4.3.8　合并图层与拼合图像

当确认图层不需要再进行其他编辑处理时，可以将其合并。当合并图层后，所有透明区域的重叠部分将会保持透明。合并图层不但可以减少图像文件的容量，还可以辅助管理文件图层。但需要注意，Photoshop 不允许将调整图层或者填充图层作为合并的目标图层。

动手操作　合并设计好的图像

1 打开光盘中的 "..\Example\Ch04\4.3.8.psd" 文件，在【图层】面板选中 "心灵的港湾" 文字图层，如图 4-43 所示。

2 选择【图层】|【向下合并】命令，或者按 Ctrl+E 键，当前图层与下方的背景层合并为一个图层，图层名称会采用下方图层的 "图层 2" 名称，如图 4-44 所示。

3 如果图像文件中存在多个顺序混乱的图层，可以使用【合并可见图层】命令将当前处于可视状态的图层合并，而不会影响到隐藏的图层。下面选择图层 1，并隐藏图层 2，如图 4-45 所示。

4 选择【图层】|【合并可见图层】命令，或者按 Shift+Ctrl+E 键，将当前可视的图层合并，也就是图层 2 自动合并到背景图层上了，而隐藏的图层 1 则不被合并，如图 4-46 所示。

5 当确认一幅作品已完成，并不需要进行其他修改时，为了减少文件容量，可以拼合所有图层。显示图层 2，再选择【图层】|【拼合图像】命令，将所有图层拼合起来，如图 4-47 所示。

图 4-43　选择向下合并的图层 　　图 4-44　向下合并图层的结果 　　图 4-45　指定当前可视图层

图 4-46　并可见图层的结果 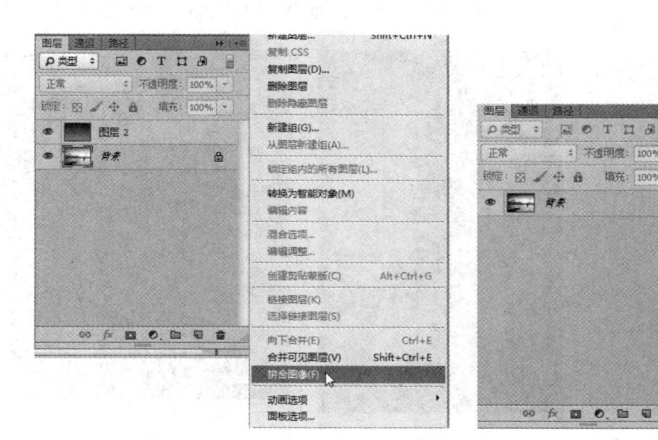　　　　　　　　图 4-47　拼合图像

4.4　图层混合和样式的应用

图层除了用于单独放置内容外，还可以通过对图层设置不透明度、应用图层混合、设置效果和样式等处理，制作图层内容的特殊效果。

4.4.1　指定不透明度和混合模式

1. 指定图层不透明度

图层的不透明度包括整体不透明度和填充不透明度。

（1）图层的整体不透明度用于确定它遮蔽或显示其下方图层的程度。不透明度为 0% 的图层是完全透明的，而不透明度为 100% 的图层则显得完全不透明。如图 4-48 所示为设置图层整体不透明度为 50% 的效果。

（2）填充不透明度仅影响图层中的像素、形状或文本，而不影响图层效果（如投影）的不透明度。如图 4-49 所示为设置图层填充不透明度为 50% 的效果。

> 背景图层或锁定图层的不透明度是无法更改的。

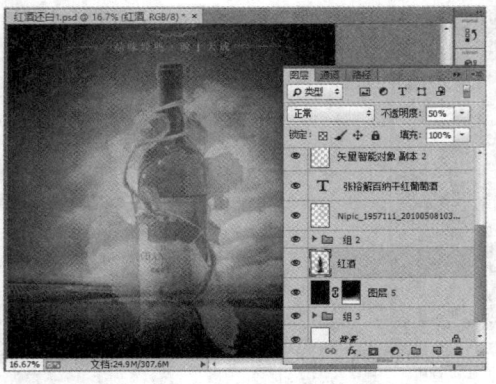

图 4-48　设置红酒图层整体不透明度为 50%的效果

图 4-49　设置红酒图层填充不透明度为 50%的效果

2. 指定图层混合模式

图层的混合模式确定了图层内容的像素如何与图像中的下层像素进行混合。使用混合模式可以创建各种特殊效果。

在默认情况下，图层的混合模式是"穿透"，这表示图层没有自己的混合属性。当为图层指定混合模式时，可以有效地更改图像各个组成部分的合成顺序。

例如，当为图层设置混合模式为【正片叠底】时，程序会查看图像每个通道中的颜色信息，并将基色与混合色进行正片叠底，如图 4-50 所示。

图 4-50　设置图层【正片叠底】混合模式的效果

3. 在图层样式中应用混合模式

除了通过【图层】面板设置图层的混合模式外，还可以选择【图层】|【图层样式】|【混合选项】命令，然后从对话框的【混合模式】下拉列表框中选择混合模式选项，如图 4-51 所示。

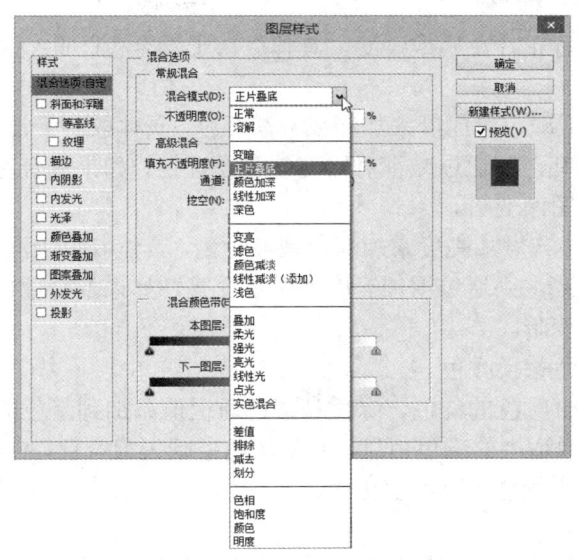

图 4-51　在图层样式中应用混合模式

4. 混合模式说明

图层混合模式选项的说明如下：

- 正常：编辑或绘制每个像素，使其成为结果色，这是默认模式。
- 溶解：编辑或绘制每个像素，使其成为结果色。但是，根据任何像素位置的不透明度，结果色由基色或混合色的像素随机替换。
- 变暗：查看每个通道中的颜色信息，并选择基色或混合色中较暗的颜色作为结果色。将替换比混合色亮的像素，而比混合色暗的像素保持不变。
- 正片叠底：查看每个通道中的颜色信息，并将基色与混合色进行正片叠底。结果色总是较暗的颜色，任何颜色与黑色正片叠底产生黑色，任何颜色与白色正片叠底保持不变。
- 颜色加深：查看每个通道中的颜色信息，并通过增加二者之间的对比度使基色变暗以反映出混合色。与白色混合后不产生变化。
- 线性加深：查看每个通道中的颜色信息，并通过减小亮度使基色变暗以反映混合色。与白色混合后不产生变化。
- 变亮：查看每个通道中的颜色信息，并选择基色或混合色中较亮的颜色作为结果色。比混合色暗的像素被替换，比混合色亮的像素保持不变。
- 滤色：查看每个通道的颜色信息，并将混合色的互补色与基色进行正片叠底。结果色总是较亮的颜色。用黑色过滤时颜色保持不变，用白色过滤将产生白色。
- 颜色减淡：查看每个通道中的颜色信息，并通过减小二者之间的对比度使基色变亮以反映出混合色。与黑色混合则不发生变化。
- 线性减淡（添加）：查看每个通道中的颜色信息，并通过增加亮度使基色变亮以反映混合色。与黑色混合则不发生变化。

- 叠加：对颜色进行正片叠底或过滤，具体取决于基色。图案或颜色在现有像素上叠加，同时保留基色的明暗对比。
- 柔光：使颜色变暗或变亮，具体取决于混合色。此效果与发散的聚光灯照在图像上相似。
- 强光：对颜色进行正片叠底或过滤，具体取决于混合色。此效果与耀眼的聚光灯照在图像上相似。
- 亮光：通过增加或减小对比度来加深或减淡颜色，具体取决于混合色。如果混合色（光源）比50%灰色亮，则通过减小对比度使图像变亮。如果混合色比50%灰色暗，则通过增加对比度使图像变暗。
- 线性光：通过减小或增加亮度来加深或减淡颜色，具体取决于混合色。如果混合色（光源）比50%灰色亮，则通过增加亮度使图像变亮。如果混合色比50%灰色暗，则通过减小亮度使图像变暗。
- 点光：根据混合色替换颜色。
- 实色混合：将混合颜色的红色、绿色和蓝色通道值添加到基色的RGB值。
- 差值：查看每个通道中的颜色信息，并从基色中减去混合色，或从混合色中减去基色，具体取决于哪一个颜色的亮度值更大。与白色混合将反转基色值，与黑色混合则不产生变化。
- 排除：创建一种与"差值"模式相似但对比度更低的效果。与白色混合将反转基色值，与黑色混合则不发生变化。
- 减去：查看每个通道中的颜色信息，并从基色中减去混合色。在8位和16位图像中，任何生成的负片值都会剪切为零。
- 划分：查看每个通道中的颜色信息，并从基色中分割混合色。
- 色相：用基色的明亮度和饱和度以及混合色的色相创建结果色。
- 饱和度：用基色的明亮度和色相以及混合色的饱和度创建结果色。
- 颜色：用基色的明亮度以及混合色的色相和饱和度创建结果色。这样可以保留图像中的灰阶，并且对于给单色图像上色和给彩色图像着色都会非常有用。
- 明度：用基色的色相和饱和度以及混合色的明亮度创建结果色。此模式创建与【颜色】模式相反的效果。

4.4.2 指定混合图层的颜色范围

在【图层样式】对话框中设置混合模式后，可以在【混合选项】选项卡中通过【混合颜色带】栏定义部分混合像素的范围，使之在混合区域和非混合区域之间产生一种平滑的过渡效果。

动手操作　指定混合图层的颜色范围

1 选择图层，为图层设置混合模式，再选择【图层】|【图层样式】|【混合选项】命令。

2 打开【图层样式】对话框后，在【混合颜色带】中执行下列操作之一：

（1）选择【灰色】选项，以指定所有通道的混合范围。

（2）选择单个颜色通道（如RGB图像中的红色、绿色或蓝色）以指定该通道内的混合。假设选择【红】选项，如图4-52所示。

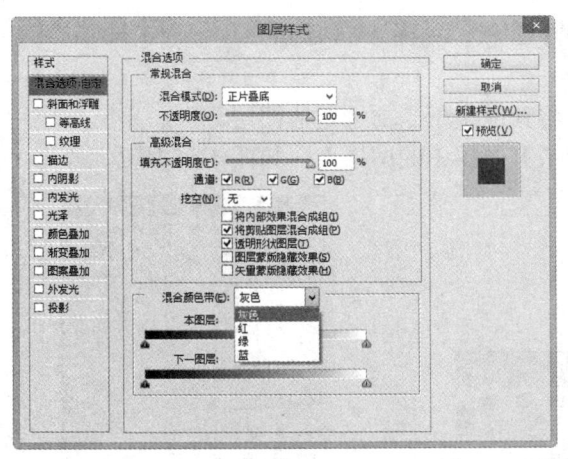

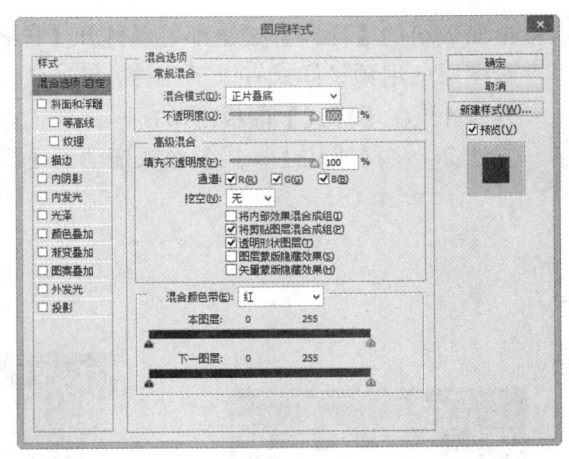

图 4-52　选择混合颜色器

3 使用【本图层】和【下一图层】选项的滑块来设置混合像素的亮度范围。度量范围为 0（黑）～255（白）。可以拖动白色滑块设置范围的高值，拖动黑色滑块设置范围的低值。如图 4-53 所示为调整混合像素亮度范围及其效果的变化。

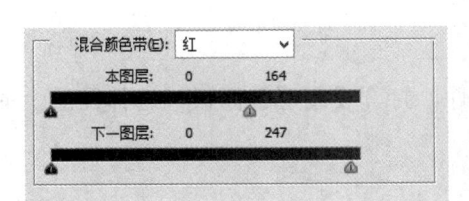

图 4-53　调整混合像素亮度范围及其效果的变化

在指定混合颜色范围时，应记住下列原则：

（1）使用【本图层】滑块指定现用图层上将要混合并因此出现在最终图像中的像素范围。例如，如果将白色滑块拖动到 220，则亮度值大于 220 的像素将保持不混合，并且排除在最终图像之外。

（2）使用【下一图层】滑块指定将在最终图像中混合的下面的可见图层的像素范围。混合的像素与现用图层中的像素组合产生复合像素，而未混合的像素透过现用图层的上层区域显示出来。例如，如果将黑色滑块拖动到 20，则亮度值低于 20 的像素保持不混合，并将通过最终图像中的现用图层显示出来。

4.4.3　为图层应用预设样式

Photoshop 提供了各种效果样式（如阴影、发光、斜面、浮雕等）来更改图层内容的外观。图层效果与图层内容链接，当移动或编辑图层的内容时，修改的内容中会应用相同的效果样式。

在 Photoshop 中，可以从【样式】面板中应用预设样式。选择【窗口】|【样式】命令，或

者单击面板组的【样式】按钮都可以打开【样式】面板，如图 4-54 所示。

对图层应用预设样式有以下几种方法：

方法 1 在【样式】面板中单击一种样式以将其应用于当前选定的图层。

方法 2 将样式从【样式】面板拖动到【图层】面板中的图层上，如图 4-55 所示。

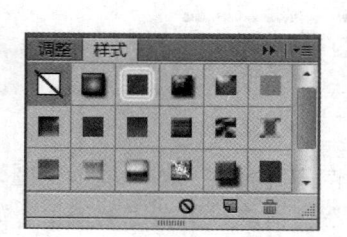

图 4-54 【样式】面板

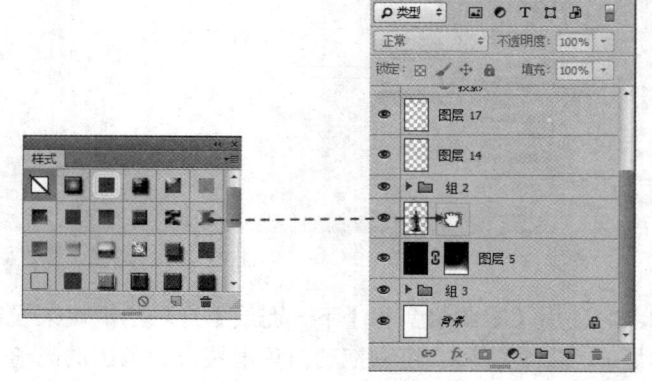

图 4-55 对图层应用样式

方法 3 将样式从【样式】面板拖动到文件窗口，当鼠标指针位于希望应用该样式的图层内容上时，松开鼠标按钮。

方法 4 选择【图层】|【图层样式】|【混合选项】命令，选择【图层样式】对话框中的【样式】项目（对话框左侧列表中最上面的项目），单击要应用的样式，然后单击【确定】按钮，如图 4-56 所示。

动手操作　制作醒目的图像标题

1 打开光盘中的"..\Example\Ch03\4.4.3.psd"文件，打开【图层】面板，选择图层上的文字图层，如图 4-57 所示。

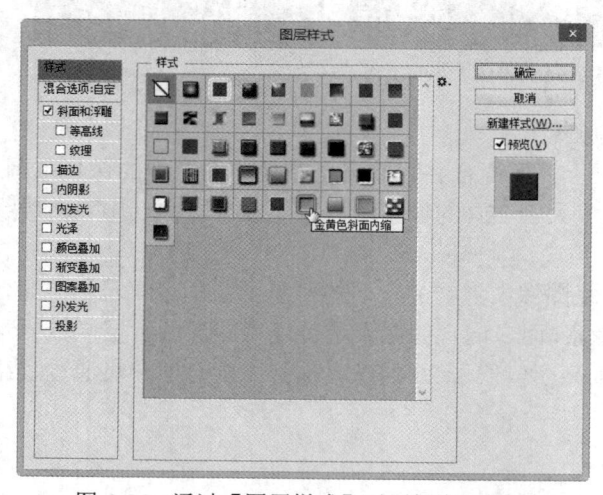

图 4-56 通过【图层样式】对话框应用样式

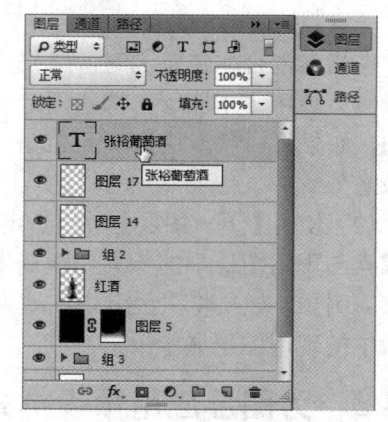

图 4-57 选择到目标图层

2 打开【样式】面板并单击 按钮，选择【文字效果 2】命令，弹出对话框后单击【追加】按钮，载入【文字效果 2】预设样式，如图 4-58 所示。

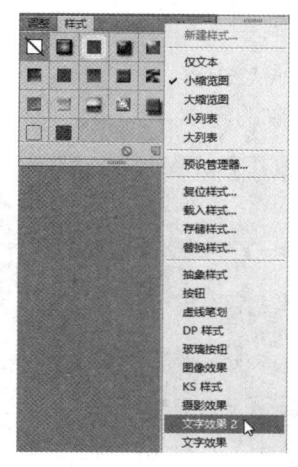

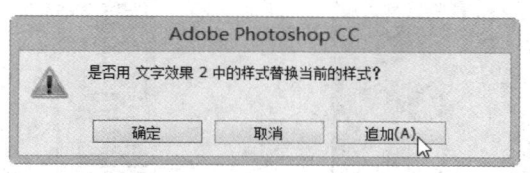

图 4-58　载入预设样式

3 在【烛光】样式图标上单击，为文字图层应用【烛光】样式，如图 4-59 所示。

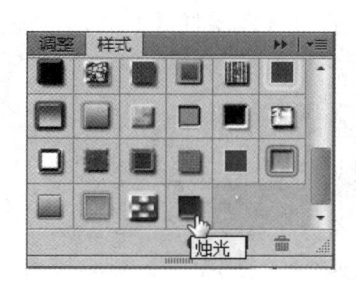

图 4-59　为文字图层应用样式

4.4.4　添加自定义图层样式

　　Photoshop 提供了投影、内阴影、外发光、内发光、斜面和浮雕等多种图层样式，利用添加这些自定义图层样式，可以使图层得到更丰富、更理想的效果。

　　添加图层样式后，图层名称右侧会出现 fx 图示，而添加的样式项目即会以列表的形式显示在图层的下方，可以指定图层样式效果的显示与隐藏，还可以双击项目对相关效果进行重新设置，如图 4-60 所示。

　　通过【图层样式】对话框，可以使用以下一种或多种效果创建自定样式，如图 4-61 所示。这些样式类型的说明如下：

- 投影：在图层内容的后面添加阴影。
- 内阴影：紧靠在图层内容的边缘内添加阴影，使图层具有凹陷外观。
- 外发光和内发光：添加从图层内容的外边缘或内边缘发光的效果。
- 斜面和浮雕：对图层添加高光与阴影的各种组合。

- 光泽：应用创建光滑光泽的内部阴影。
- 颜色、渐变和图案叠加：用颜色、渐变或图案填充图层内容。
- 描边：使用颜色、渐变或图案在当前图层上描画对象的轮廓。

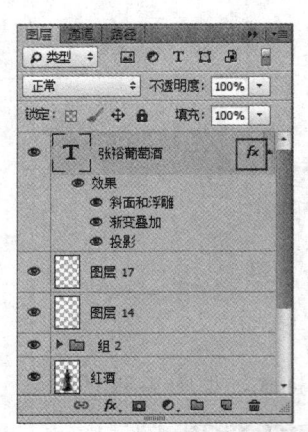

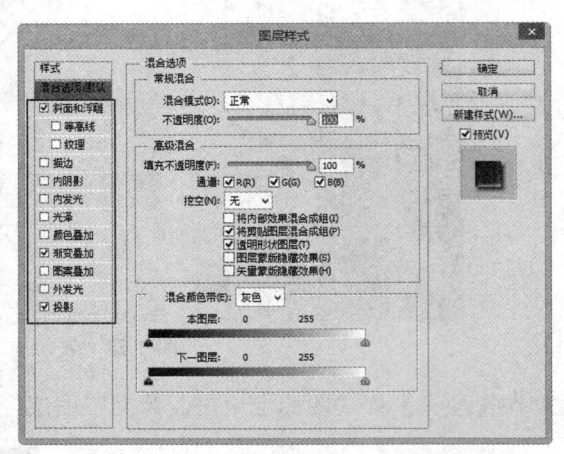

图 4-60　添加样式后的图层　　　　　　图 4-61　通过【图层样式】对话框添加样式

动手操作　自定义图层样式设计标题

1 打开光盘中的"..\Example\Ch03\4.4.4.psd"练习文件，在【图层】面板选中文字图层作为当前图层，如图 4-62 所示。

2 选择【图层】|【图层样式】|【投影】命令，打开【图层样式】对话框并自动选择【投影】选项，设置如图 4-63 所示的【结构】属性。

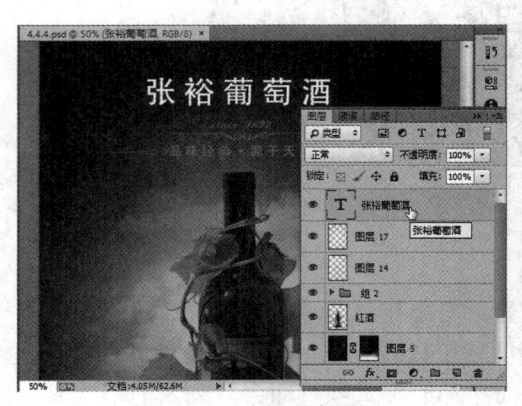

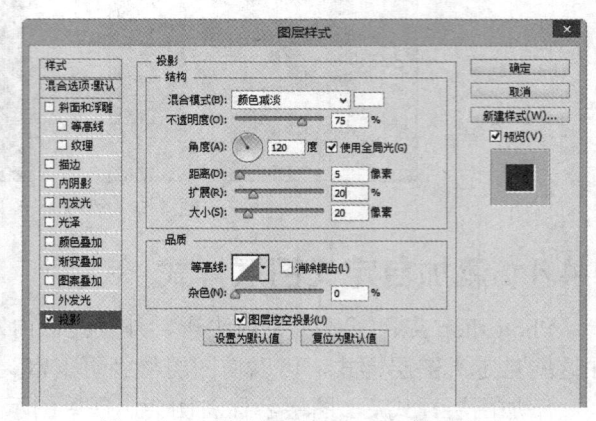

图 4-62　选择文字图层　　　　　　　　图 4-63　添加并设置【投影】图层样式

3 打开【等高线】列表，并选择一种合适的品质选项，如图 4-64 所示。

4 在【图层样式】对话框中单击【渐变叠加】选项，以选中该选项并显示对应的选项卡，然后设置渐变叠加样式选项和渐变颜色，如图 4-65 所示。

5 在【图层样式】对话框中单击【斜面和浮雕】选项，以选中该选项并显示对应的选项卡，然后设置斜面和浮雕的【结构】和【阴影】选项，如图 4-66 所示。

6 单击【等高线】选项，然后从打开的选项卡中选择一种图素等高线选项，最后单击【确定】按钮，如图 4-67 所示。为文字图层添加自定义图层样式后的效果如图 4-68 所示。

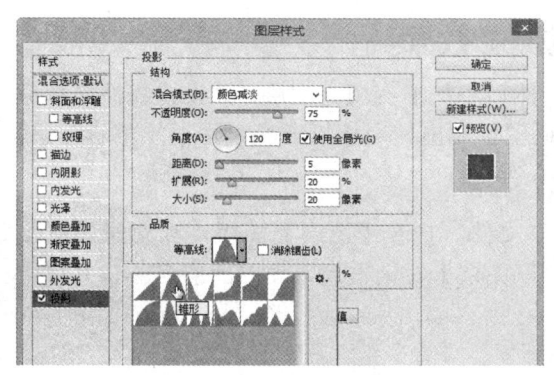

图 4-64　设置投影等高线

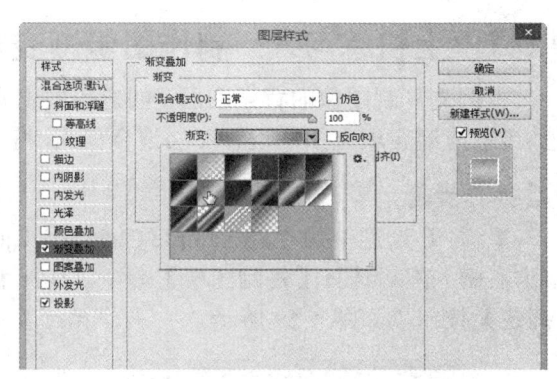

图 4-65　添加【渐变叠加】图层样式

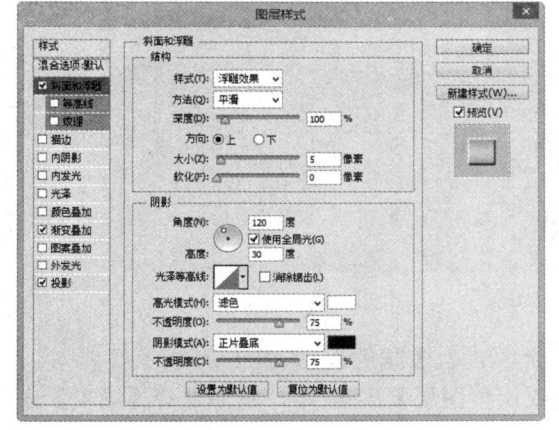

图 4-66　添加【斜面和浮雕】图层样式

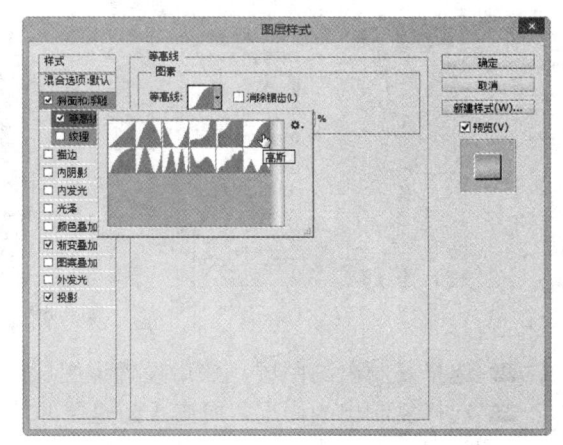

图 4-67　设置等高线选项

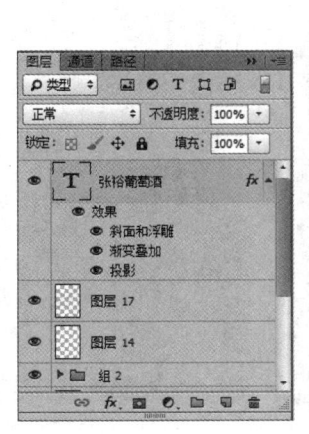

图 4-68　为文字图层添加自定义图层样式后的效果

4.5　技能训练

下面通过多个上机练习实例，巩固学习的内容。

4.5.1 上机练习1：制作图像渐变镜摄影效果

本例先复制图像的背景图层，创建图层副本，然后添加渐变填充图层，并设置线性渐变颜色，接着为渐变填充图层设置图层混合模式,将普通图像制出使用相机渐变镜拍摄的色彩效果。

操作步骤

1 打开光盘中的 "..\Example\Ch04\4.5.1.jpg" 文件，打开【图层】面板，在背景图层上单击右键，然后选择【复制图层】命令，打开【复制图层】对话框后，设置图层名称，并单击【确定】按钮，如图 4-69 所示。

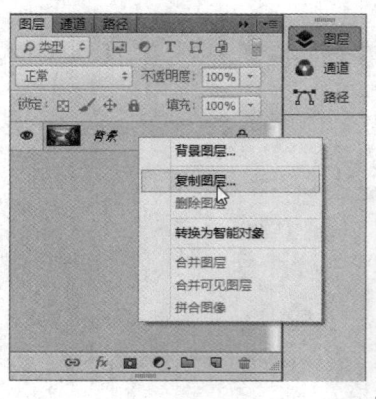

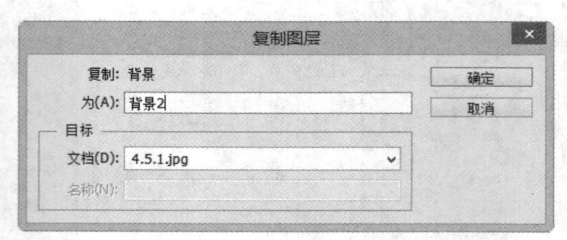

图 4-69　复制图层

2 选择复制出的图层，然后设置该图层的混合模式为【滤色】，如图 4-70 所示。

3 选择复制出的图层，单击【创建新的填充或调整图层】按钮，然后选择【渐变】命令，如图 4-71 所示。

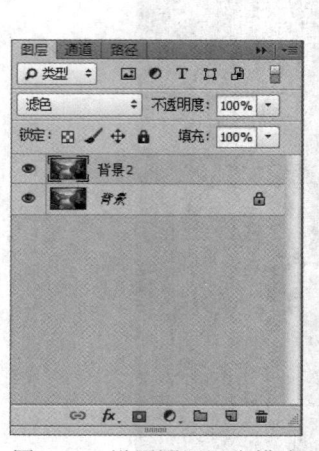

图 4-70　设置图层混合模式

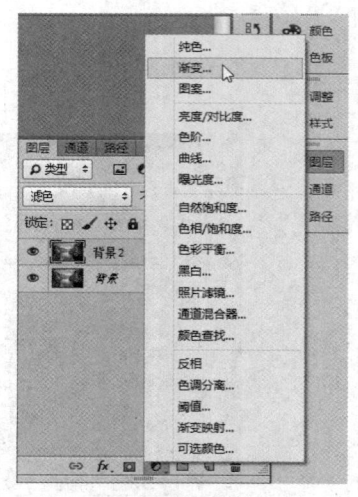

图 4-71　创建渐变填充图层

4 打开【渐变填充】对话框后，设置渐变选项，再单击渐变样本栏，打开【渐变编辑器】对话框后，选择一种预设渐变样本，然后单击【确定】按钮，接着设置填充图层的混合模式为【柔光】，如图 4-72 所示。

5 通过文件窗口查看图像的效果，如图 4-73 所示。

创建、管理与应用图层 **4**

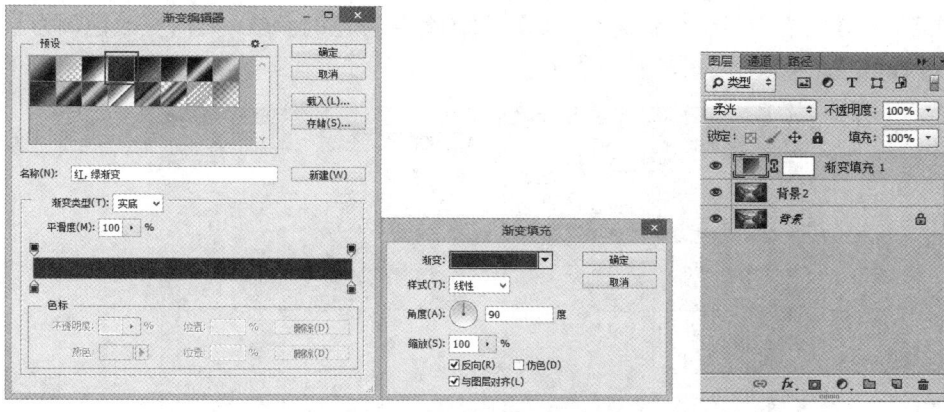

图 4-72 设置渐变颜色并设置混合模式

图 4-73 原图与制作过的图像的对比效果

4.5.2 上机练习 2：将素材制成绚丽的背景图

本例先为图像添加【色彩平衡】调整图层，再将调整图层与背景图层合并，然后添加渐变填充图层，并设置填充图层的混合模式，接着添加【渐变映射】调整图层，设置图层混合模式，从而将淡色的图像制作出绚丽的色彩效果。

操作步骤

1 打开光盘中的"..\Example\Ch04\4.5.2.jpg"文件，打开【图层】面板，单击【创建新的填充或调整图层】按钮，然后选择【色彩平衡】命令，打开【属性】面板后，设置中间调的颜色参数，如图 4-74 所示。

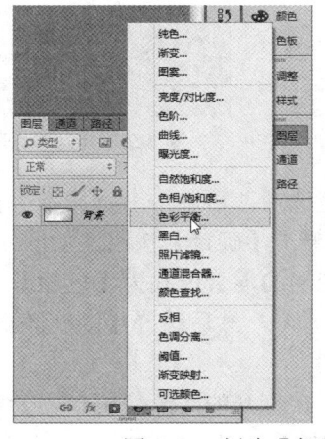

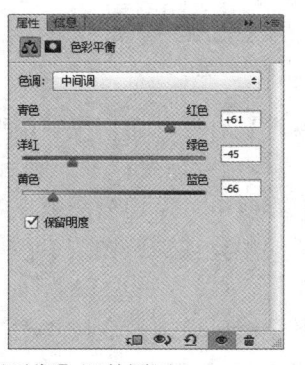

图 4-74 创建【色彩平衡】调整图层

89

2 在【属性】面板中设置色调为【阴影】，设置各项颜色的参数，然后更改色调为【高光】，再次设置各项颜色的参数，如图 4-75 所示。

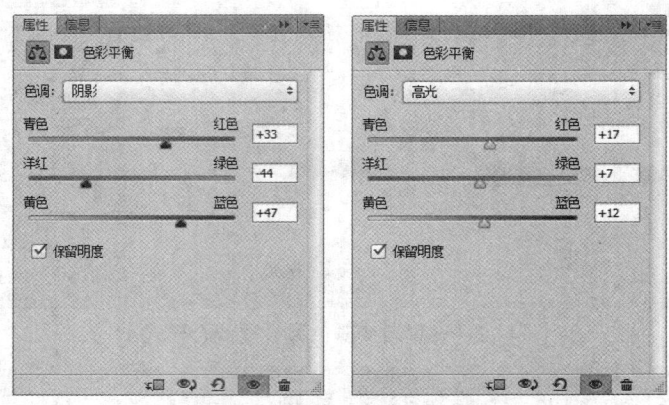

图 4-75　设置色调的各项颜色参数

3 按住 Ctrl 键分别选择两个图层，然后单击右键并选择【合并图层】命令，将调整图层与背景图层进行合并，如图 4-76 所示。

4 在【图层】面板中单击【创建新的填充或调整图层】按钮，然后选择【渐变】命令，如图 4-77 所示。

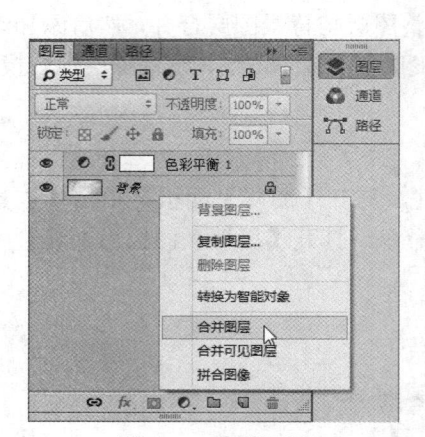

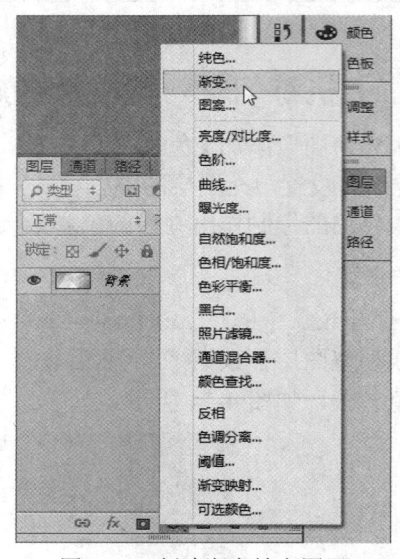

图 4-76　合并图层　　　　　图 4-77　创建渐变填充图层

5 打开【渐变填充】对话框后，设置渐变选项，再单击渐变样本栏打开【渐变编辑器】对话框，在其中选择一种预设渐变样本，然后单击【确定】按钮，如图 4-78 所示。

6 返回【图层】面板中，设置渐变填充图层的混合模式为【色相】，如图 4-79 所示。

7 单击【创建新的填充或调整图层】按钮，然后选择【渐变映射】命令，如图 4-80 所示。

8 打开【属性】面板后单击渐变样本栏，在打开的【渐变编辑器】对话框中设置由颜色【#2df8ff】到颜色【#000000】的渐变，接着单击【确定】按钮，如图 4-81 所示。

90

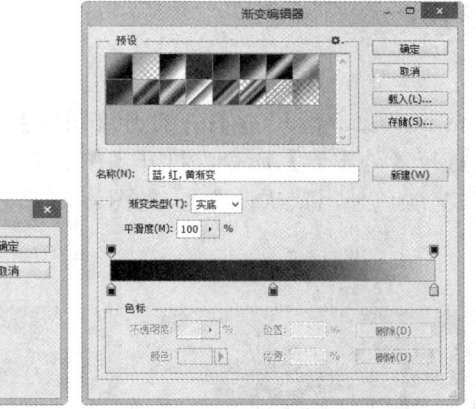

创建、管理与应用图层 **4**

图 4-78 设置填充图层的渐变颜色 　　　　图 4-79 设置填充图层的混合模式

图 4-80 创建【渐变映射】调整图层 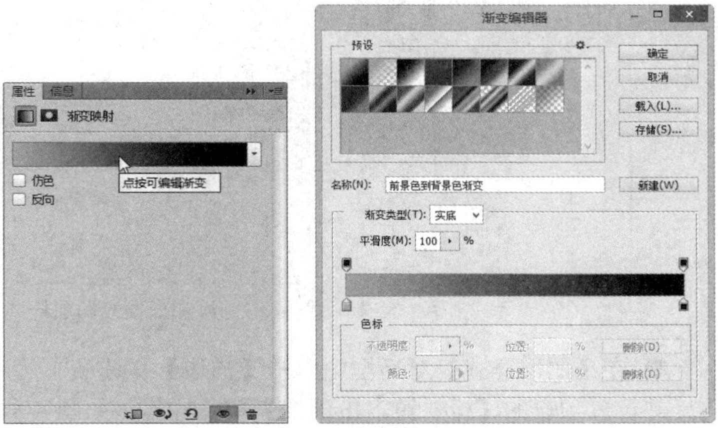　　　　图 4-81 编辑渐变颜色

❾ 设置【渐变映射】调整图层的混合模式为【差值】，然后通过文件窗口查看图像的结果，如图 4-82 所示。

图 4-82 设置图层混合模式并查看图像效果

4.5.3 上机练习 3：制作浮雕立体式标题效果

本例先为图像添加【色彩平衡】调整图层，再将调整图层与背景图层合并，然后添加渐变填充图层，设置填充图层的混合模式，接着添加【渐变映射】调整图层并设置图层混合模式，

91

从而将淡色的图像制作出绚丽的色彩效果。

操作步骤

1 打开光盘中的"..\Example\Ch04\4.5.3.psd"文件，打开【图层】面板并选择文字图层，单击【添加图层样式】按钮，选择【外发光】命令，打开【图层样式】对话框后，在【外发光】选项卡中设置各项参数（发光颜色使用默认设置），如图4-83所示。

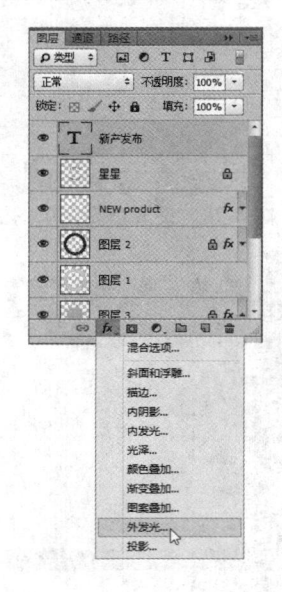

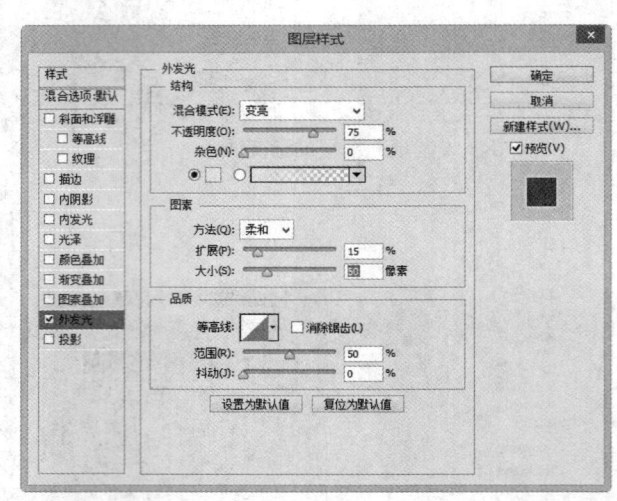

图4-83 添加外发光图层样式

2 在【图层样式】对话框中单击【描边】复选项，然后在【描边】选项卡中设置描边选项，并设置预设的【橙，黄，橙渐变】颜色样本，如图4-84所示。

3 在【图层样式】对话框中单击【投影】复选项，然后在【投影】选项卡中设置各项投影参数，再设置等高线为【滚动斜坡-递减】，如图4-85所示。

图4-84 添加描边图层样式　　　　　图4-85 添加投影图层样式

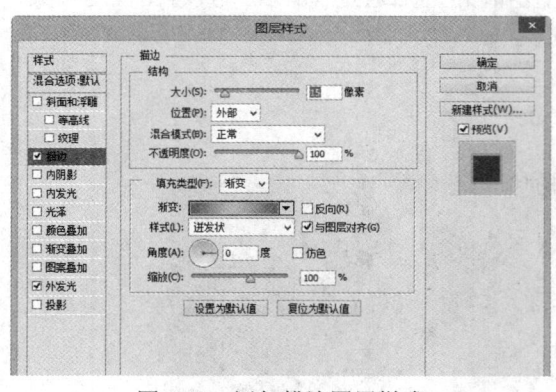

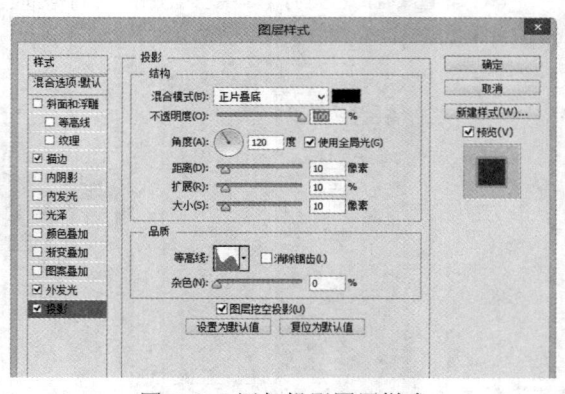

4 在【图层样式】对话框中单击【斜面和浮雕】复选项，然后在【斜面和浮雕】选项卡中设置各项属性，接着单击【确定】按钮，如图4-86所示。

5 返回【图层】面板中，可以看到文字图层应用的图层样式，此时可以通过文件窗口查看文本的效果，如图4-87所示。

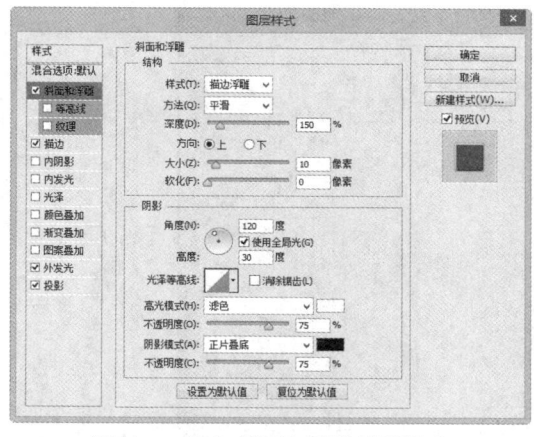

创建、管理与应用图层 **4**

图 4-86 添加斜面和浮雕图层样式 　　　　　图 4-87 查看图层应用样式的结果

4.5.4 上机练习 4：制作墙壁上的涂鸦字效果

本例先将文字图层进行栅格化处理，再复制图层，然后为副本图层添加【描边】图层样式，接着调整原文本所在图层的位置，合并图层并为图层添加【描边】图层样式，最后设置图层的混合模式。

操作步骤

1 打开光盘中的"..\Example\Ch04\4.5.4.psd"文件，打开【图层】面板，选择文字图层并单击右键，再选择【栅格化文字】命令，栅格化图层，如图 4-88 所示。

2 选择栅格化后的图层并单击右键，然后选择【复制图层】命令，通过【复制图层】对话框创建一个图层副本，如图 4-89 所示。

图 4-88 栅格化文字图层 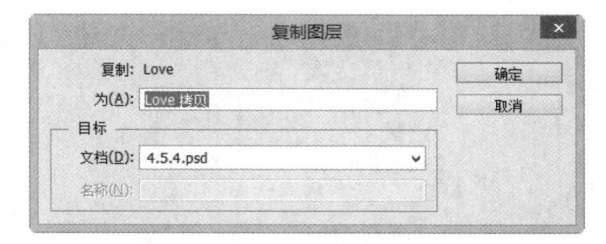　　　　　图 4-89 复制图层

3 使用鼠标双击副本图层，打开【图层样式】对话框后单击【描边】复选项，然后在【描边】选项卡中设置描边各项属性（其中描边颜色为【白色】），接着单击【确定】按钮，如图 4-90 所示。

4 在【图层】面板中选择【Love】图层，然后使用【移动工具】向右下方轻移图层，选择除背景图层外的两个图层，并将这两个图层合并，如图 4-91 所示。

93

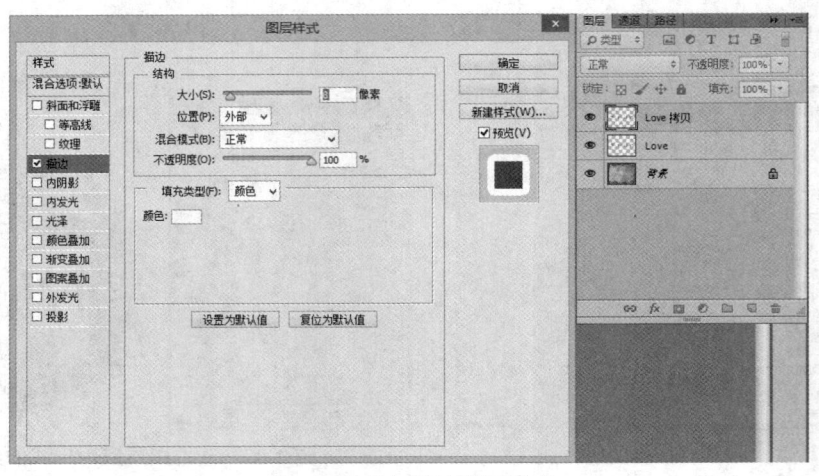

图 4-90 添加描边图层样式

图 4-91 移动图层并合并图层

5 选择合并的图层并双击该图层，打开【图层样式】对话框后，单击【描边】复选项，通过【描边】选项卡设置各项属性，其中描边颜色为【#660000】，接着单击【确定】按钮，如图 4-92 所示。

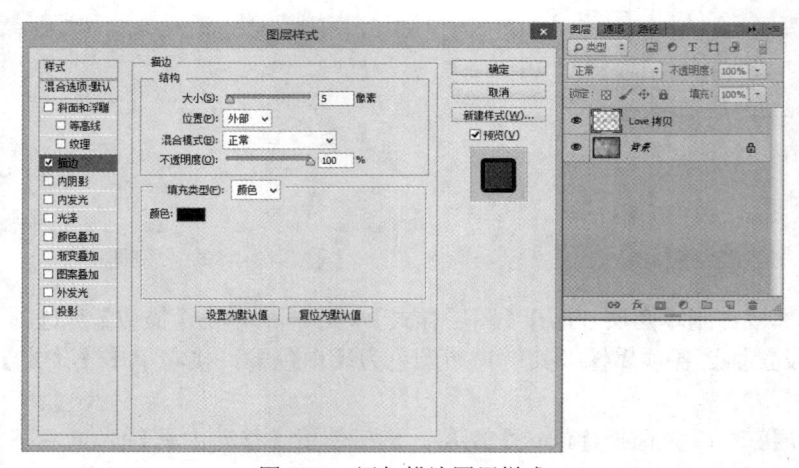

图 4-92 添加描边图层样式

94

6 返回【图层】面板中，可以看到图层应用了描边图层样式，此时设置图层混合模式为【正片叠底】，通过文件窗口查看文字制成涂鸦的效果，如图 4-93 所示。

图 4-93　查看文字制作效果

4.5.5　上机练习 5：制作仿真立体黄金字效果

本例通过为文字图层分别添加【斜面和浮雕】、【颜色叠加】、【投影】和【光泽】图层样式，制作出仿真立体黄金文字的效果。

操作步骤

1 打开光盘中的"..\Example\Ch04\4.5.5.psd"文件，打开【图层】面板并双击文字图层，打开【图层样式】对话框后单击【斜面和浮雕】复选项，再通过选项卡设置如图 4-94 所示的各项属性。

2 在【图层样式】对话框中单击【颜色叠加】复选项，然后在【颜色叠加】选项卡中设置颜色为【#ffa800】、混合模式为【变亮】，如图 4-95 所示。

图 4-94　添加斜面和浮雕图层样式

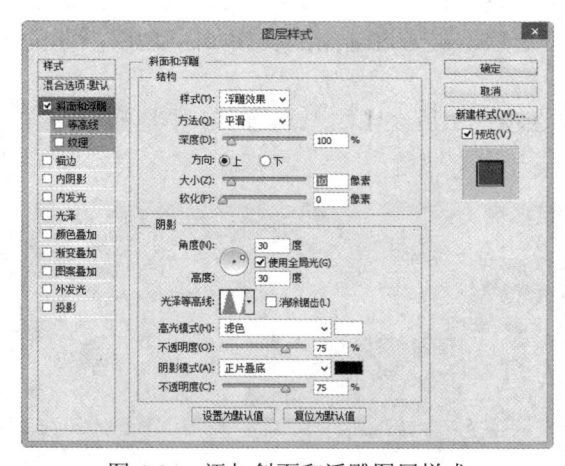

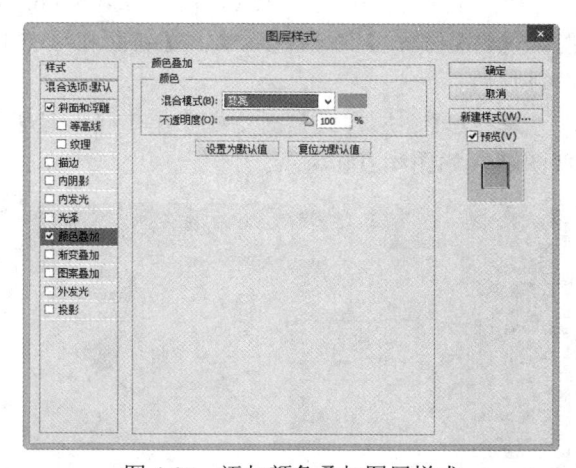

图 4-95　添加颜色叠加图层样式

3 在【图层样式】对话框中单击【投影】复选项，然后在【投影】选项卡中设置各项属性，如图 4-96 所示。

4 在【图层样式】对话框中单击【光泽】复选项，然后在【光泽】选项卡中设置各项属性，其中颜色设置为【#751300】，如图 4-97 所示。

95

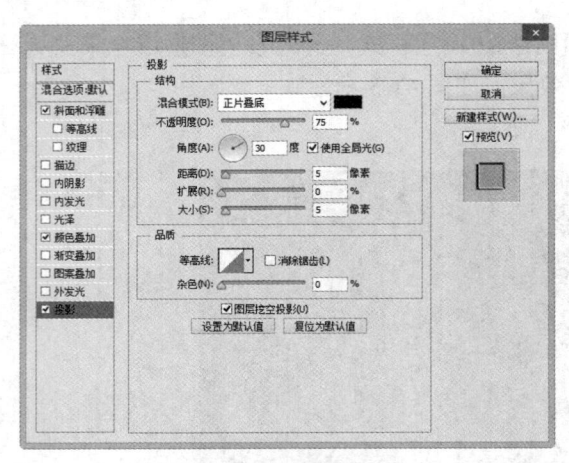

图 4-96 添加投影图层样式

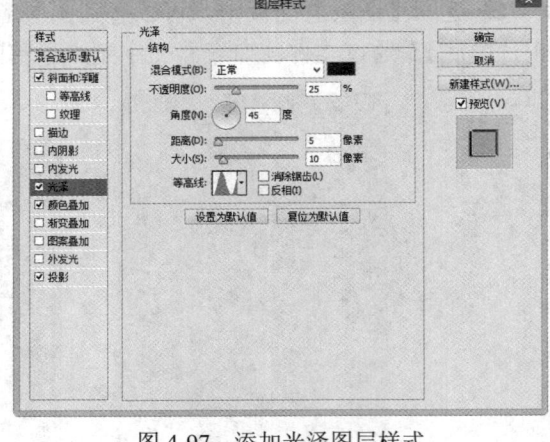

图 4-97 添加光泽图层样式

5 完成上述设置后，在【图层样式】对话框中单击【确定】按钮，然后通过文件窗口查看文字的效果，如图 4-98 所示。

4.5.6 上机练习 6：制作纹理浮雕的徽标形状

本例通过对形状图层分别添加【斜面和浮雕】、【纹理】、【内发光】图层样式，将图像中的徽标图形制作出纹理浮雕的效果。

图 4-98 查看文字的效果

操作步骤

1 打开光盘中的 "..\Example\Ch04\4.5.6.psd" 文件，打开【图层】面板并双击形状图层，打开【图层样式】对话框后单击【斜面和浮雕】复选项，再通过选项卡设置如图 4-99 所示的各项属性。

2 在【图层样式】对话框中单击【纹理】复选项，然后在【纹理】选项卡中选择一种纹理图案，如图 4-100 所示。

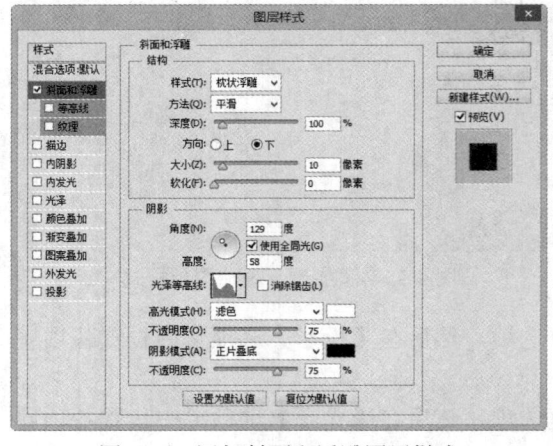

图 4-99 添加斜面和浮雕图层样式

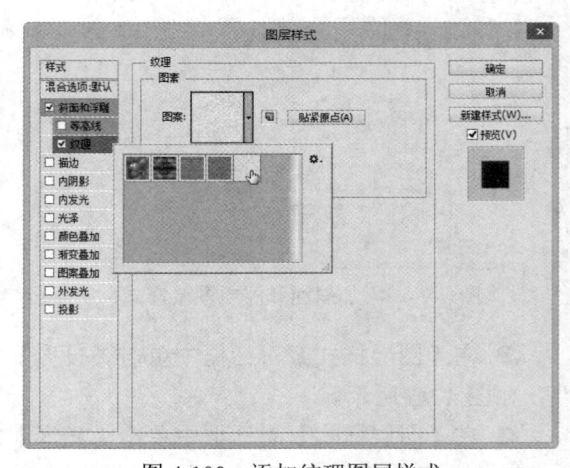

图 4-100 添加纹理图层样式

3 在【图层样式】对话框中单击【内发光】复选项,然后在【内发光】选项卡中设置各项属性,接着单击【确定】按钮,如图 4-101 所示。

4 通过文件窗口可以查看形状图层上的徽标形状的效果,如图 4-102 所示。

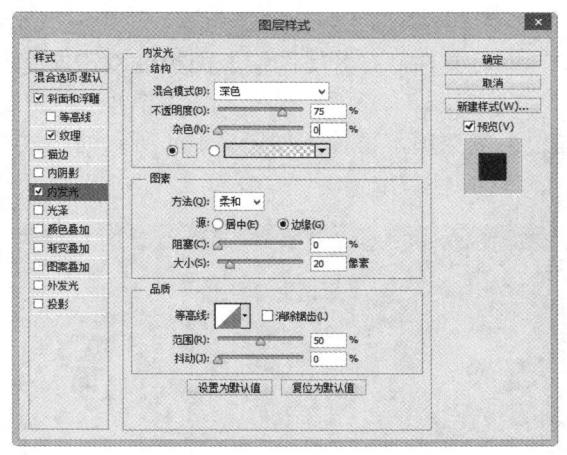

图 4-101　添加内发光图层样式　　　　　　　图 4-102　查看徽标形状的效果

4.6　评测习题

1. 填充题

(1)【图层】面板是 Photoshop 最重要的面板之一,主要用于显示与设置当前文件所有图层的_____。

(2) Photoshop 不允许将_____或者填充图层作为合并的目标图层。

(3) 图层的_____用于确定它遮蔽或显示其下方图层的程度。

(4) 在 Photoshop 中,可以从_____中载入和应用预设样式。

2. 选择题

(1) 按下哪个快捷键,可以打开【新建图层】对话框?　　　　　　　　　　(　　)
　　　A. Ctrl+N　　　　B. Ctrl+Shift+N　　C. Ctrl+Shift++F　　D. Shift+N

(2) 按住哪个键并单击【图层】面板的【眼睛】图标，可以只显示该图标对应的图层或组的内容?　　　　　　　　　　　　　　　　　　　　　　　　　　　　　　　(　　)
　　　A. Ctrl　　　　　B. Shift　　　　　C. Alt　　　　　　D. F2

(3) 要选择多个不连续图层,可以按住哪个键并在【图层】面板选择图层?　(　　)
　　　A. Ctrl　　　　　B. Shift　　　　　C. Tab　　　　　　D. F1

(4) 按哪个快捷键可以快速创建当前图层的图层副本?　　　　　　　　　　(　　)
　　　A. Ctrl+F　　　　B. Ctrl+B　　　　 C. Ctrl+J　　　　　D. Ctrl+G

3. 判断题

(1) 图层的用途是将文件各个组成部分独立化,实现单一的编辑、应用。　　(　　)

(2) 图层的不透明度包括整体不透明度和局部不透明度。　　　　　　　　　(　　)

4. 操作题

为文字图层添加【描边】、【投影】和【渐变叠加】等图层样式，制作文字的结果如图 4-103 所示。

操作提示

（1）打开光盘中的"..\Example\Ch04\4.6.psd"练习文件，打开【图层】面板并双击文字图层。

（2）打开【图层样式】对话框后，单击【描边】复选项，再设置如图 4-104 所示的样式属性。

图 4-103　制作文字的效果 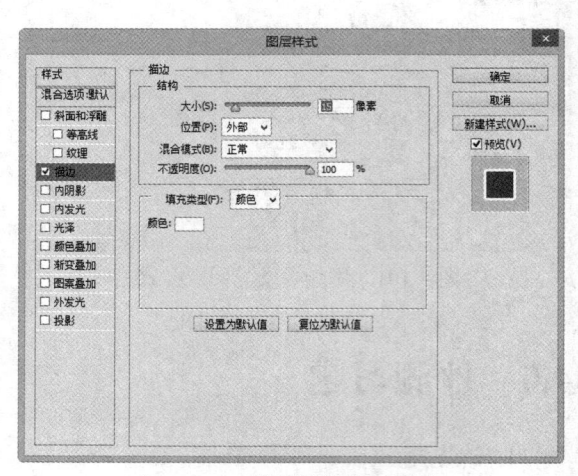　　　　　　　　图 4-104　设置描边图层样式

（3）单击【投影】复选项，然后在选项卡中设置如图 4-105 所示的属性，其中投影颜色为【#ffff00】。

（4）单击【渐变叠加】复选项，然后在选项卡中设置各项样式属性，其中渐变颜色为【橙，黄，橙渐变】样本，最后单击【确定】按钮，如图 4-106 所示。

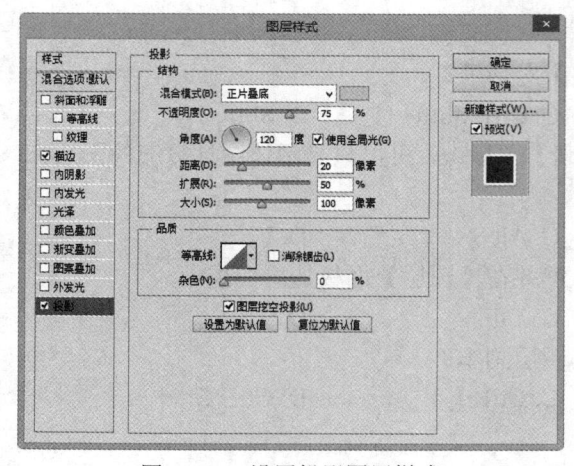

图 4-105　设置投影图层样式 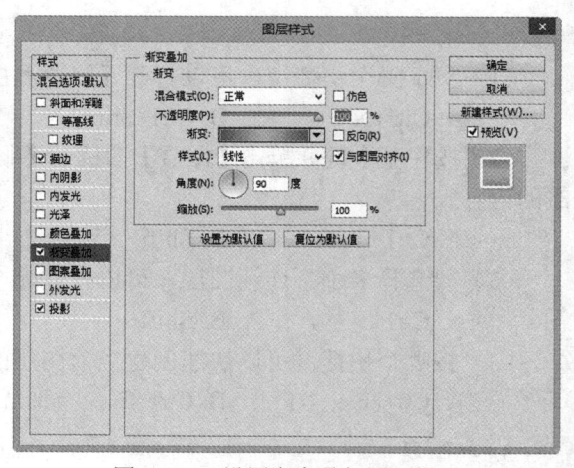　　　　　　　图 4-106　设置渐变叠加图层样式

第 5 章 创建、修改和应用选区

学习目标

Photoshop 提供了多种创建选区的工具和功能，包括选框工具、套索工具、魔棒工具、色彩范围、蒙版等。此外，还提供了对选区进行羽化、变形、旋转、扭曲等修改处理的各种功能。本章将详细介绍在 Photoshop 中创建、修改和应用选区的各种方法。

学习重点

- ☑ 使用选框工具
- ☑ 使用套索类工具
- ☑ 使用快速选择工具和魔棒工具
- ☑ 使用【色彩范围】功能
- ☑ 编辑与存储选区
- ☑ 使用蒙版和通道创建选区

5.1 创建选区

Photoshop CC 提供了多种用于创建选区的工具，使用它们可创建出矩形、多边形、椭圆形、自由形状的选区，或者根据相似的颜色创建选区。

5.1.1 使用选框工具

Photoshop CC 提供了矩形选框工具、椭圆选框工具、单行选框工具、单列选框工具 4 种选框工具。选框工具允许创建矩形、椭圆形和宽度为 1 个像素的行和列等类型的选区。如果要选择这些工具，移动鼠标至默认的【矩形选框工具】按钮上长按鼠标，在弹出的选框工具组列表中选择工具即可，如图 5-1 所示。

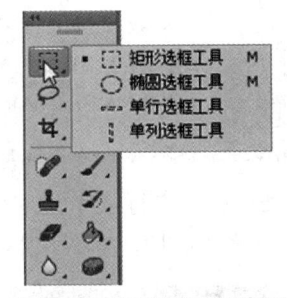

图 5-1 打开选框工具列表

动手操作　使用选框工具创建选区

1 根据需要选择以下选框工具：
- 矩形选框：建立一个矩形选区（配合使用 Shift 键可建立方形选区）。
- 椭圆选框：建立一个椭圆形选区（配合使用 Shift 键可建立圆形选区）。
- 单行或单列选框：将边界定义为宽度为 1 个像素的行或列。

2 在【选项】面板中指定一个选区选项：
- 新选区：创建新选区。如果图像已经有选区，则在创建新选区后取消原来选区。
- 添加到选区：将创建的选区添加到现有的选区中。
- 从选区减去：删除新创建选区和现有选区的交叉部分。

- 与选区交叉⬜：删除新创建选区和现有选区的非交叉部分。

3 在【选项】面板中指定羽化设置和样式设置。如果是选择【椭圆选框工具】，可以打开或关闭消除锯齿设置，如图 5-2 所示。

图 5-2 选择工具并设置选项

4 执行下列操作之一创建选区：

（1）使用【矩形选框工具】在要选择的区域上拖动指针即可，如图 5-3 所示。

（2）使用【椭圆选框工具】在要选择的区域上拖动指针即可，如图 5-4 所示。

图 5-3 创建矩形选区　　　　图 5-4 创建椭圆形选区

> 问：创建选区时有什么技巧吗？
>
> 答：有。按住 Shift 键时拖动可将选框限制为方形或圆形（要使选区形状受到约束，需要先释放鼠标按钮再释放 Shift 键）。要从选框的中心拖动它，可以在开始拖动之后按住 Alt 键。
>
> 另外还有以下技巧：
> - 按住 Shift 键不放可切换至【添加到选区】模式⬜。
> - 按住 Alt 键可切换至【从选区减去】模式⬜。
> - 按住 Shift+Alt 复合键可切换至【与选区交叉】模式⬜。

5 对于单行或单列选框工具，可以在图像上单击，然后按住鼠标将选框拖动到合适的位置，如图 5-5 所示。

图 5-5 创建单行选区　　　　图 5-6 创建单列选区

> 要在创建矩形或椭圆选区时移动选区，可以先拖动鼠标以创建选区边框，在此过程中要一直按住鼠标左键，然后按住空格键并继续拖动即可移动选区。如果需要继续调整选区的形状，则可松开空格键，但是依然需要一直按住鼠标按钮。当松开鼠标左键时，就创建出选区了。

5.1.2 使用套索类工具

Photoshop 提供的套索类工具分为套索工具、多边形套索工具、磁性套索工具三种，使用它们可以根据素材的不同创建出规则或不规则的选区：

- 套索工具：可以徒手创建出任意选区，对于绘制选区边界的手绘线段十分有用。
- 多边形套索工具：可以通过多条直线构架出素材的形状，还可以用于选择梯形图案等，弥补了【矩形选框工具】的不足。
- 磁性套索工具：可以根据图像中颜色的对比度来创建选区。

1. 使用套索工具

动手操作　使用套索工具绘制选区

1 选择【套索工具】，在【选项】面板中设置羽化和消除锯齿选项，接着设置要创建新选区、添加到现有选区、从现有选区减去或与现有选区交叉等选项，如图 5-7 所示。

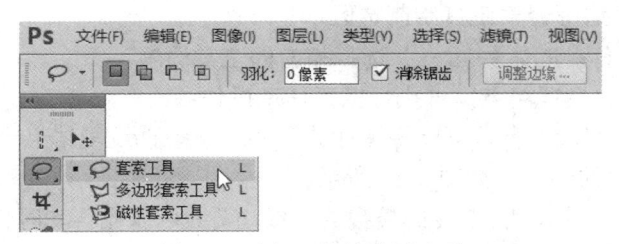

图 5-7　选择工具并设置选项

2 执行以下任一操作：

（1）在要选择的素材上拖动手绘选区的边界，创建选区，如图 5-8 所示。

（2）如果要在手绘线段与直边线段之间切换，可以按 Alt 键，然后单击线段的起始位置和结束位置，如图 5-9 所示。

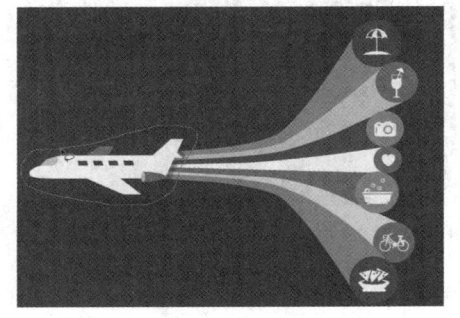

图 5-8　通过手绘选区边界创建选区 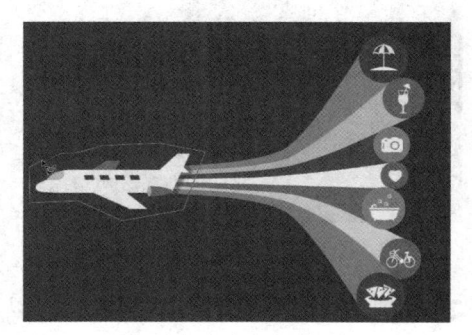　　　　图 5-9　切换到直边线段绘制边界创建选区

（3）如果要抹除最近绘制的直线段，可以按 Delete 键。

3 如果要闭合选区边界，可以在绘制过程中不按住 Alt 键时释放鼠标即可。

4 如果要调整选区边界，可以单击【选项】面板的【调整边缘】按钮，然后通过【调整边缘】对话框调整选区边界，如图 5-10 所示。

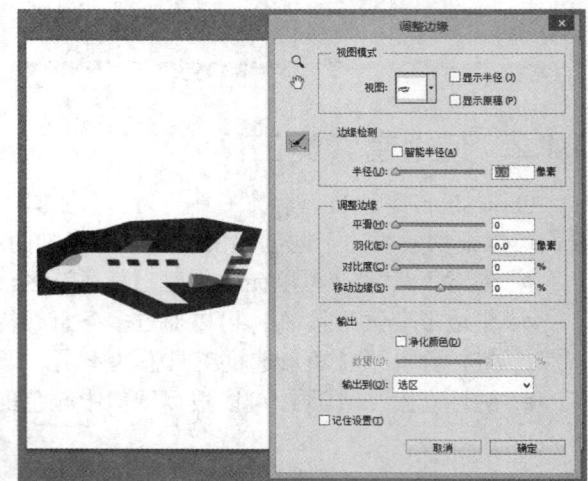

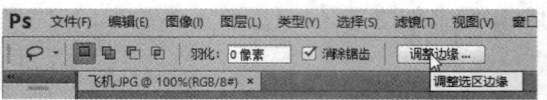

图 5-10　调整选区边缘

2．使用多边形套索工具

动手操作　使用多边形套索工具绘制选区

1 选择【多边形套索工具】，并选择相应的工具选项。

2 在图像中单击以设置起点，再执行以下任意操作：

（1）如果要绘制直线段边界，可以将指针放到要第一条直线段结束的位置，然后单击。继续单击，设置后续线段的端点，如图 5-11 所示。

（2）如果要绘制一条角度为 45 度的倍数的直线边界，可以在移动时按住 Shift 键以单击下一个线段，如图 5-12 所示。

（3）如果要绘制手绘线段，可以按住 Alt 键并拖动。完成后，松开 Alt 键以及鼠标按钮。

（4）如果要抹除最近绘制的直线段，可以按 Delete 键。

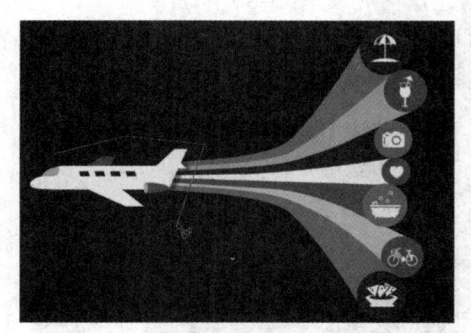

图 5-11　绘制直线段选区边界 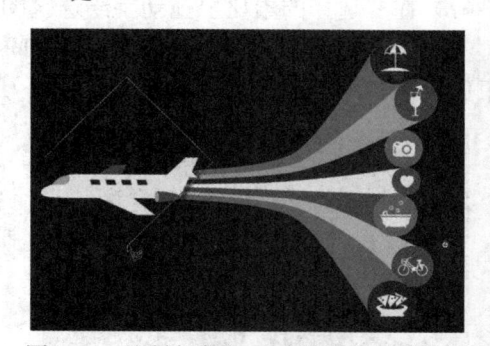　　　　图 5-12　绘制角度为 45 度倍数的直线边界

3 在要关闭选区边界时，可以执行以下操作之一：

（1）将多边形套索工具的指针放在起点上（指针旁边会出现一个闭合的圆）并单击，如图

102

5-13 所示。

（2）如果指针不在起点上，可以双击鼠标，或者按住 Ctrl 键并单击。

3．使用磁性套索工具

动手操作　使用磁性套索工具绘制选区

1 选择【磁性套索工具】，在【选项】面板中设置要创建新选区、添加到现有选区、从现有选区减去或与现有选区交叉等选项，再设置羽化和消除锯齿选项。

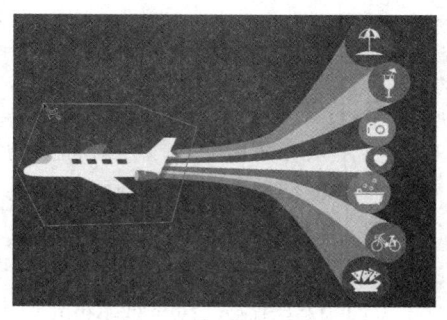

图 5-13　闭合选区边界

2 设置下列任一选项，如图 5-14 所示：

- 宽度：在【宽度】文字框中输入像素值，可以指定检测宽度。磁性套索工具只检测从指针开始指定距离以内的边缘。
- 对比度：在【对比度】文字框中输入一个介于 1%~100%之间的值，可以指定套索对图像边缘的灵敏度。较高的数值将只检测与其周边对比鲜明的边缘，较低的数值将检测低对比度边缘。
- 频率：在【频率】文字框中输入 0~100 之间的数值，可以指定套索以什么频度设置紧固点。较高的数值会更快地固定选区边界。
- 光笔压力：如果正在使用光笔绘图板，可以按下或取消按下【光笔压力】按钮。按下该按钮时，增大光笔压力将导致边缘宽度减小。

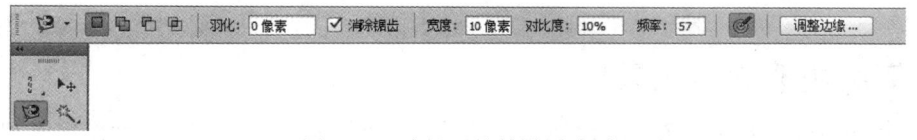

图 5-14　选择工具并设置选项

> 按住 Caps Lock 键可以更改套索指针，使其指明套索宽度。按右方括号键] 可将磁性套索边缘宽度增大 1 像素；按左方括号键 [可将宽度减小 1 像素。另外，在边缘精确定义的图像上，可以使用更大的宽度和更高的边对比度，然后大致地跟踪边缘。在边缘较柔和的图像上，尝试使用较小的宽度和较低的边对比度，然后更精确地跟踪边框。

3 在图像中单击设置第一个紧固点。紧固点将选框固定住。

4 释放鼠标按钮，或按住它不动，然后沿着要跟踪的图像边缘移动指针。此时，【磁性套索工具】会定期将紧固点添加到选框上，以固定前面的线段，如图 5-15 所示。

> 刚绘制的选框线段保持为现用状态。当移动指针时，现用线段与图像中对比度最强烈的边缘（基于选项栏中的检测宽度设置）对齐。

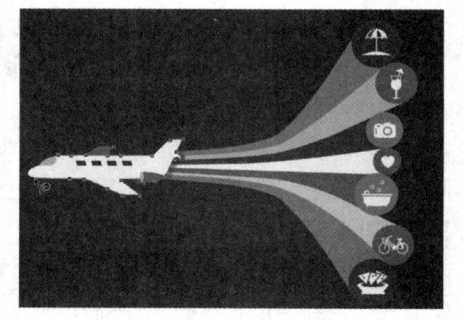

图 5-15　添加选框

5 如果边界没有与所需的边缘对齐，单击一次以手动添加一个紧固点。继续移动指针或手动单击添加紧固点以跟踪边缘。

6 在要临时切换到其他套索工具时，可以执行下列任一操作：

（1）按住 Alt 键并按住鼠标按钮进行拖动可以启用【套索工具】。

（2）按住 Alt 键并单击可以启用【多边形套索工具】。

7 按 Delete 键直到抹除了所需线段的紧固点，可以抹除刚绘制的线段和紧固点。

8 在要闭合选框时，执行下列操作之一：

（1）双击或按 Enter 或 Return 键，可以用磁性线段闭合边界。

（2）拖动回起点并单击，可以手动关闭边界，如图 5-16 所示。

（3）按住 Alt 键并双击，可以用直线段闭合边界。

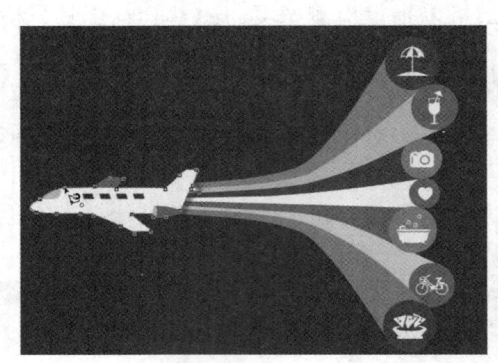

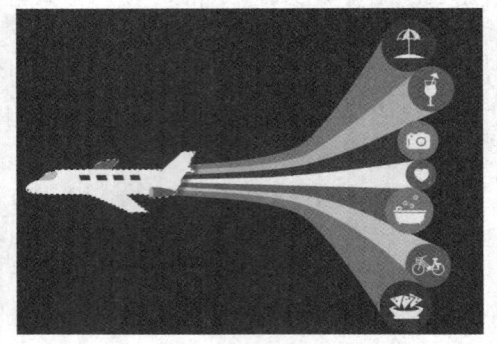

图 5-16　闭合选框

5.1.3　使用快速选择工具

【快速选择工具】可以通过鼠标拖动的轨迹，智能化地根据颜色快速创建出大片的选区，通常用于图片去背景与及精确选择发丝、羽毛等细微部分。只要在画面中拖动鼠标，即可自动创建大部分相同颜色的选区。在使用【快速选择工具】拖动时，选区会向外扩展并自动查找和跟随图像中定义的边缘。

动手操作　快速选择图像背景区域

1 打开光盘中的"..\Example\Ch05\5.1.3.jpg"文件，选择【快速选择工具】，在选项栏可以看到三个按钮，从左至右分别为【新选区】、【添加到选区】、【从选区减去】模式，当创建一个新选区后，即会自动切换至【添加到选区】模式。

2 单击【画笔】选项右侧的按钮打开【画笔】面板，然后设置用于创建选区的各项属性，在此可以设置画笔的直径、硬度和间距等属性，如图 5-17 所示。

3 在图像中飞机上方的天空区域上轻轻拖动，释放左键即可快速得到天空的选区，尽管是多色的渐变也可以轻松创建出选区，如图 5-18 所示。

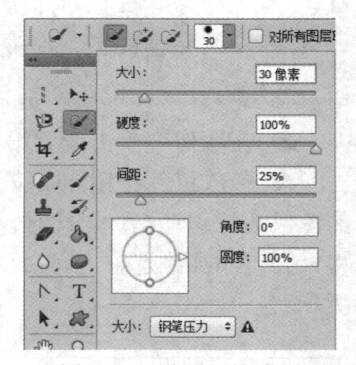

图 5-17　设置画笔选项

4 完成后按住 Shift 键进入【添加到选区】状态，然后继续在飞机下方的天空区域上拖动，可以将飞机下方的天空部分添加到选区，如图 5-19 所示。

图 5-18　创建新选区　　　　　　　　　图 5-19　添加到选区

5.1.4　使用魔棒工具

【魔棒工具】可以选择颜色一致的区域，如红旗图像上的红色区域，而不必跟踪其轮廓。另外，该工具能够根据设置的【容差】值和选择的颜色，为与此颜色相同或者相近的图像区域创建选区。

【魔棒工具】中的重要选项说明如下：

- 【容差】：用于设置选区范围的大小。取值范围是 0~255，默认为 32。当容差值小时，可以选择像素非常相似的颜色；当容差值较大时，可以选择更大的色彩范围。
- 【连续】：用于指定选项范围连续性。选择此选项后，即可选择与单击点色彩相近的连续区域；取消选择此选项后，可以选择图像中所有与单击点色彩相近的颜色。
- 【消除锯齿】：由于 Photoshop 的图像是由像素组成的，所以在使用【魔棒工具】选择图像素材时，选区边缘难免会出锯齿现象。当选择【消除锯齿】复选框后，即可通过淡化边缘的方式来产生与背景颜色之间有更顺畅的过渡，使出现的锯齿边缘恢复平滑。

动手操作　使用魔棒工具快速选择图像的主体物件

1 打开光盘中的 "..\Example\Ch05\5.1.4.jpg" 文件，选择【魔棒工具】，然后在【选项】面板中指定要创建新选区、添加到现有选区、从现有选区减去或与现有选区交叉选项。

2 在【选项】面板中，指定以下任意选项，如图 5-20 所示。

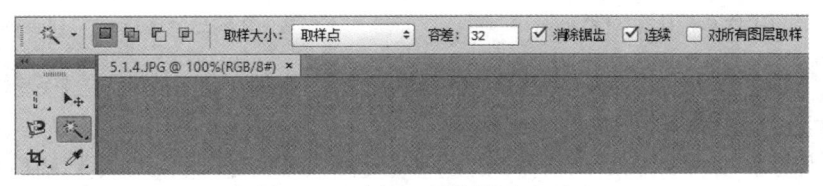

图 5-20　选择工具并设置选项

3 在图像背景区域中单击，根据背景颜色创建选区。如果【连续】复选框已选中，则容差范围内的所有相邻像素都被选中。否则，将选中容差范围内的所有像素。创建选区后，选择【选择】|【反向】命令（或按 Shift+Ctrl+I 键），即可选择图像中的飞机，如图 5-21 所示。

【魔棒工具】不能在位图模式的图像或 32 位通道模式的图像上使用。

图 5-21　根据相近颜色创建选区后反向选择飞机

5.1.5　使用【色彩范围】命令

通过【色彩范围】命令可以根据图像的颜色创建选区，在其中还可以根据颜色、高光、中间调、阴影等条件来创建颜色选区，甚至可以指定用户自行在画面中吸取的颜色作为创建选区的条件。指定选择方式后，可以通过容差值来调整选区的范围。

选择【选择】|【色彩范围】命令，打开【色彩范围】对话框，通过对话框可以指定图像中的颜色，并根据此颜色来创建选区，如图 5-22 所示。

【色彩范围】对话框中的选项说明如下：

- 【选择】列表框：选择颜色或色调范围，但是不能调整选区。其中的【溢色】选项，仅适用于 RGB 颜色模式和 Lab 颜色模式的图像，如图 5-23 所示。

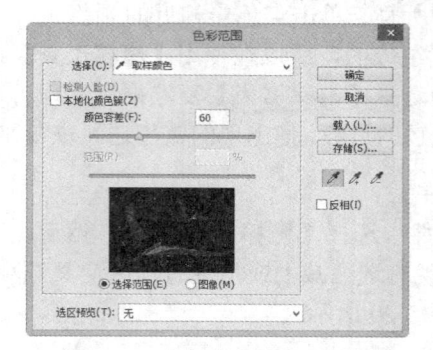

图 5-22　【色彩范围】对话框　　　　图 5-23　【选择】列表框

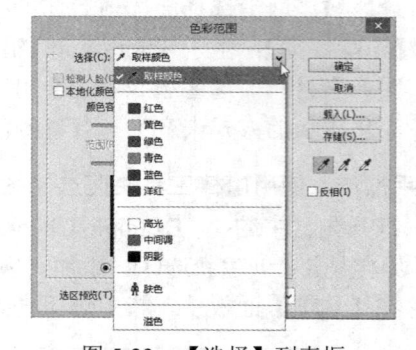

- 【本地化颜色簇】：如果正在图像中选择多个颜色范围，则在对话框中选择【本地化颜色簇】复选框来构建更加精确的选区。
- 【检测人脸】：如果图像是人物肖像，选择【检测人脸】复选框可以更精确检测人脸范围。
- 【选择范围】：预览由于对图像中的颜色进行取样而得到的选区。默认情况下，白色区域是选定的像素，黑色区域是未选定的像素，而灰色区域则是部分选定的像素。
- 【图像】：预览整个图像。例如，可能需要从不在屏幕上的一部分图像中取样。
- 【颜色容差】：可以控制选择范围内色彩范围的广度，并增加或减少部分选定像素的数量（选区预览中的灰色区域）。设置较低的【颜色容差】值可以限制色彩范围，设置较高的【颜色容差】值可以增大色彩范围。
- 【加色吸管工具】：选择【加色吸管工具】并在预览区域或图像中单击可以添加颜色。
- 【减色吸管工具】：选择【减色吸管工具】并在预览或图像区域中单击可以减去颜色。
- 【选区预览】：在图像窗口中预览选区。

- 无：显示原始图像。
- 灰度：对全部选定的像素显示白色，对部分选定的像素显示灰色，对未选定的像素显示黑色。
- 黑色杂边：对选定的像素显示原始图像，对未选定的像素显示黑色。此选项适用于明亮的图像，如图 5-28 所示。
- 白色杂边：对选定的像素显示原始图像，对未选定的像素显示白色。此选项适用于暗图像。
- 快速蒙版：将未选定的区域显示为宝石红颜色叠加。

动手操作　根据色彩范围命令选择图像内容

1 打开光盘中的"..\Example\Ch05\5.1.5.jpg"文件，选择【选择】|【色彩范围】命令。

2 打开【色彩范围】对话框后选择【取样颜色】选项，再选择【图像】单选项显示原图，然后使用【吸管工具】单击缩图中的紫色花瓣，如图 5-24 所示。

3 选择【选择范围】单选项切换到黑白视图，此时所看到的白色部分为选区创建的范围。将【色彩容差】设置为 200，将选择范围调至最清晰，如图 5-25 所示。

图 5-24　指定取样颜色　　　　　　图 5-25　设置颜色容差

4 由于花瓣没有完全被选取，单击【加色吸管工具】按钮，然后在较暗的花瓣上单击，增加选区范围，如图 5-26 所示。

5 完成上述操作后，单击【确定】按钮，完成色彩范围的选择，最终得到如图 5-27 所示的选区效果。

图 5-26　添加颜色增大选区范围　　　　　　图 5-27　创建选区的结果

选区应用的一些技巧：
（1）按 Ctrl+D 键可以取消选区。
（2）按 Ctrl+A 键可以创建包含全部图像的选区。
（3）取消选择后，如果要重新选择，可以按 Shift+Ctrl+D 键。

5.2 选区的编辑与存储

创建选区后，很多时候需要根据实际选择素材的要求，对选区做一些必要的编辑，如移动选区边界，或者对有明显锯齿的选区边缘进行羽化处理等。

5.2.1 移动选区边界

移动选区边界是指移动选区边界位置，而非移动选区本身，如图 5-28 所示。

图 5-28　移动选区边界与移动选区的区别

使用任何选区工具，从【选项】面板中按下【新选区】按钮，然后将指针放在选区边界内，再移动即可调整选区边界。

通过移动选区边界，可以使选区围住图像的不同区域，也可以将选区边界局部移动到画布边界之外，还可以将选区边界拖动到另一个文件窗口，如图 5-29 所示。

图 5-29　将选区边界移动另一个文件上

> 问：移动选区边界时有什么技巧吗？
> 答：有。相关技巧如下：
> - 先拖动选区边界，然后再继续拖动时按住 Shift 键，可以将移动方向限制为 45 度的倍数。
> - 按住键盘箭头键，可以使用 1 个像素的增量移动选区。
> - 按住 Shift 键并使用箭头键，可以使用 10 个像素的增量移动选区。

5.2.2 修改现有选区

为了使选区的准确度更高，Photoshop 提供了多个修改选区的命令，包括边界、平滑、扩展、收缩等。通过这些功能，可以修改选区的宽度、平滑度或者进行放大、缩小等处理，从而提升徒手创建选区的准确性。

1. 按特定数量的像素扩展或收缩选区

动手操作　按特定数量的像素扩展或收缩选区

1 使用选区工具建立选区。

2 选择【选择】|【修改】|【扩展】或【收缩】命令。

3 对于【扩展量】或【收缩量】选项，输入一个 1~500 之间的像素值，然后单击【确定】按钮，如图 5-30 所示。选区边界按指定数量的像素扩大或缩小，如图 5-31 所示为设置扩展量为 20 像素后选区扩大的效果。

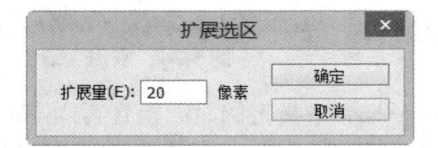

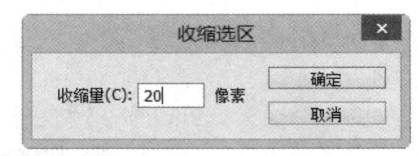

图 5-30　设置收缩量或扩展量

图 5-31　扩大选区边界的结果

2. 在选区边界周围创建一个选区

【边界】命令选择在现有选区边界的内部和外部的像素的宽度。当要选择图像区域周围的边界或像素带，而不是该区域本身时（如清除粘贴的对象周围的光晕效果），此命令将很有用。

动手操作　在选区边界周围创建一个选区

1 使用选区工具建立选区。

2 选择【选择】|【修改】|【边界】命令。

3 打开【边界选区】对话框后，在【宽度】文字框中输入一个 1~200 之间的像素值，然后单击【确定】按钮，如图 5-32 所示。

4 此时新选区将为原始选定区域创建框架，此框架位于原始选区边界的中间。将【宽度】设置为 30 像素，则会创建一个新的柔和边缘选区，该选区将在原始选区边界的内外分别扩展 30 像素，如图 5-33 所示。

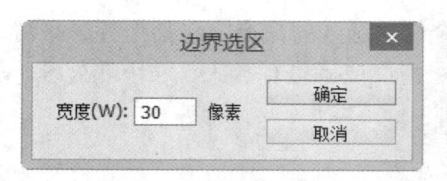

图 5-32 设置边界宽度　　　　图 5-33 在选区边界周围创建一个选区的结果

3. 使选区边界变得更加平滑

动手操作　平滑选区边界

1 使用选区工具创建选区。

2 选择【选择】|【修改】|【平滑】命令。

3 打开【平滑选区】对话框后，在【取样半径】文字框中输入 1~500 之间的像素值，然后单击【确定】按钮，如图 5-34 所示。

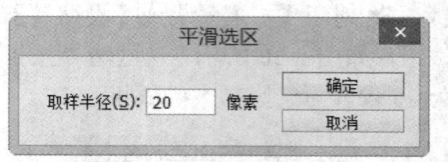

图 5-34 应用平滑功能

对于选区中的每个像素，Photoshop 将根据半径设置中指定的距离检查它周围的像素。如果已选定某个像素周围一半以上的像素，则将此像素保留在选区中，并将此像素周围的未选定像素添加到选区中。如果某个像素周围选定的像素不到一半，则从选区中移去此像素。整体效果是将减少选区中的斑迹以及平滑尖角和锯齿线。如图 5-35 所示为将矩形选区进行平滑后，选区变成圆角矩形。

图 5-35 平滑处理选区边界后的结果

5.2.3 羽化选区边界

【羽化】命令是【选择】|【修改】命令的其中一项菜单。通过设置羽化值，可以对已创建

的选区进行羽化处理，使选区的边界呈现柔和的色彩过渡，其中羽化半径越大，选区的边界越朦胧。

羽化是通过建立选区和选区周围像素之间的转换边界来模糊边缘，该模糊边缘将丢失选区边界的一些细节。因此，羽化的半径必须恰到好处，若设置过大，其边界将会过于朦胧，甚至产生发光的效果。

动手操作　利用羽化选区强化落日效果

1 打开光盘中的"..\Example\Ch05\5.2.3.jpg"文件，使用【椭圆选框工具】并按住 Shift 键拖动鼠标，在落日上创建一个圆形选区，如图 5-36 所示。

2 执行【选择】|【修改】|【羽化】命令，或者直接按 Shift+F6 键打开【羽化选区】，输入羽化半径为 15 像素，再单击【确定】按钮，如图 5-37 所示。此时图像上的选区范围变小了，如图 5-38 所示。

图 5-36　创建圆形选区

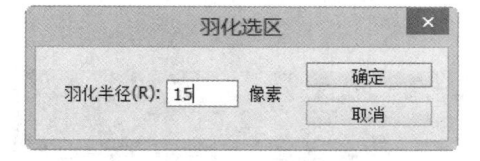

图 5-37　羽化选区

图 5-38　添加 15 像素的羽化半径后的选区

3 选择【吸管工具】在落日上单击，设置落日的颜色作为前景色，再按两次 Alt+Delete 键填充黄色的前景色，落日的光线效果马上增强，如图 5-39 所示。

4 按 Ctrl+D 键取消选区，此时可以看到使用羽化功能强化落日光线后的结果，如图 5-40 所示。

图 5-39　为前景色取样并填充前景色

图 5-40　取消选区后的结果

5.2.4 变换选区边界

在使用【修改】命令无法更自由地调整选区时，可以使用【变换选区】功能。【变换选区】功能不仅能随意扩大或缩小选区，还可以对选区进行旋转、斜切、扭曲、透视、变形、翻转，甚至自由变形等操作。

动手操作　通过变换选区选择到书本素材

1 打开光盘中的 "..\Example\Ch05\5.2.4.jpg" 文件，在【工具】面板中选择【矩形选框工具】，然后在图像的书本左侧创建一个矩形选区，如图 5-41 所示。

2 在【选项】面板上按下【从选区减去】按钮，然后在现有选区上方拖动，减去多余的选区，如图 5-42 所示。

图 5-41　创建矩形选区　　　　图 5-42　减去多余的选区

3 打开【选择】菜单，选择【变换选区】命令，如图 5-43 所示。

4 此时选区出现多个控制节点，通过调整这些点来适当调整选区的大小，使选区包含图像中书本左侧的翻页区域，如图 5-44 所示。

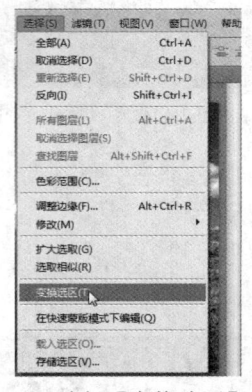

图 5-43　选择【变换选区】命令　　　　图 5-44　修改选区的大小

5 在【选项】面板上单击【在自由变换和变形模式之间切换】，切换到【变形】模式，然后按住其中一个节点并调整该节点位置，使之放置在书本的翻页边缘上，如图 5-45 所示。

6 按住节点的控制手柄，调整选区边界的位置，使之产生弯曲的效果，如图 5-46 所示。

7 使用步骤 5 和步骤 6 的方法，调整选区的其他控制节点位置，并通过控制手柄来修改选区边界，使之贴紧书本翻页的边缘，如图 5-47 所示。

8 变换选区完成后，可以单击【选项】面板的【提交变换】按钮，即可完成变换选区的操作，结果如图 5-48 所示。

图 5-45　切换到变形模式并调整节点位置

图 5-46　通过控制手柄调整选区边界

图 5-47　对选区进行其他变形处理

图 5-48　变换选区的结果

问：变换选区边界时有什么技巧吗？
答：有。在手动缩放选区时，可以配合以下按键实现特殊变换：
（1）按住 Shift 键拖动任一边角节点，可以保持长宽比进行缩放。
（2）按住 Shift+Alt 键拖动任一边角节点，能以参考点为基准等比例缩放选区。
（3）按住 Shift 键旋转选区，可以按 15 度倍数角旋转选区。
（4）按住 Ctrl 键拖动任一节点，可以对选区进行扭曲变形。
（5）按住 Ctrl+Shift 键拖动节点，可以沿水平或垂直方向倾斜变形。
（6）按住 Ctrl+Shift+Alt 键拖动任一边角节点，可以使选区产生透视效果。

5.2.5　存储与载入选区

1. 存储选区

选择【选择】|【存储选区】命令，在打开的【存储选区】对话框中设置目标和操作，再单击【确定】按钮即可存储现有的选区，如图 5-49 所示。

113

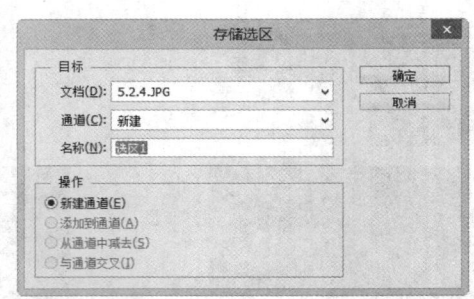

图 5-49　存储选区

2．载入选区

如果要将存储的选区载入到原文件或者另一个文件，可以打开新文件，然后选择【选择】|【载入选区】命令，在打开的【载入选区】对话框中选择存储选区的源文件和通道，再单击【确定】按钮即可，如图 5-50 所示。

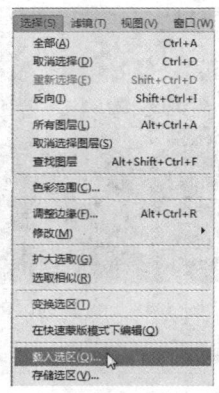

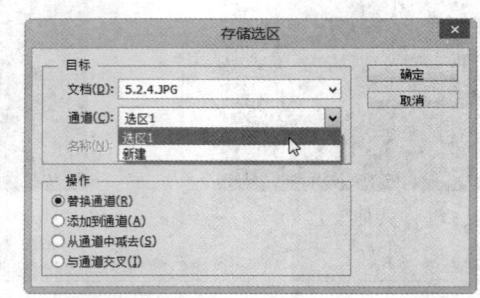

图 5-50　载入选区

5.3　使用蒙版和通道

蒙版和通道都是灰度图像，因此可以使用绘画工具、编辑工具和滤镜像编辑任何其他图像一样对它们进行编辑。在蒙版上用黑色绘制的区域将会受到保护，而蒙版上用白色绘制的区域是可编辑区域。

当选择某个图像的部分区域时，未选中区域将"被蒙版"或受保护以免被编辑。因此，创建了蒙版后，当要改变图像某个区域的颜色，或者要对该区域应用滤镜或其他效果时，可以隔离并保护图像的其余部分。

如图 5-51 所示为蒙版的示例，从左到右蒙版的说明如下：
（1）用于保护背景并编辑"蝴蝶"的不透明蒙版。
（2）用于保护"蝴蝶"并为背景着色的不透明蒙版。
（3）用于为背景和部分"蝴蝶"着色的半透明蒙版。

Alpha 通道将选区存储为【通道】面板中的可编辑灰度蒙版，如图 5-52 所示。一旦将某个选区存储为 Alpha 通道，就可以随时重新载入该选区或将该选区载入到其他图像中。

图 5-51　蒙版示例

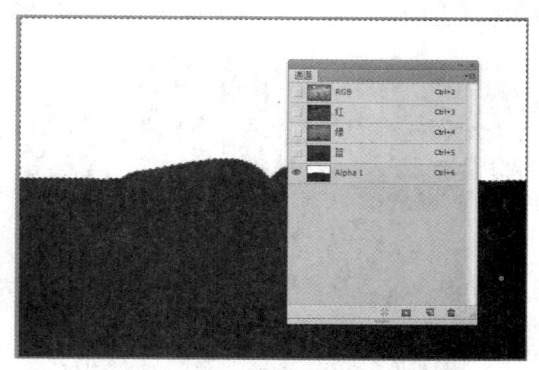

图 5-52　将选区存储为 Alpha 通道

5.3.1　使用快速蒙版模式创建选区

使用快速蒙版模式可以将选区转换为临时蒙版以便更轻松地编辑。快速蒙版将作为带有可调整的不透明度的颜色叠加出现。可以使用任何绘画工具编辑快速蒙版或使用滤镜修改它。当退出快速蒙版模式后，蒙版将转换为图像上的一个选区。

动手操作　使用快速蒙版创建选区

1 打开光盘中的"..\Example\Ch05\5.3.2.jpg"文件，然后使用【快速选择工具】在图像的天空区域上创建选区，如图 5-53 所示。

2 单击【工具】面板下方的【以快速蒙版模式编辑】按钮，此时图像会颜色叠加（类似于红片）覆盖并保护选区外的区域。默认情况下，【快速蒙版】模式会用红色、50%不透明的叠加为受保护区域着色，如图 5-54 所示。

图 5-53　使用快速选择工具创建选区

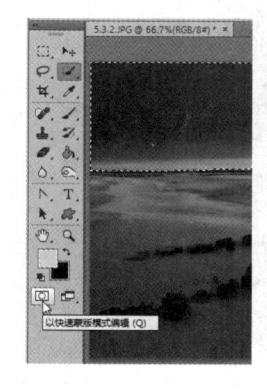

图 5-54　使用快速蒙版模式

3 从【工具】面板中选择绘画工具（如画笔工具），此时【工具】面板中的色板自动变成黑白色。用白色绘制（即设置前景色为【白色】），可在图像中选择更多的区域（颜色叠加会从

115

用白色绘制的区域中移去），如图 5-55 所示。

4 如果要取消选择区域，可以设置前景色为【黑色】，然后使用绘画工具在没有叠色保护的区域上绘制，绘制时颜色叠加会覆盖用黑色绘制的区域，如图 5-56 所示。

图 5-55　通过在保护区域上涂画，可以选择更多的区域

图 5-56　通过在非保护区域上涂画，可以取消涂画部分的选区区域

> 用灰色或其他颜色绘画可创建半透明区域，这对羽化或消除锯齿效果有用。当退出【快速蒙版】模式时，半透明区域可能不会显示为选定状态，但它们的确处于选定状态。

5 绘制完成后，单击【工具】面板中的【以标准模式编辑】按钮 ，关闭快速蒙版并返回到原始图像。选区边界即出现并包围快速蒙版的未保护区域，这些区域将创建出选区，如图 5-57 所示。

图 5-57　返回到标准模式创建出选区

> 如果羽化的蒙版被转换为选区，则边界线正好位于蒙版渐变的黑白像素之间。选区边界指明选定程度小于 50% 和大于 50% 的像素之间的过渡效果。

5.3.2　使用 Alpha 通道蒙版创建选区

在 Photoshop 中，通过创建 Alpha 通道，然后使用绘画工具、编辑工具和滤镜通过该 Alpha

通道创建蒙版，即可实现创建选区的目的。另外，也可以将 Photoshop 内的现有选区存储为 Alpha 通道，该通道将出现在【通道】面板中。

如果想要以默认的设置创建新通道，可以在【通道】面板中单击【创建新通道】按钮，创建一个 Alpha 通道。

如果想要在创建 Alpha 通道时设置选项，可以按住 Alt 键后单击【创建新通道】按钮，此时通过【新建通道】对话框设置通道名称、色彩指示和颜色，然后单击【确定】按钮，如图 5-58 所示。

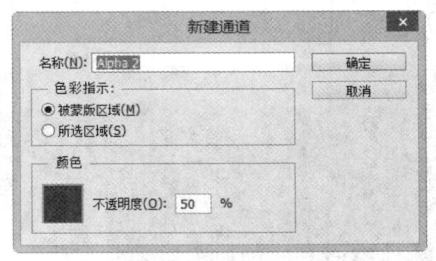

图 5-58　【新建通道】对话框

新建通道的【色彩指示】选项说明如下：

- 被蒙版区域：将被蒙版区域设置为黑色（不透明），并将所选区域设置为白色（透明）。用黑色绘画可扩大被蒙版区域，用白色绘画可扩大选中区域。
- 所选区域：将被蒙版区域设置为白色（透明），并将所选区域设置为黑色（不透明）。用白色绘画可扩大被蒙版区域，用黑色绘画可扩大选中区域。

动手操作　使用 Alpha 通道蒙版创建选区

1 打开光盘中的"..\Example\Ch05\5.3.3.jpg"文件，再选择【窗口】|【通道】命令打开【通道】面板。

2 如果想要以默认的设置创建新通道，可以单击【创建新通道】按钮，创建一个 Alpha 通道，如图 5-59 所示。

3 新建通道后 RGB 通道会被隐藏，此时将 RGB 通道显示以便可以查看图像。在【工具】面板中选择绘画工具，然后确保【工具】面板色块的前景色为【白色】，接着在蒙版上需要被选择的区域上拖动绘画工具，以包含选择的区域，如图 5-60 所示。

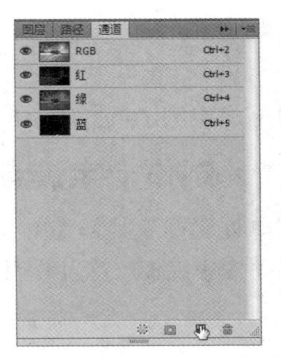

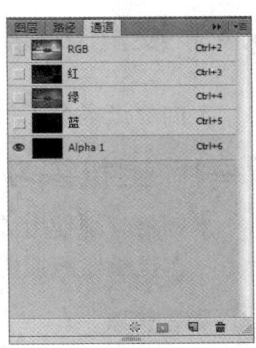

图 5-59　创建默认的 Alpha 通道

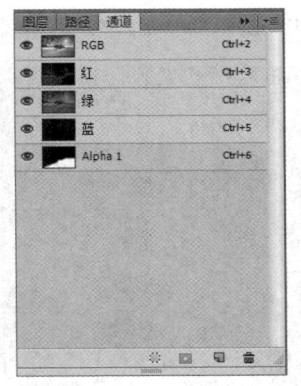

图 5-60　在蒙版上涂画要包含选择的区域

4 隐藏 RGB 通道，即可在文件窗口中看到绘画的区域（白色），该区域就是选择到的区域。在【通道】面板上单击【将通道作为选区载入】按钮，即可将绘画区域转换为选区，

117

如图 5-61 所示。

5 将通道作为选区载入后,显示 RGB 通道,即可在文件窗口看到载入的选区,如图 5-62 所示。

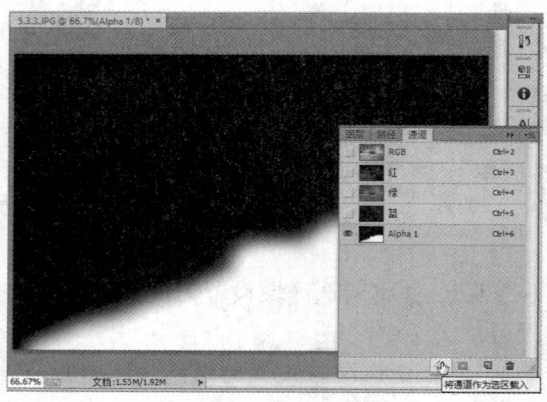

图 5-61　将通道作为选区载入

图 5-62　创建选区的结果

5.4　技能训练

下面通过多个上机练习实例,巩固所学的知识。

5.4.1　上机练习 1:制作十字焦点示意图

本例将分别使用【单行选框工具】、【单列选框工具】和【椭圆选框工具】,配合【描边】命令,在昆虫微距摄影图像中绘制一个十字焦点的示意图。

操作步骤

1 打开光盘中的"..\Example\Ch05\5.4.1.jpg"文件,然后使用【单行选框工具】在图像上较大的甲壳虫上单击,创建水平的单行选区,如图 5-63 所示。

2 选择【单列选框工具】,在【选项】面板中按下【添加到选区】按钮,继续在图像上较大的甲壳虫上单击,创建垂直的单行选区,如图 5-64 所示。

图 5-63　创建单行选区

图 5-64　创建单列选区

3 选择【椭圆选框工具】,在【选项】面板中按下【添加到选区】按钮,然后选择

【固定比例】样式，并分别设置【宽度】和【高度】均为 1，接着在单行与单列选区的交点处往外拖动，在拖动过程中按住 Alt 键不放，即可以单击的中心为圆心，往外拖动创建圆形选区，如图 5-65 所示。

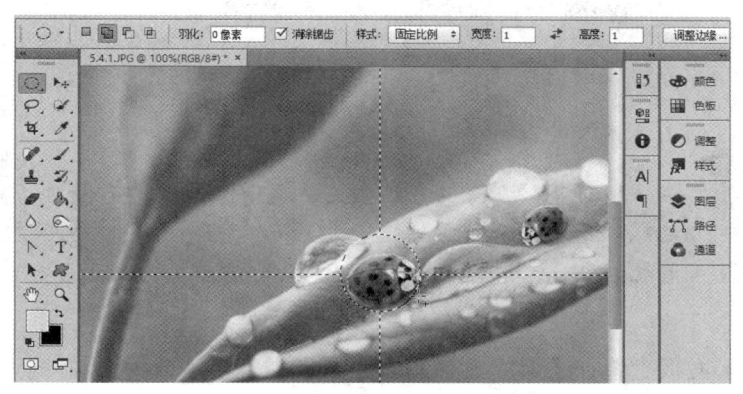

图 5-65　创建圆形选区

4 选择【编辑】|【描边】命令，在打开的【描边】对话框中设置描边宽度为 2 像素、颜色为【白色】、位置为【居中】，然后单击【确定】按钮，返回文件窗口后，按 Ctrl+D 键取消选区，如图 5-66 所示。

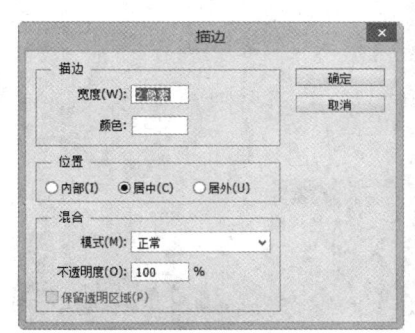

图 5-66　描边选区后取消选区

5.4.2　上机练习 2：为图像特定内容更换颜色

本例先使用【磁性套索工具】为图像沙发的白色部分创建选区，再使用【多边形套索】工具修改选区，然后复制选区中的图像内容并粘贴到新图层，最后通过【通道混和器】功能调整内容的颜色效果。

操作步骤

1 打开光盘中的"..\Example\Ch05\5.4.2.jpg"文件，在【工具】面板上选择【磁性套索工具】，然后在【选项】面板中设置选项，如图 5-67 所示。

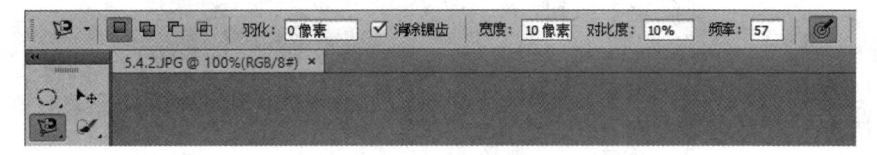

图 5-67　选择磁性套索工具并设置选项

119

2 使用【磁性套索工具】，在图像沙发的白色部分边缘上单击确定起点，然后沿着边缘移动工具，返回到起点后单击闭合套索路径，将沙发白色部分创建初步的选区，如图 5-68 所示。

图 5-68　为图像沙发白色部分年创建初步选区

3 在【工具】面板上选择【缩放工具】，在图像上单击放大图像，然后选择【多边形套索工具】，根据初步选区的不足，配合【选项】面板上的【添加到选区】按钮和【从选区减去】按钮，修改选区，使选区边界紧贴沙发白色部分的边缘，如图 5-69 所示。

图 5-69　放大图像并修改选区

4 修改选区后，按 Ctrl+C 键复制选区中的图像内容，然后按 Ctrl+V 键粘贴内容，此时沙发白色部分将放置在新图层中，如图 5-70 所示。

5 打开【图层】面板，按住 Ctrl 键并单击图层 1 缩图，以载入选区，然后选择【图像】|【调整】|【通道混和器】命令，再设置输入通道为【蓝】，接着设置源通道的颜色，最后单击【确定】按钮，如图 5-71 所示。

6 返回文件窗口中，按 Ctrl+D 键取消选区，然后查看沙发效果，如图 5-72 所示。

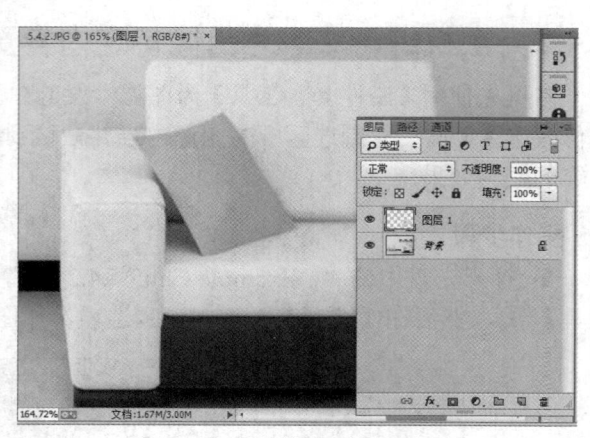

图 5-70　复制并粘贴选区内容

120

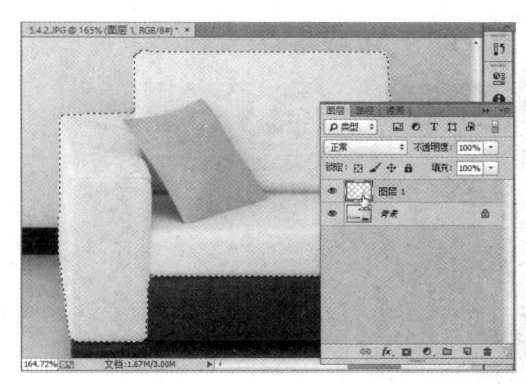

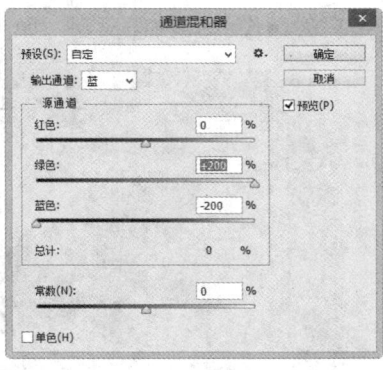

图 5-71　载入选区并应用【通道混和器】功能

图 5-72　沙发被修改颜色的结果

5.4.3　上机练习 3：在图像中抠图并修改颜色

本例先使用【快速选择工具】选择图像背景区域并执行反向选区处理，为图像中的卡通人物创建选区，然后将卡通人物粘贴到新图层并隐藏背景图层，以达到抠图的目的，接着使用【魔术棒工具】选择人物的衣服部分，再通过【色彩平衡】调整图层，修改衣服部分的颜色。

操作步骤

1 打开光盘中的"..\Example\Ch05\5.4.3.jpg"文件，在【工具】面板中选择【快速选择工具】，然后通过【选项】面板设置工具选项，在图像背景区域上拖动，创建包含背景内容的选区，如图 5-73 所示。

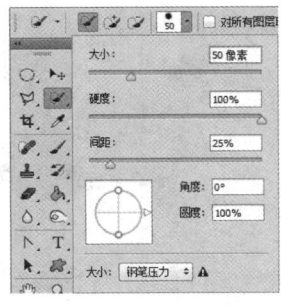

图 5-73　使用快速选择工具创建选区

2 选择【快速选择工具】，在【选项】面板中单击【从选区减去】按钮，然后在选区中包含图像人物右手的区域上单击，修改选区不包含人物右手部分，接着选择【选择】|

121

【反向】命令，将图像的人物选择到，如图 5-74 所示。

图 5-74　修改选区并反向选区

3 按 Ctrl+C 键复制选区中的卡通人物，再按 Ctrl+V 键将卡通人物粘贴到新图层，然后隐藏背景图层，抠取卡通人物部分的内容，如图 5-75 所示。

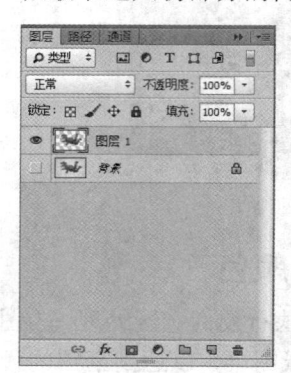

图 5-75　复制并粘贴选区内容并隐藏背景图层

4 在【工具】面板中选择【魔术棒工具】，在【选项】面板中设置工具选项，然后在卡通人物的衣服部分上单击创建选区，接着按下【添加到选区】按钮，再选择到衣服的其他部分，如图 5-76 所示。

图 5-76　为卡通人物衣服部分创建选区

5 打开【调整】面板并单击【色彩平衡】按钮，打开【属性】面板后，设置色调为【中间调】，再设置各项颜色参数，如图 5-77 所示。

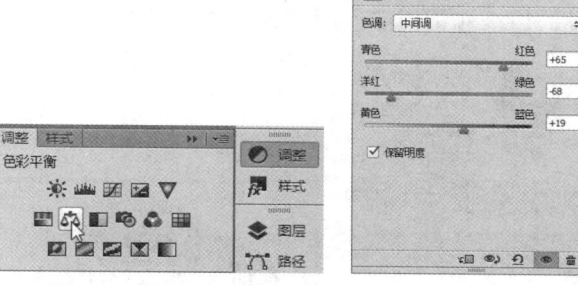

图 5-77 创建【色彩平衡】调整图层并设置属性

6 在【图层】面板中可以看到创建的调整图层包含了蒙版，并针对选区中的图层内容应用调整属性，如图 5-78 所示。

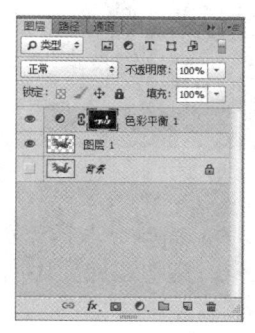

图 5-78 应用调整图层修改颜色的结果

5.4.4 上机练习 4：去除复杂图像的背景内容

本例先使用【快速选择工具】选择图像背景区域并执行反向选区处理，以选择到图像中的人物，然后通过【调整边缘】功能修改选区，实现将头发与背景分离的目的，接着再次反向选区，将选区填充为白色，达到去除图像背景的编辑要求。

操作步骤

1 打开光盘中的 "..\Example\Ch05\5.4.4.jpg" 文件，在【工具】面板中选择【快速选择工具】，然后通过【选项】面板设置工具选项，并在图像背景区域上拖动，创建包含背景内容的选区，接着按 Shift+Ctrl+I 键反向选区，如 5-79 所示。

图 5-79 创建并反向选区

2 在选项栏中单击【调整边缘】按钮打开【调整边缘】对话框,此时在视图模式下查看选区效果,可以发现头发的边缘非常粗糙,而且丢失了许多细节,如图 5-80 所示。

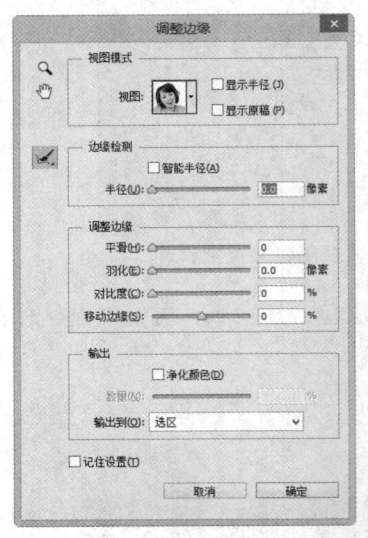

图 5-80　通过调整边缘视图查看效果

3 在【调整边缘】对话框中设置边缘检测半径为 120 像素,然后沿人物头发边缘拖动(也可以不断单击),这时程序会自动检测头发与背景之间的边缘,拖动之处会还原为原图效果,如图 5-81 所示。

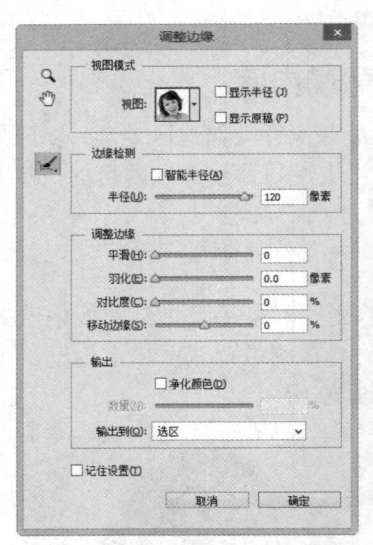

图 5-81　更改边缘检测半径并处理边缘

4 头发与背景基本区分开了,可是效果还不算完美。返回【调整边缘】对话框,分别设置【平滑】、【羽化】、【对比度】和【移动边缘】等选项的数值,完成设置后单击【确定】按钮,如图 5-82 所示。

5 返回文件窗口后,按 Shift+Ctrl+I 键反向选区,设置前景色为【白色】,然后按 Alt+Delete 键将背景选区填充为白色即可,如图 5-83 所示。

124

创建、修改和应用选区 5

图 5-82 设置调整边缘选项

图 5-83 将背景填充为白色

5.4.5 上机练习 5：简单制作带光芒的月亮图

本例先新建一个图层并创建一个矩形选区，为选区填充颜色，然后在矩形上创建一个带羽化的圆形选区，接着反向选区并执行删除选区命令，对内容进行处理，最后取消选区，制作出图像上的月亮图形效果。

操作步骤

1 打开光盘中的 "..\Example\Ch05\5.4.5.jpg" 文件，打开【图层】面板，再新建图层 1，然后在【工具】面板上选择【矩形选框工具】，在【选项】面板中设置工具选项，接着在图像上创建一个矩形选区，如图 5-84 所示。

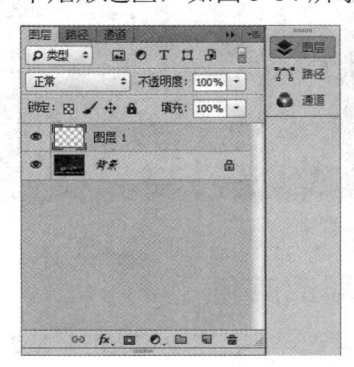

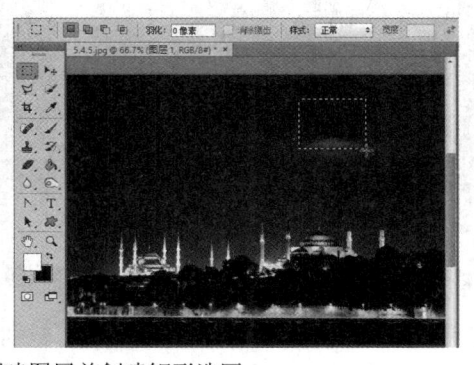

图 5-84 创建图层并创建矩形选区

125

2 选择【编辑】|【填充】命令，在打开的【填充】对话框中设置使用选项为【颜色】，然后设置颜色为【#ffffcc】，如图 5-85 所示。

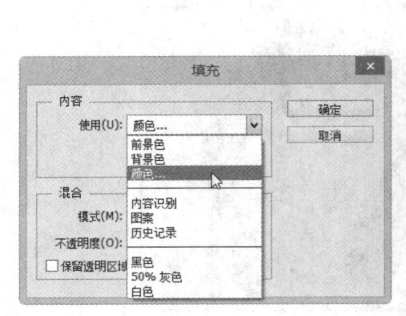

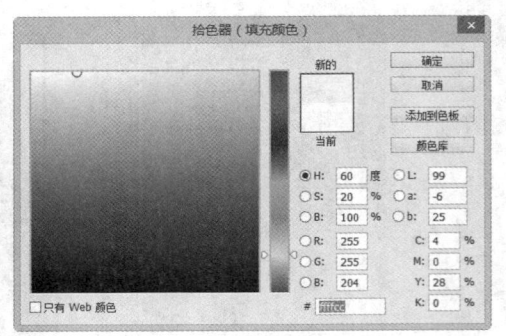

图 5-85　填充选区

3 在【工具】面板中选择【椭圆选框工具】，再设置羽化为 6 像素、样式为【固定比例】、宽高均为 1，然后在矩形上创建一个圆形选区，接着按 Shift+Ctrl+I 键反向选区，如图 5-86 所示。

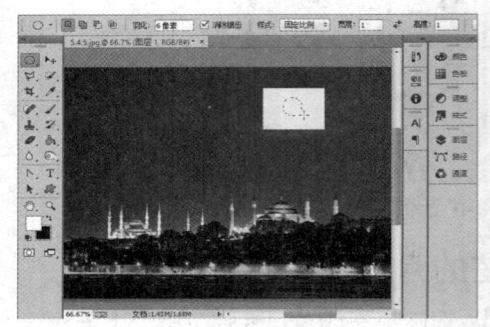

图 5-86　创建圆形选区并反向选区

4 选择图层 1，按 Delete 键删除选区中的内容，然后按 Ctrl+D 键取消选区，即可为图像制出月亮图形，如图 5-87 所示。

图 5-87　删除选区内容并取消选区

5.4.6　上机练习 6：利用选区调整图像局部颜色

本例先使用【快速选择工具】为图像天空区域创建选区，使用【多边形套索】工具完善选区，然后通过【色彩平衡】调整图层天空的颜色，接着载入选区并反向选区，再通过【曲线】

调整图层调整城堡和绿地的颜色。

操作步骤

1 打开光盘中的"..\Example\Ch05\5.4.6.jpg"文件,在【工具】面板中选择【快速选择工具】,然后通过【选项】面板设置工具选项,接着在图像天空区域上拖动,创建包含天空图像内容的选区,如图 5-88 所示。

2 在【工具】面板上选择【缩放工具】,在图像上单击放大图像,然后选择【多边形套索工具】,根据初步选区的不足,配合【选项】面板上的【添加到选区】按钮和【从选区减去】按钮修改选区,使选区边界紧贴图像天空内容的边缘,如图 5-89 所示。

图 5-88 使用快速选择工具创建选区 　　　　图 5-89 使用多边形套索工具修改选区

3 打开【调整】面板并单击【色彩平衡】按钮,打开【属性】面板后设置色调为【中间调】,然后设置各项颜色的参数,如图 5-90 所示。

4 更改色调为【阴影】,再设置各项颜色的参数,然后更改色调为【高光】,并设置各项颜色的参数,如图 5-91 所示。

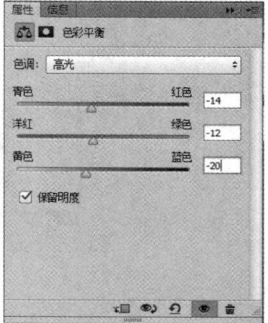

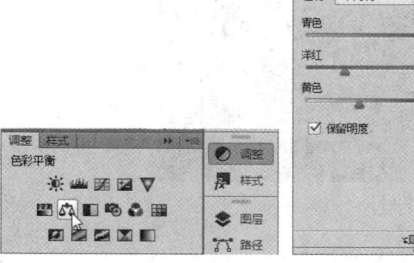

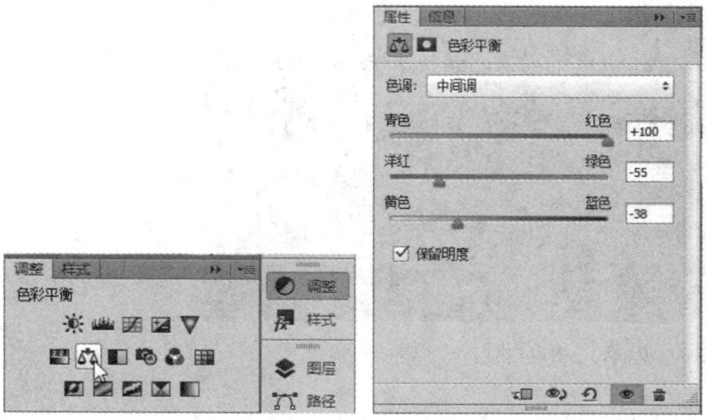

图 5-90 创建色彩平衡调整图层并设置中间调属性 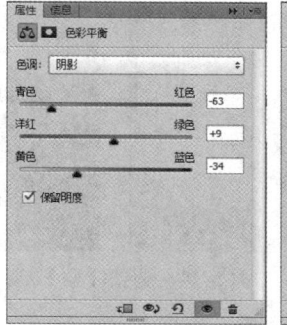　　　　图 5-91 设置阴影和高光色调的属性

5 打开【图层】面板,按 Ctrl 键后单击调整图层的蒙版缩略图以载入选区,接着按 Shift+Ctrl+I 键反向选区,如图 5-92 所示。

6 打开【调整】面板并单击【曲线】按钮,打开【属性】面板后设置通道为【RGB】,然后拖动颜色曲线,调整 RGB 通道的颜色,如图 5-93 所示。

7 在【属性】面板中切换通道为【蓝】,在颜色曲线上单击添加控制点,移动控制点调整颜色曲线,接着返回文件窗口查看图像效果,如图 5-94 所示。

127

图 5-92 载入选区并反向选区

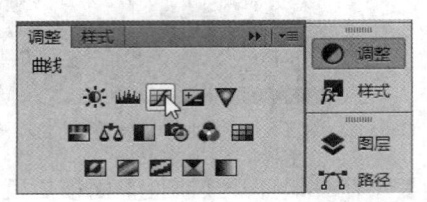

图 5-93 创建曲线调整图层并设置 RGB 颜色曲线

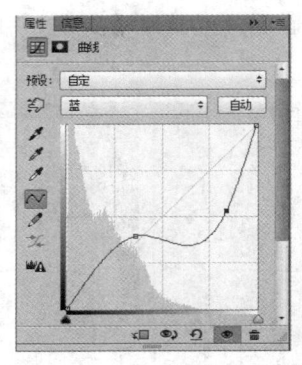

图 5-94 调整【蓝】通道颜色曲线并查看图像效果

5.4.7 上机练习 7：制作图案叠加的纹理字特效

本例先使用【魔棒工具】选择图像上的纯色标题区域，然后将选区内容复制并粘贴到新图层，并对图层应用【图案叠加】样式，制作出标题字中的纹理特效。

操作步骤

1 打开光盘中的"..\Example\Ch05\5.4.7.jpg"文件，在【工具】面板中选择【魔棒工具】，在【选项】面板中设置工具属性，然后在图像标题的红色部分上单击创建选区，接着按下【添加到选区】按钮，将其他红色区域添加到选区，如图 5-95 所示。

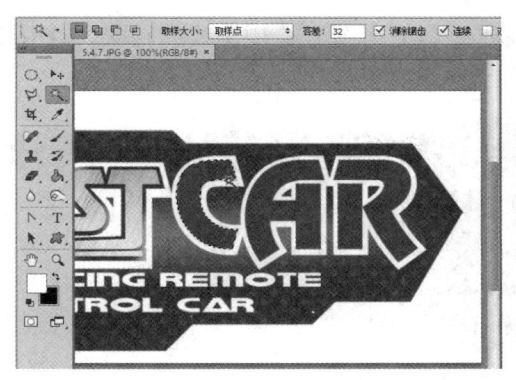

图 5-95　使用魔棒工具创建选区

2 创建选区后，按 Ctrl+C 键复制选区内容，再按 Ctrl+V 键粘贴内容到新图层，如图 5-96 所示。

3 打开【图层】面板并双击图层 1，打开【图层样式】对话框后，单击【图案叠加】复选项，然后从【图案叠加】选项卡中打开【图案】列表框，再单击【设置】按钮，并从打开的菜单中选择【彩色纸】命令，如图 5-97 所示。

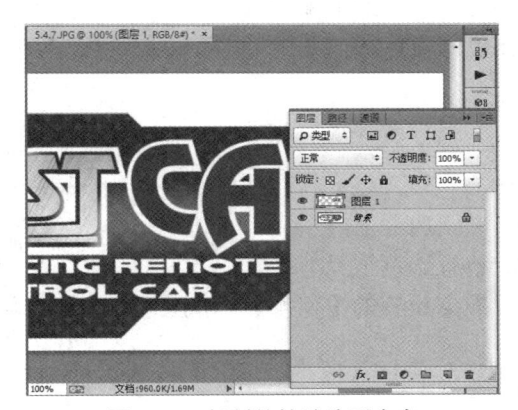

图 5-96　复制并粘贴选区内容 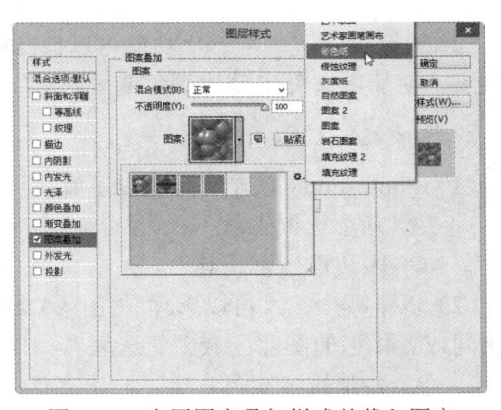　　　　　图 5-97　应用图案叠加样式并载入图案

4 打开【Adobe Photoshop】对话框后，单击【追加】按钮，以追加方式载入图案，然后在【图案】列表框中选择一种图案，接着单击【确定】按钮，如图 5-98 所示。

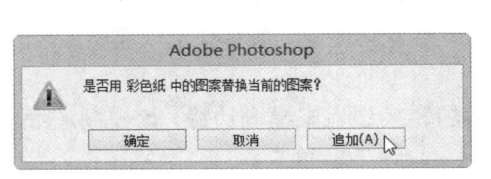

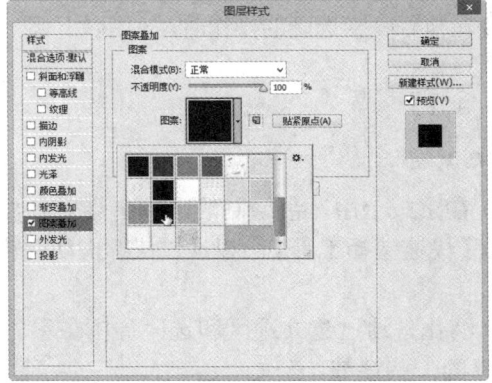

图 5-98　追加图案并选择图案样式

129

5 返回文件窗口，查看图像中红色部分标题内容应用图案叠加样式的效果，如图 5-99 所示。

图 5-99　制作纹理字特效的结果

5.5　评测习题

1. 填充题

（1）_____可以徒手创建出任意选区，对于绘制选区边界的手绘线段十分有用。

（2）_____可根据图像中颜色的对比度来创建选区。

（3）通过_____功能可以根据图像的颜色创建选区，其中又可以根据颜色、高光、中间调、阴影等条件来创建颜色选区。

2. 选择题

（1）Photoshop CC 没有提供以下哪种选框工具？　　　　　　　　　　　　　　　（　　）

　　A. 矩形选框工具　　　　　　　　　　B. 椭圆选框工具
　　C. 多边形选框工具　　　　　　　　　D. 单行选框工具

（2）以下哪个工具可以选择颜色一致的区域，或根据设置的【容差】值和颜色，为设定颜色相同或者相近的图像区域创建选区？　　　　　　　　　　　　　　　　　　　　　（　　）

　　A. 快速选择工具　　　　　　　　　　B. 魔棒工具
　　C. 磁性套索工具　　　　　　　　　　D. 矩形选框工具

（3）如果要将移动方向限制为 45 度的倍数，在拖动选区边界时，应该按住以下哪个键？
　　　　　　　　　　　　　　　　　　　　　　　　　　　　　　　　　　　　　（　　）

　　A. Shift　　　　　B. Ctrl　　　　　C. Alt　　　　　D. Ctrl+Alt

（4）在执行变换选区的操作时，按住以下哪个键时拖动任一节点，可以对选区进行扭曲变形？
　　　　　　　　　　　　　　　　　　　　　　　　　　　　　　　　　　　　　（　　）

　　A. F5　　　　　　B. Alt　　　　　　C. Shift　　　　D. Ctrl

3. 判断题

（1）在蒙版上用黑色绘制的区域将会受到保护，用白色绘制的区域是可编辑区域。（　　）

（2）【快速选择工具】可以通过鼠标拖动的轨迹，智能化地根据颜色快速创建出大片的选区。
　　　　　　　　　　　　　　　　　　　　　　　　　　　　　　　　　　　　　（　　）

（3）羽化是通过建立选区和选区周围像素之间的转换边界来模糊边缘，该模糊边缘将丢失选区边界的一些细节。　　　　　　　　　　　　　　　　　　　　　　　　　　（　　）

4. 操作题

为图像中的天空区域创建选区，然后创建【色彩平衡】调整图层，修改图像中天空的颜色效果，效果如图 5-100 所示。

操作提示

（1）打开光盘中的"..\Example\Ch05\5.5.jpg"练习文件，在【工具】面板上选择【快速选择工具】，然后在【选项】面板设置相关选项。

（2）在图像上天空区域上拖动鼠标，创建包含天空区域的选区。

（3）打开【调整】面板并单击【色彩平衡】按钮，打开【属性】面板后设置色调为【中间调】，然后设置各项颜色的参数，如图 5-101 所示。

图 5-100　调整图像天空颜色的效果

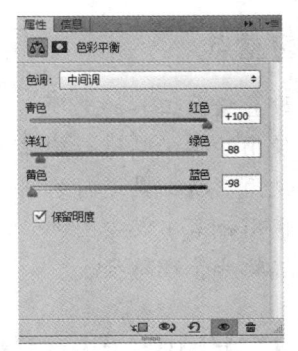

图 5-101　设置【色彩平衡】的属性

第 6 章　绘画与绘图

学习目标

Photoshop 提供了多个用于涂画颜色和绘制矢量形状和路径的工具。使用这些工具，可以在图像上轻松绘画和绘图。本章将详细介绍在 Photoshop 中绘画、绘图以及创建和应用路径等内容。

学习重点

- ☑ 设置绘画工具的选项
- ☑ 使用绘画工具进行绘画
- ☑ 使用形状工具进行绘图
- ☑ 使用钢笔工具绘图
- ☑ 编辑和管理路径

6.1 在 Photoshop 中绘画

下面将介绍绘画工具、画笔预设，以及使用绘画工具在图像中绘画等内容。

6.1.1 画笔预设与选项

在每种绘画工具的【选项】面板中，可以设置对图像应用颜色的方式，并可以从画笔预设中选取笔尖。

1. 画笔预设

可以快速从【选项】面板的【画笔预设】选取器中选择预设的笔尖，也可以临时修改画笔预设的大小和硬度，如图 6-1 所示。

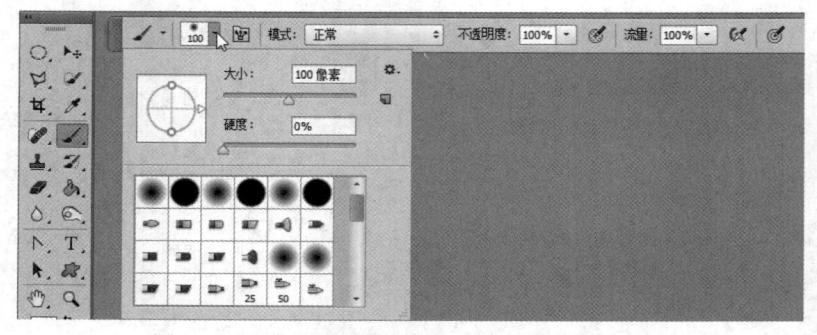

图 6-1　通过【画笔预设】选取器选择和设置笔尖

Photoshop 包含若干样本画笔预设，在绘画时可以从这些选择画笔预设开始，对其进行修改以产生新的效果，还可以通过 Web 下载很多原始画笔预设。

2. 笔尖选项

画笔笔尖选项与【选项】面板中的设置一起控制应用颜色的方式。可以以渐变方式、使用柔和边缘、使用较大画笔描边、使用各种动态画笔、使用不同的混合属性并使用形状不同的画笔来应用颜色。此外，可以使用画笔描边来应用纹理以模拟在画布或美术纸上进行绘画，也可以使用喷枪来模拟喷色绘画。【画笔】面板中的画笔笔尖选项，如图 6-2 所示。

> 如果使用的是绘图板，可以通过钢笔压力、角度、旋转或光笔轮来控制应用颜色的方式。可以通过在【画笔】面板和选项栏中设置绘图板的选项。

3. 工具选项

在使用绘画工具前，可以在【选项】面板中设置下列选项。每个工具对应的可用选项不同：

- 模式：设置如何将绘画的颜色与下面的现有像素混合的方法。可用模式将根据当前选定工具的不同而变化。
- 不透明度：设置应用的颜色的透明度。在某个区域上方进行绘画时，在释放鼠标按钮之前，无论将指针移动到该区域上方多少次，不透明度都不会超出设定的级别。如果再次在该区域上方描边，则将会再应用与设置不透明度相当的其他颜色。
- 流量：设置在将指针移动到某个区域上方时应用颜色的速率。在某个区域上方进行绘画时，如果一直按住鼠标按钮，颜色量将根据流动速率增大，直至达到不透明度设置。
- 喷枪：使用喷枪模拟绘画。将指针移动到某个区域上方时，如果按住鼠标按钮，颜料量将会增加。画笔硬度、不透明度和流量选项可以控制应用颜料的速度和数量。
- 自动抹除（仅限铅笔工具）：在包含前景色的区域上方绘制背景色。选择要抹除的前景色和要更改的背景色。
- 绘图板压力按钮（ 和 ）：使用光笔压力可覆盖【画笔】面板中的不透明度和大小设置。

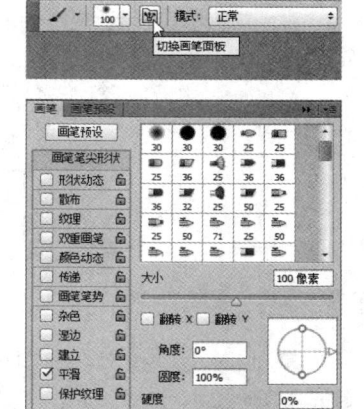

图 6-2　打开【画笔】面板

6.1.2　画笔工具和铅笔工具

【画笔工具】 和【铅笔工具】 可在图像上绘制当前的前景色。【画笔工具】 可以创建颜色的柔描边，【铅笔工具】 可以创建硬边直线。

动手操作　为图像绘制装饰画

1　打开光盘中的"..\Example\Ch06\6.1.2.psd"文件，然后在【工具】面板中设置前景色为【黑色】。

2　在【工具】面板中选择【画笔工具】 ，从【画笔预设】面板中选择画笔，并设置大小和硬度，接着设置模式、不透明度等工具选项，如图 6-3 所示。

133

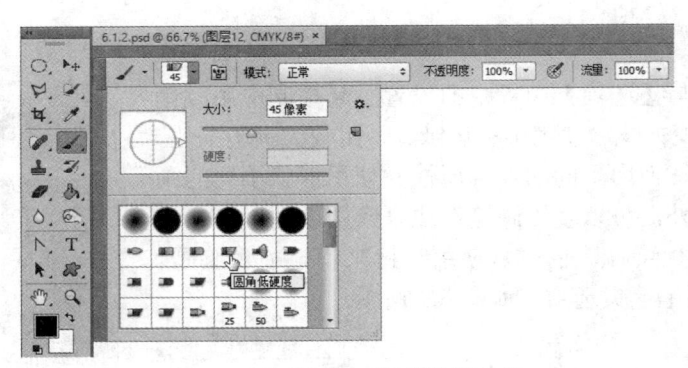

图 6-3 选择画笔工具并设置画笔

3 此时可以在文件窗口中看到画笔的缩图，单击缩图可以切换显示画笔笔尖的方式，如图 6-4 所示。

图 6-4 切换画笔显示

4 打开【图层】面板并创建新图层，将图层命名为"画笔"，如图 6-5 所示。此时可以执行下列一个或多个操作：

（1）在图像中按住鼠标并拖动即可绘画，如图 6-6 所示。
（2）在将画笔工具用作喷枪时，按住鼠标按钮（不拖动）可增大颜色量。
（3）在图像中单击起点，然后按住 Shift 键并单击终点可以绘制直线。

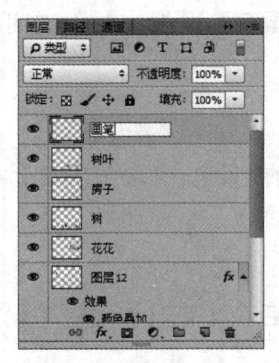

图 6-5 创建并命名图层　　　　图 6-6 使用画笔工具绘画

5 在【工具】面板中选择【铅笔工具】，然后打开【画笔预设】选取器，再选择一种画笔笔尖，如图 6-7 所示。

6 打开【画笔】面板，然后选择【散布】复选框，接着在面板上设置画笔散布属性，如图 6-8 所示。

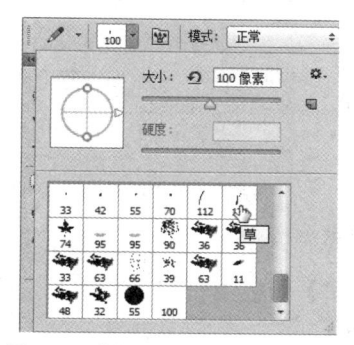

图 6-7　选择铅笔工具并选择画笔

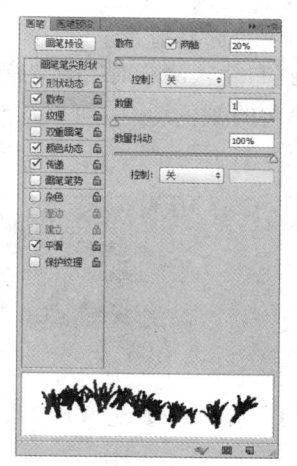

图 6-8　为画笔应用散布属性

7 在图像左下方轻微拖动鼠标，绘制出草的形状，然后将【画笔】图层移到【图层 12】的下方，如图 6-9 所示。

图 6-9　使用铅笔工具绘画并调整图层顺序

6.1.3　混合器画笔工具

【混合器画笔工具】可以模拟真实的绘画技术，如混合画布上的颜色、组合画笔上的颜色以及在描边过程中使用不同的绘画湿度。

混合器画笔有两个绘画工具：储槽和拾取器。拾取器接收来自画布的颜色或画笔图样，储槽存储最终应用于画布的颜色或画笔图样，如图 6-10 所示。

动手操作　在图像上绘画

1 在【工具】面板中选择【混合器

图 6-10　使用混合器画笔进行取样

135

画笔工具】。

2 要取样并载入储槽，可以在按住 Alt 键的同时单击画布，如图 6-11 所示。或者通过【工具】面板的色块选择前景色。

3 从画布载入油彩时（即取样），画笔笔尖可以反映出取样区域中的任何颜色变化。如果希望画笔笔尖的颜色均匀，可以从选项栏的【当前画笔载入】下拉列表框中选择【只载入纯色】选项，如图 6-11 所示。

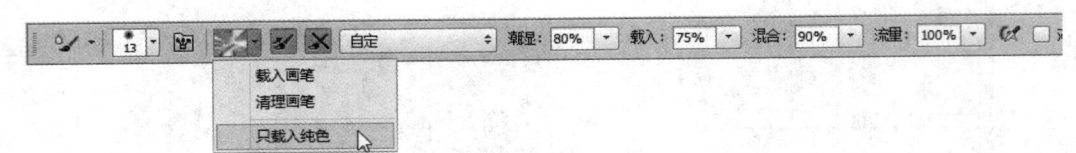

图 6-11　设置只载入纯色

4 从【画笔预设】选取器中选取画笔，接着在【选项】面板中设置下列工具选项，如图 6-12 所示。

- 当前画笔载入（即储槽）：从下拉列表框中选择选项。选择【载入画笔】选项可以使用储槽颜色填充画笔，选择【清理画笔】选项可以移去画笔中的油彩。
- 【每次描边后载入画笔】/【每次描边后清理画笔】：要在每次描边后执行这些任务，可以选择【每次描边后载入画笔】或【每次描边后清理画笔】选项。
- 【预设】：【预设】菜单应用流行的画笔绘画效果样式，还可以设置【潮湿】、【载入】和【混合】选项，如图 6-12 所示。
  - ➢ 潮湿：控制画笔从画布拾取的油彩量。较高的设置会产生较长的绘画条痕。
  - ➢ 载入：指定储槽中载入的油彩量。载入速率较低时，绘画描边干燥的速度会更快。
  - ➢ 混合：控制画布油彩量同储槽油彩量的比例。比例为 100%时，所有油彩将从画布中拾取；比例为 0%时，所有油彩都来自储槽。
- 对所有图层取样：拾取所有可见图层中的画布颜色。

5 设置完成后，即可执行下列一个或多个操作：

（1）在图像中拖移可进行绘画，如图 6-13 所示。

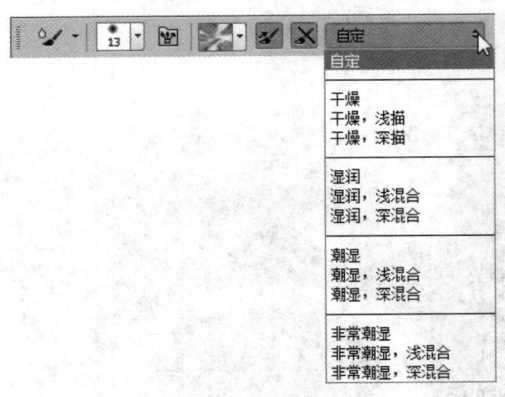

图 6-12　设置预设样式　　　　图 6-13　在图像上绘画

（2）在图像中单击起点，然后按住 Shift 键并单击终点可以绘制直线。
（3）在将画笔工具用作喷枪时，按住鼠标按钮（不拖动）可增大颜色量。

6.1.4 图案图章工具

【图案图章工具】可以使用指定图案对图像进行绘画。可以从图案库中选择图案或者自己创建图案。

动手操作　绘制图像的背景

1 打开光盘中的"..\Example\Ch06\6.1.4.psd"文件，在【工具】面板中选择【图案图章工具】。

2 从【画笔预设】选取器中选择画笔，设置画笔的大小，接着在【选项】面板中设置模式、不透明度等的工具选项，如图 6-14 所示。如果要应用具有印象派效果的图案，可以选择【印象派效果】复选框。

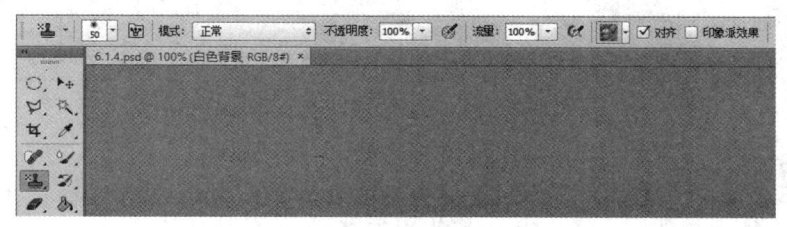

图 6-14　设置画笔和其他选项

问：【选项】面板的【对齐】复选框有什么作用？

答：在【选项】面板中选择【对齐】复选框，可以保持图案与原始起点的连续性，即使释放鼠标按钮并继续绘画也不例外。取消选择【对齐】复选框，可在每次停止并开始绘画时重新启动图案。

3 打开【选项】面板的【图案】弹出式面板，然后通过面板菜单以追加的方式载入【图案】类型的图案预设样式，如图 6-15 所示。

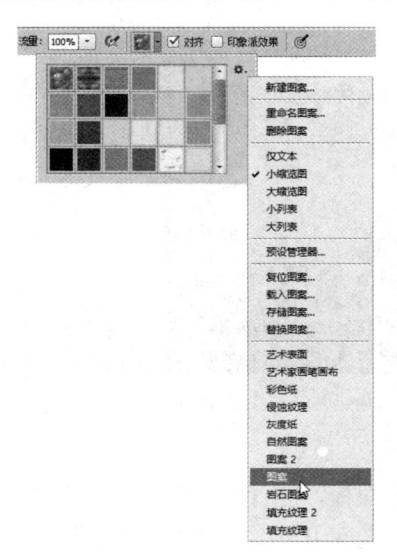

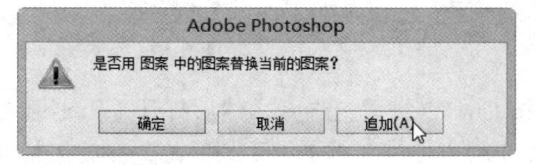

图 6-15　以追加方式载入图案

137

4 载入图案后，在【图案】面板中选择一种图案，再选择【白色背景】图层，然后在图像中拖动，使用选定图案进行绘画，如图 6-16 所示。

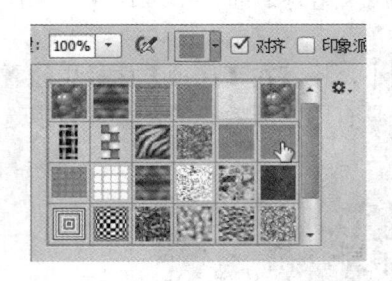

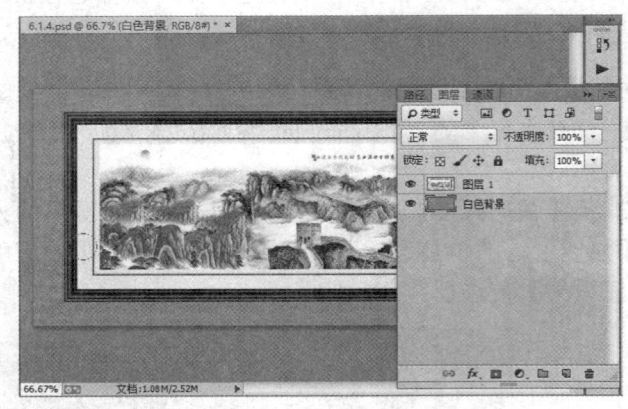

图 6-16　选择图案并绘画

6.1.5　历史记录艺术画笔工具

【历史记录艺术画笔工具】使用指定历史记录状态或快照中的源数据，以风格化描边进行绘画。通过尝试使用不同的绘画样式、大小和容差选项，可以用不同的色彩和艺术风格模拟绘画的纹理。

动手操作　绘制心形云朵图形效果

1 打开光盘中的"..\Example\Ch06\6.1.5.psd"文件，打开【路径】面板并单击【将路径作为选区载入】按钮　载入选区，然后按 Shift+F5 键打开【填充】对话框，设置填充颜色为【白色】并单击【确定】按钮，如图 6-17 所示。此步骤的目的是方便后续，以填充记录作为历史记录艺术画笔工具的来源。

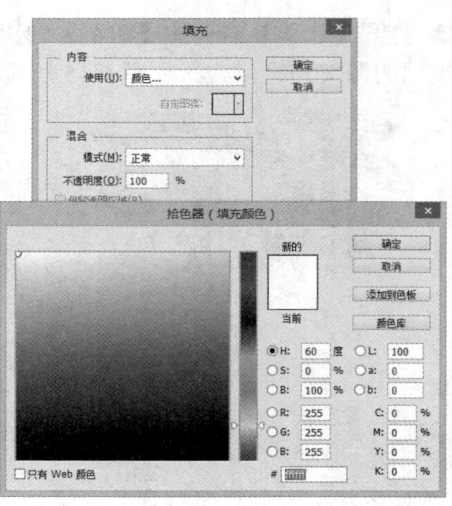

图 6-17　载入选区并填充白色

2 按 Ctrl+D 键取消选区，然后打开【历史记录】面板，在【填充】记录项的左列单击，将该列用作历史记录艺术画笔工具的源。源历史记录状态旁出现画笔图标，如图 6-18 所示。

3 选择【历史记录艺术画笔工具】，然后在【选项】面板中执行下列操作，如图 6-19

所示：
(1) 从【画笔预设】选取器中选择一种画笔，并设置画笔选项。
(2) 从【模式】菜单中选取混合模式。
(3) 从【样式】菜单中选取选项来控制绘画描边的形状。
(4) 对于【区域】选项，输入值来指定绘画描边所覆盖的区域。区域越大，覆盖的区域就越大，描边的数量也就越多。
(5) 对于【容差】选项，输入值以限定可应用绘画描边的区域。低容差可用于在图像中的任何地方绘制无数条描边。高容差将绘画描边限定在与源状态或快照中的颜色明显不同的区域。

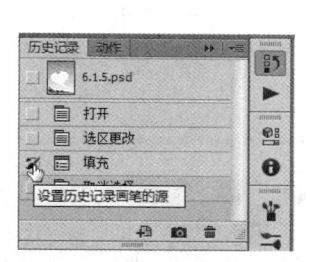

图 6-18　设置历史记录画笔的来源　　　　图 6-19　选择画笔并设置选项

4 在图像中的心形形状边缘单击并拖动以绘画，使心形图形的边缘显得更有艺术性，如图 6-20 所示。

图 6-20　在图像上绘画

6.2　使用形状工具绘图

Photoshop 中的绘图包括创建矢量形状和路径。在 Photoshop 中，可以使用任何形状工具进行绘图。

6.2.1　关于绘图

Photoshop 中的绘图包括创建矢量形状和路径，因此在 Photoshop 中开始进行绘图前，必须从【选项】面板中选择绘图模式。

139

绘图模式将决定是在自身图层上创建矢量形状，还是在现有图层上创建工作路径，或是在现有图层上创建栅格化形状（即像素图形），如图6-21所示。

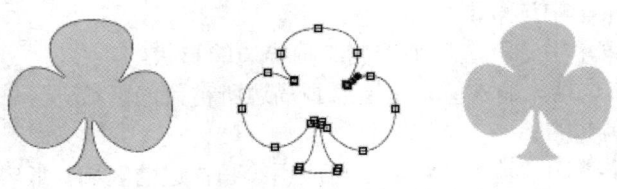

图6-21　不同绘图模式绘图的结果

矢量形状是使用形状或钢笔工具绘制的直线和曲线。路径是可以转换为选区或者使用颜色填充和描边的轮廓。通过编辑路径的锚点，可以很方便地改变路径的形状。工作路径是出现在【路径】面板中的临时路径，用于定义形状的轮廓。

在Photoshop中有3种绘图模式。在选定形状或钢笔工具时，可以通过【绘图模式】列表框来选择一种模式，如图6-22所示。

图6-22　设置绘图模式

- 形状：在单独的图层中创建形状。可以使用形状工具或钢笔工具来创建形状图层，以方便移动、对齐、分布形状图层以及调整其大小，所以形状图层非常适于为Web页创建图形。
- 路径：在当前图层中绘制一个工作路径，可随后使用它来创建选区、创建矢量蒙版，或者使用颜色填充和描边以创建栅格图形（即图像中的像素）。除非存储工作路径，否则使用形状或钢笔工具绘制的路径只是一个临时路径，并出现在【路径】面板中。
- 像素：直接在图层上绘制，与绘画工具的功能非常类似。在此模式中工作时，创建的是栅格图像，而不是矢量图形。可以像处理任何栅格图像一样来处理绘制的形状（在此模式中只能使用形状工具，不能使用钢笔工具）。

6.2.2　基本绘图工具

Photoshop提供了矩形工具、圆角矩形工具、椭圆工具、多边形工具、直线工具、自定形状工具等6种绘图工具，它们的使用方法基本一样。只要选择某个形状工具，然后通过选项栏设置属性，接着在文件中拖动鼠标即可绘图。这些工具的用途如下：

（1）使用【矩形工具】■可以绘制出矩形或正方形。
（2）使用【圆角矩形工具】■可绘制出边角呈圆弧状的圆角矩形。
（3）使用【椭圆工具】●可绘制椭圆形与圆形。
（4）使用【多边形工具】●可绘制多边形与星形。
（5）使用【直线工具】■可绘制直线与带有箭头的线段。
（6）使用【自定形状工具】❖可绘制系统提供的多种不同类型的预设图形。

动手操作　使用基本绘图工具绘图

1 选择绘图工具并在【选项】面板中设置绘图模式，单击【填充】色块打开【填充】选项板，选择形状的填充方式（可以选择无颜色、纯色、渐变或图案）。

（1）如果是使用纯色填充方式，可以在【色板】框中选择颜色，如图 6-23 所示。

（2）如果是使用渐变填充方式，可以在【渐变】框中选择预设的渐变，或者通过渐变样本色调重新定义渐变色标的颜色，如图 6-24 所示。

（3）如果是使用图案填充方式，可以在【图案】框中选择预设的图案，如图 6-25 所示。

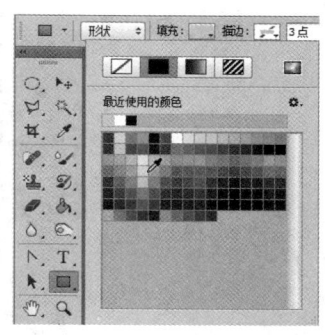

图 6-23　设置纯色填充

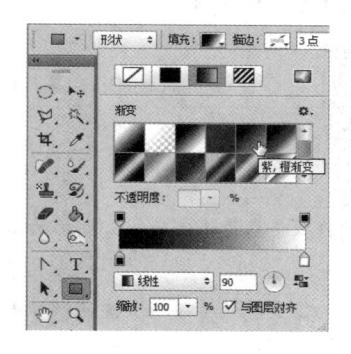

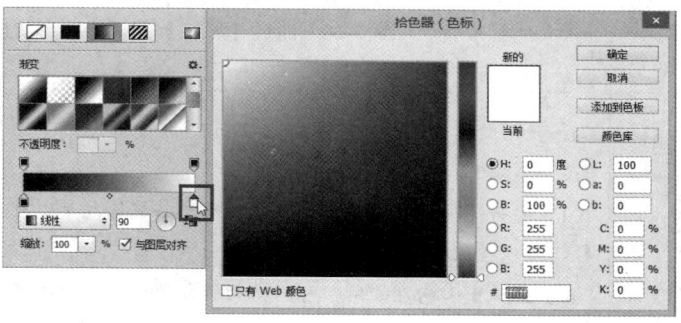

图 6-24　设置渐变填充

2 在【选项】面板中设置其他工具选项。如描边的颜色和大小、形状描边类型、路径操作、路径对齐方式、路径排列方式、半径等，如图 6-26 所示。

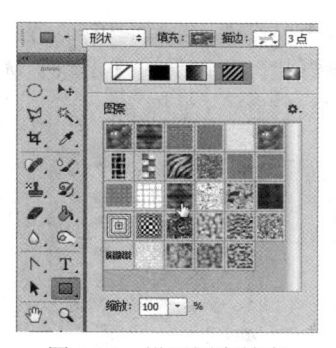

图 6-25　设置图案填充

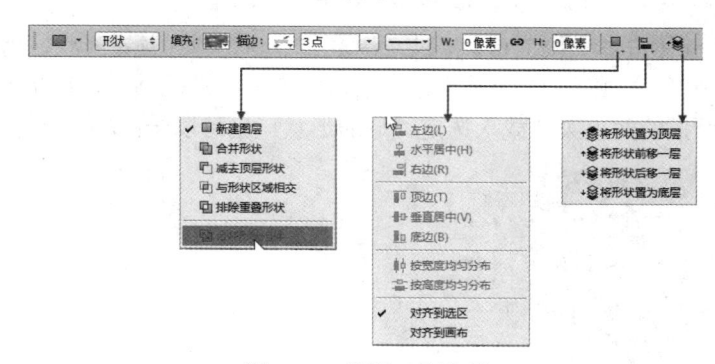

图 6-26　设置工具选项

3 在文件中拖动鼠标绘图状，按住空格键可以修改绘制的位置。释放左键后，在【图层】面板中将新增一个【矩形 1】图层，如图 6-27 所示。

4 绘图完成后，Photoshop 会弹出【属性】面板，并显示实时形状属性。在此面板中可以修改形状的位置、大小、填充颜色、描边以及边角半径等属性，如图 6-28 所示。

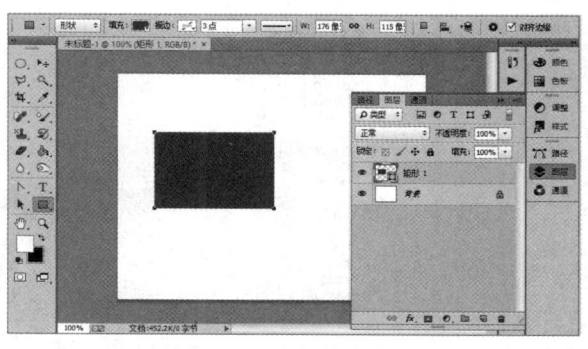

图 6-27　在文件上绘图

141

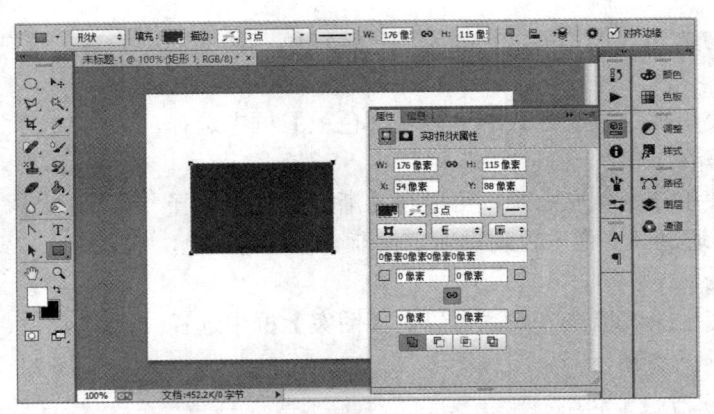

图 6-28 通过【属性】面板修改形状属性

问：使用绘图工具绘图时有什么技巧？
答：有。相关技巧如下：
（1）要将矩形或圆角矩形约束成方形、将椭圆约束成圆或将线条角度限制为 45 度角的倍数，可以按住 Shift 键绘图。
（2）要从中心向外绘制，可以将指针放置到形状中心所需的位置，然后按 Alt 键并沿对角线拖动到任何角或边缘，直到形状达到所需大小。

6.2.3 使用自定形状工具绘图

【自定形状工具】提供了许多种不同类型的预设形状，包括 Web、动物、箭头、拼贴、符号、画框、横幅等 17 个类别。在默认状态下，只提供了少数几种预设形状，可以通过【形状】选项面板的面板菜单载入选定类型的形状，也可以一次将全部预设的形状载入，如图 6-29 所示。

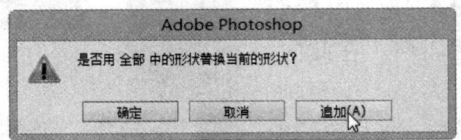

图 6-29 载入全部预设形状

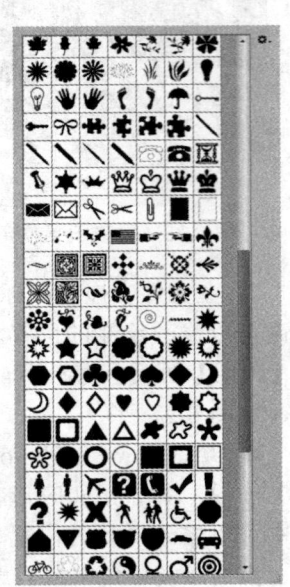

动手操作　绘制徽标形状

1 打开光盘中的"..\Example\Ch06\6.2.3.psd"文件，在【工具】面板中选择【自定形状工具】，通过【选项】面板设置工具选项，如图 6-30 所示。

2 打开【形状】选项面板，将全部形状以追加的方式载入，然后从面板中选择一种形状，如图 6-31 所示。

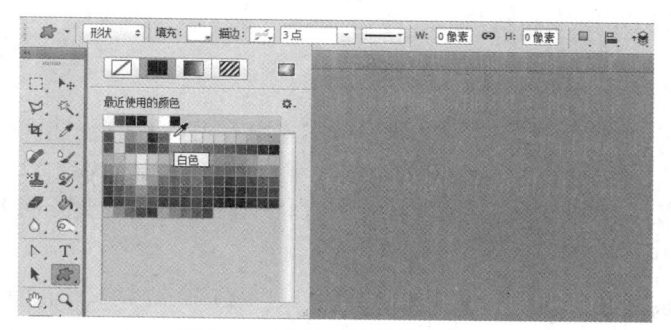

图 6-30　选择工具并设置选项

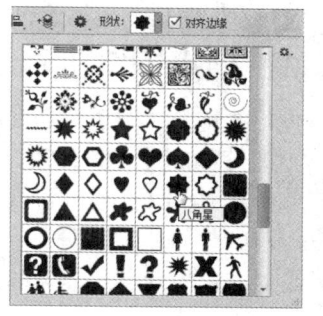

图 6-31　选择一种预设形状

3 完成上述设置后，按住 Shift 键在图像左上方中拖动鼠标绘图，如图 6-32 所示。

4 打开【形状】选项面板，然后选择另一个预设形状，更改填充颜色为【红色】，如图 6-33 所示。

图 6-32　绘制自定形状

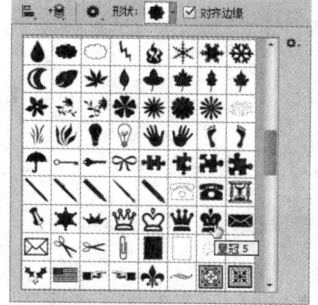

图 6-33　更改形状和填充颜色

5 在步骤 3 绘制的形状中心上按住 Alt 键并拖动鼠标绘制形状，效果如图 6-34 所示。

图 6-34　在图像上绘图

6.3　钢笔工具组

在 Photoshop 中，可以使用多种钢笔工具及功能进行绘图。

- 钢笔工具 ⌀：可用于绘制具有最高精度的路径或形状。
- 自由钢笔工具 ⌀：可用于像使用铅笔在纸上绘图一样来绘制路径。
- 自由钢笔工具【磁性的】选项 ☑磁性的：可用于绘制与图像中已定义区域的边缘对齐的路径。
- 添加锚点工具 ⌀：单击线段时添加锚点。
- 删除锚点工具 ⌀：在单击锚点时删除锚点。
- 转换点工具 ▶：对线段锚点进行平滑点和转角点之间切换。

6.3.1 使用钢笔工具绘图

使用【钢笔工具】⌀可以绘制的最简单路径是直线，通过单击【钢笔工具】⌀创建两个锚点，即可构成一个直线段，继续单击可创建由角点连接的直线段组成的路径或形状。

此外，使用【钢笔工具】⌀还可以绘制曲线段，只需在绘图过程中，在曲线改变方向的位置添加一个锚点，然后拖动构成曲线形状的方向线即可。

动手操作 使用钢笔工具绘制装饰形状

1 打开光盘中的 "..\Example\Ch06\6.3.1.psd" 文件，在【工具】面板中选择【钢笔工具】⌀。

2 在【选项】面板中设置绘图模式（本例设置绘图模式为【形状】），然后单击【填充色块】，打开【填充】面板，再单击【拾色器】按钮，打开【拾色器】对话框后使用吸管工具在图像下方中单击取样样式，如图 6-35 所示。

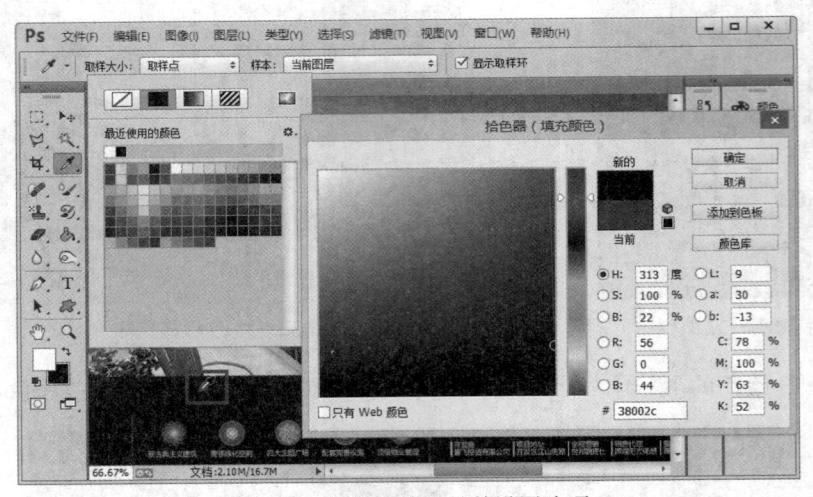

图 6-35　选择钢笔工具并设置选项

3 将【钢笔工具】⌀在图像下方适当的位置中单击，以定义第一个锚点（不要拖动），如图 6-36 所示。在单击定义第二个锚点前，绘制的第一个线段将不可见。

4 在图像的另一个位置上单击并按住鼠标拖动，此时钢笔工具指针变为一个箭头。拖动以设置要创建的曲线段的斜度，当斜度合适时松开鼠标即可定义到平滑点，如图 6-37 所示。

5 单击确定其他锚点，在添加锚点的同时拖动鼠标，绘制出波浪弧形的形状对象，接着返回到第一个锚点中，在该锚点上单击闭合路径，绘出如图 6-38 所示的形状。

6 打开【图层】面板，然后将形状图层拖到【画面】图层组的上方，在形状上显示文案内容，效果如图 6-39 所示。

图 6-36　单击定义第一个锚点 　　　　　　图 6-37　定义第二个锚点并使之变成平滑点

图 6-38　闭合路径绘制出形状

图 6-39　调整图层顺序并查看结果

> 如果要保持路径开放（即不闭合路径），可以按住 Ctrl 键并单击远离所有对象的任何位置。

6.3.2　使用自由钢笔工具绘图

【自由钢笔工具】可用于随意绘图，就像用铅笔在纸上绘图一样。使用此工具绘图时，将自动添加锚点，无需确定锚点的位置。当完成路径后，可以对锚点进行进一步调整。

动手操作　使用自由钢笔工具绘图

1 选择【自由钢笔工具】，然后在【选项】面板中设置绘图模式和其他工具选项。

2 如果使用【自由钢笔工具】绘制与图像中定义的区域边缘对齐的路径，可以选择【磁性的】复选框，定义对齐方式的范围和灵敏度，以及所绘路径的复杂程度。

3 当需要绘图时，只需在图像中拖动指针即可。在拖动时会有一条路径尾随指针，释放鼠标后，即可创建工作路径，如图 6-40 所示。

图 6-40　使用自由钢笔工具绘图

6.3.3　添加与删除路径锚点

添加锚点可以更好地控制形状路径，也可以扩展开放路径。但是，最好不要添加不必要的锚点。锚点越少的路径越容易编辑、显示和打印。

在 Photoshop 的【工具】面板中包含 4 个用于添加或删除点的工具，分别是【钢笔工具】、【自由钢笔工具】、【添加锚点工具】和【删除锚点工具】。默认情况下，在将【钢笔工具】和【自由钢笔工具】定位在选定路径上时，它会变为添加锚点工具，将【钢笔工具】和【自由钢笔工具】定位在锚点上时，它会变为删除锚点工具。

动手操作　添加或删除锚点

1 选择要修改的路径或者形状对象。

2 在【工具】面板中按住【钢笔工具】按钮，然后在显示的列表中选择【钢笔工具】、【自由钢笔工具】、【添加锚点工具】或【删除锚点工具】。

3 如果要添加锚点，将指针定位到路径段上，然后单击，如图 6-41 所示。

4 如果要删除锚点，将指针定位到锚点上，然后单击，如图 6-42 所示。

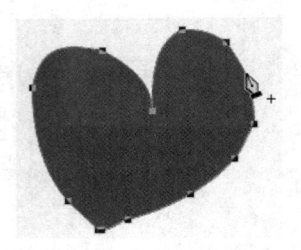

图 6-41　添加锚点　　　　　　　　　　图 6-42　删除锚点

6.4　编辑和管理路径

在绘图过程中，如果形状或路径未完全复合要求，可以使用路径选择工具、直接选择工具、转换点工具等工具来修改路径。使用形状工具和钢笔工具绘制的形状或路径，都会在【路径】面板中显示，可以通过【路径】面板管理这些路径。

6.4.1 关于路径

1. 路径组成

路径由一个或多个直线段或曲线段组成，锚点标记路径段的端点。在曲线段上，每个选中的锚点显示一条或两条方向线，方向线以方向点结束。方向线和方向点的位置决定曲线段的大小和形状。如图 6-43 所示为曲线路径。

2. 路径的锚点

路径可以是闭合的，没有起点或终点（如圆圈）；也可以是开放的，有明显的端点（如波浪线）。平滑曲线由称为平滑点的锚点连接，锐化曲线路径由角点连接，如图 6-44 所示。

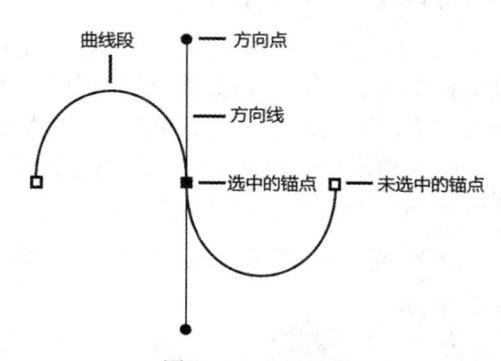

图 6-43 曲线路径

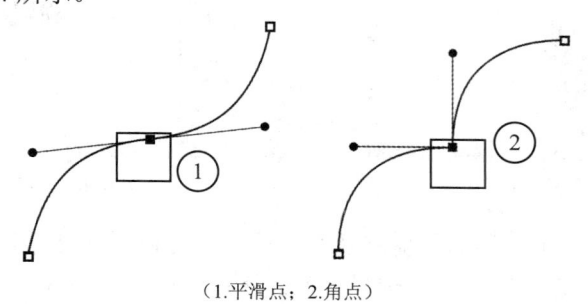

（1.平滑点；2.角点）

图 6-44 平滑曲线与锐化曲线

当在平滑点上移动方向线时，将同时调整平滑点两侧的曲线段；而在角点上移动方向线时，只调整与方向线同侧的曲线段，如图 6-45 所示。

3. 路径的组件

路径不必是由一系列线段连接起来的一个整体，它可以包含多个彼此完全不同而且相互独立的路径组件。形状图层中的每个形状都是一个路径组件，如图 6-46 所示。

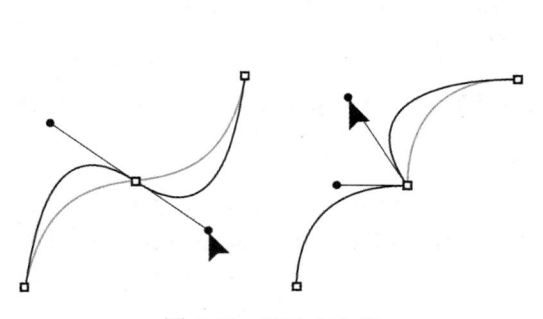

图 6-45 移动方向线

图 6-46 形状图层中的每个形状都是一个路径组件

6.4.2 选择路径

选择路径组件或路径段将显示选中部分的所有锚点，包括全部的方向线和方向点（如果选中的是曲线段）。方向点显示为实心圆，选中的锚点显示为实心方形，而未选中的锚点显示为空心方形。

选择路径的方法如下：

（1）如果要选择路径组件（包括形状图层中的形状路径），可以在【工具】面板中选择【路径选择工具】，并单击路径组件中的任何位置即可，如图 6-47 所示。如果路径由几个路径组件组成，则只有指针所指的路径组件被选中。

（2）如果要选择路径段，可以选择【直接选择工具】，并单击段上的某个锚点，或在段的一部分上拖动选框，如图 6-48 所示。

图 6-47　选择路径　　　　　　　　　图 6-48　选择路径的锚点

（3）如果要选择同一个图层的其他路径组件或段，可以选择【路径选择工具】或【直接选择工具】，然后按住 Shift 键并选择其他的路径或段，如图 6-49 所示。

图 6-49　选择多个路径组件

（4）在选择到路径后，无论是使用【路径选择工具】或【直接选择工具】，只要按住路径段并拖动，即可移动路径，如图 6-50 所示。

> 在选中【直接选择工具】时，按住 Alt 键并在路径内单击，可以选择整条路径或路径组件。

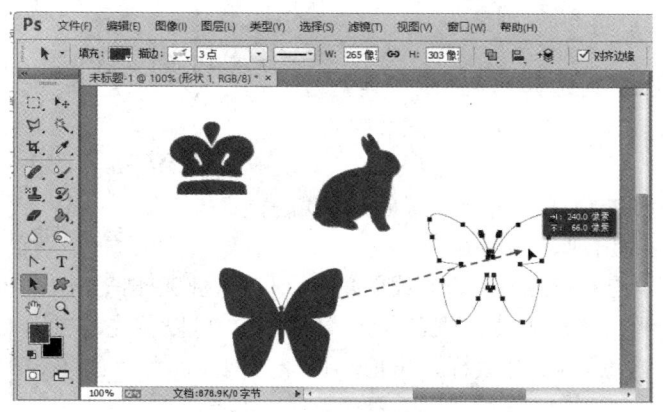

图 6-50　移动路径

6.4.3　调整路径

1. 调整直线段的长度或角度

使用【直接选择工具】，在要调整的线段上选择一个锚点，然后将锚点拖动到所需的位置，如图 6-51 所示。按住 Shift 键拖动可以将调整限制为 45 度的倍数。

2. 调整曲线段的位置或形状

使用【直接选择工具】选择一条曲线段或曲线段任一个端点上的一个锚点（如果存在任何方向线，则将显示这些方向线），然后拖动曲线段，或拖动锚点/方向线点，即可调整曲线段的位置，如图 6-52 所示，或所选锚点任意一侧线段的形状，如图 6-53 所示。

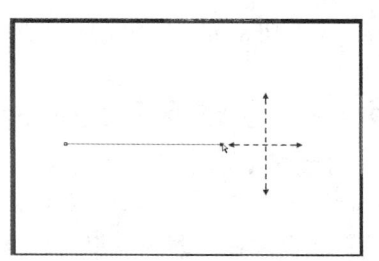

图 6-51　调整直线段的长度或角度

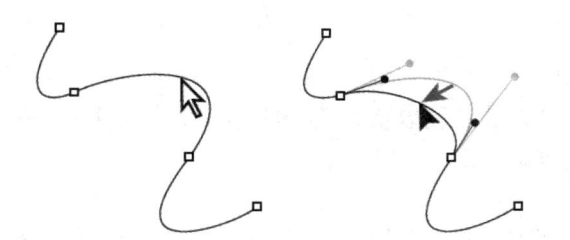

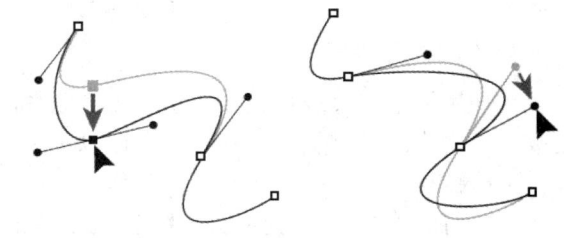

图 6-52　调整曲线段的位置　　　　图 6-53　调整锚点所属线段的形状

3. 删除路径线段

选择【直接选择工具】，然后选择要删除的线段并按 Backspace 键可以删除所选线段，如图 6-54 所示。再次按 Backspace 键或 Delete 键可以删除路径的其余部分。

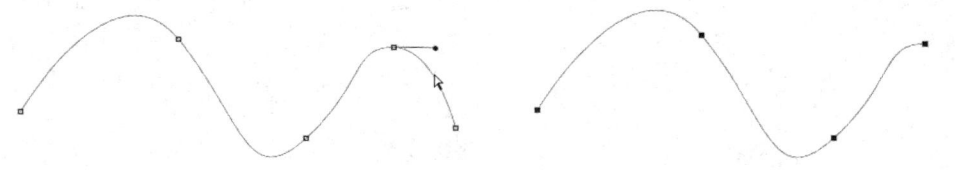

图 6-54　删除路径线段

4. 转换平滑点和角点

选择要修改的路径，再选择【转换点工具】，并将该工具放置在要转换的锚点上方，然后执行以下操作：

（1）如果要将角点转换成平滑点，可以按住角点向外拖动，使方向线出现，如图 6-55 所示。

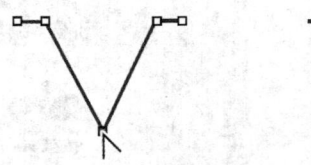

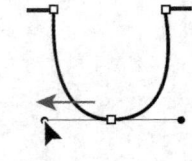

图 6-55 将角点转换成平滑点

（2）如果要将平滑点转换成没有方向线的角点，只需直接单击平滑点即可，如图 6-56 所示。

（3）如果要将平滑点转换成具有独立方向线的角点，可以首先将方向点拖动出角点（成为具有方向线的平滑点），然后松开鼠标，再拖动任一方向点即可，如图 6-57 所示。

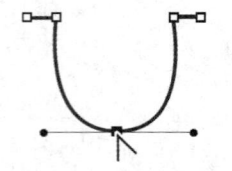

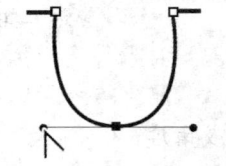

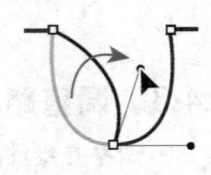

图 6-56 将平滑点转换成角点　　　　图 6-57 将平滑点转换成具有独立方向线的角点

6.4.4 管理与存储路径

【路径】面板列出了每条存储的路径、当前工作路径和当前矢量蒙版的名称和缩览图像。在使用形状工具或钢笔工具绘图时，选择【形状】和【路径】绘图模式绘制的形状，都会在【路径】面板中显示路径，以方便管理。

1. 选择与取消选择路径

在【路径】面板中单击路径名即可选择路径，如图 6-58 所示。一次只能选择一条路径，当需要取消选择路径时，可以在【路径】面板的空白区域中单击，或直接按 Esc 键。

2. 存储工作路径

在使用钢笔工具或形状工具创建工作路径时，新的路径以工作路径的形式出现在【路径】面板中。工作路径是临时的，必须存储以免丢失其内容。

可以执行下列的操作之一存储工作路径：

（1）将工作路径名称拖动到【路径】面板底部的【新建路径】按钮上，可以存储路径但不重命名它，如图 6-59 所示。

（2）从【路径】面板菜单中选择【存储路径】命令，然后在【存储路径】对话框中输入新的路径名，并单击【确定】按钮可以存储并重命名路径，如图 6-60 所示。

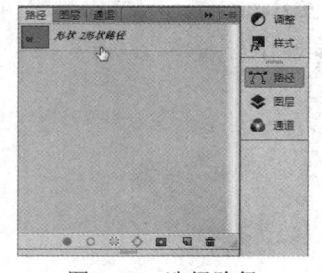

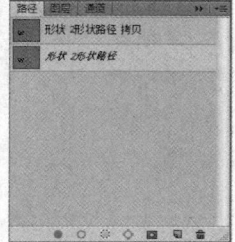

图 6-58 选择路径　　　　图 6-59 不命名方式存储工作路径

3. 删除路径

在【路径】面板中选择路径，然后执行下列的任一操作，都可以删除路径：
（1）将路径拖动到【路径】面板底部的【删除】按钮 🗑 上，如图 6-61 所示。
（2）从【路径】面板菜单中选择【删除路径】命令。
（3）单击【路径】面板底部的【删除】按钮，然后单击【是】按钮。

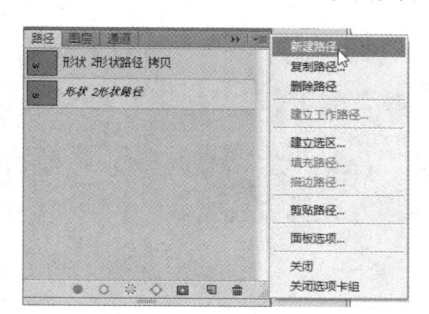

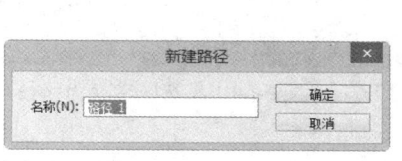

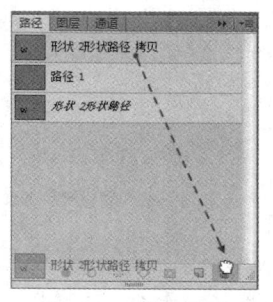

图 6-60　命名方式存储工作路径

图 6-61　删除路径

4. 将路径转换为选区

路径提供平滑的轮廓，并且可以将它们转换为选区。因为有了这个功能，可以先创建路径，然后使用【直接选择工具】进行微调，接着将路径转换为选区。

在【路径】面板上选择路径，然后执行下列的任一操作，都可以将路径转换为选区：
（1）单击【路径】面板底部的【将路径作为选区载入】按钮 ⚬ ，如图 6-62 所示。

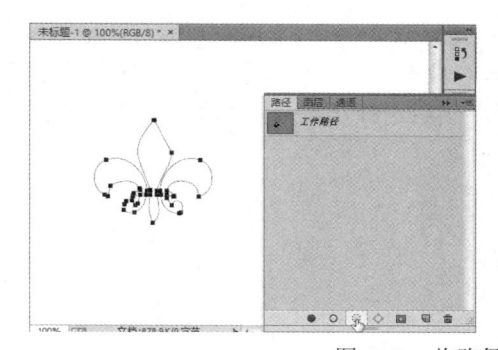

图 6-62　将路径作为选区载入

（2）按住 Ctrl 键并单击【路径】面板中的路径缩览图。
（3）如果想要将路径转换为选区边界并指定设置，可以按住 Alt 键并单击【路径】面板底部的【将路径作为选区载入】按钮 ⚬ ，然后在【建立选区】对话框中设置选项，如图 6-63 所示。

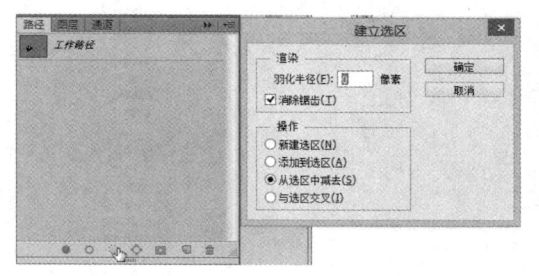

图 6-63　载入选区并设置选项

5. 将选区转换为路径

使用选择工具创建的任何选区都可以定义为路径。
在创建选区后，执行下列任一操作，都可以将选区转换为路径：
（1）单击【路径】面板底部的【从选区生成工作路径】按钮 ⚬ 。

（2）按住 Alt 键并单击【路径】面板底部的【从选区生成工作路径】按钮，然后在【建立工作路径】对话框中输入容差值，接着单击【确定】按钮，如图 6-64 所示。

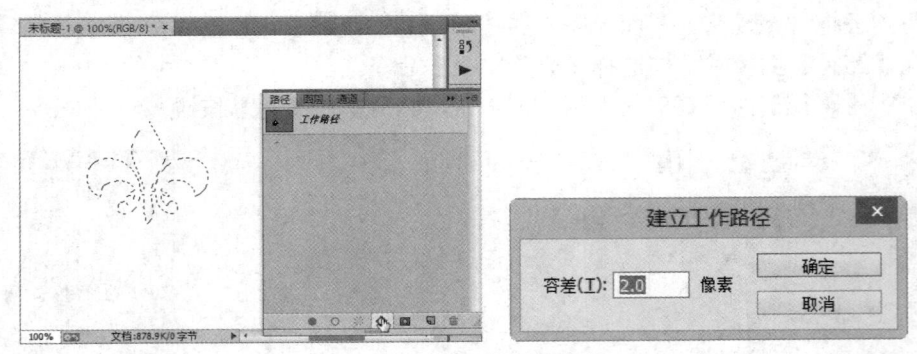

图 6-64 将选区转换为路径

6.5 技能训练

下面通过多个上机练习实例，巩固所学知识。

6.5.1 上机练习 1：制作广告图像的涂彩效果

本例先使用【画笔工具】并从图像中进行取色，对图像进行多种颜色的涂色处理，然后使用【涂抹工具】处理涂色，使颜色变得更加融合，从而制作出广告图像颜色丰富的涂彩效果。

操作步骤

1 打开光盘中的"..\Example\Ch06\6.5.1.psd"文件，在【工具】面板上选择【画笔工具】，再打开【画笔预设】选取器并单击按钮，然后选择【湿介质画笔】命令，在对话框中单击【追加】按钮，以载入画笔，如图 6-65 所示。

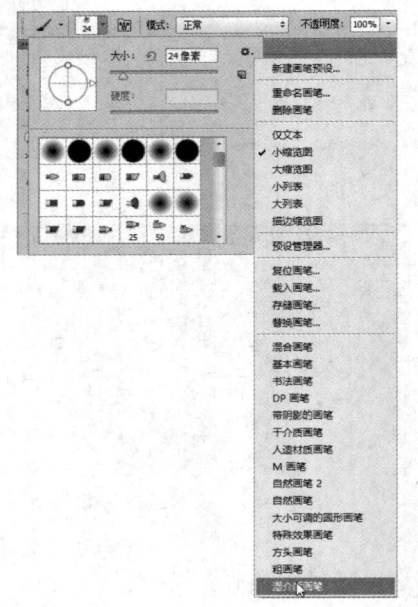

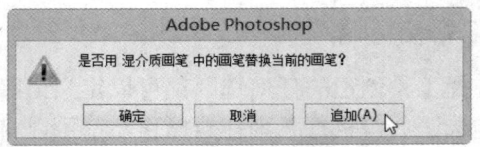

图 6-65 载入画笔

2 在【画笔预设】选取器中选择【粗散步画笔】预设画笔，再设置其他工具属性，如图 6-66 所示。

3 在【工具】面板中单击【前景色】色块，打开【拾色器（前景色）】对话框后，使用吸管工具在图像上取样颜色，然后单击【确定】按钮，如图 6-67 所示。

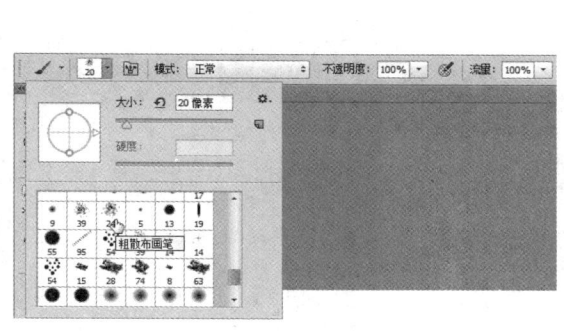

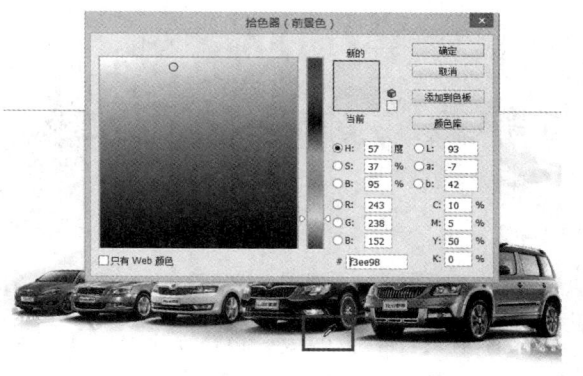

图 6-66　选择预设画笔　　　　　　　　图 6-67　设置前景色

4 打开【图层】面板，在【背景】图层上创建一个新图层并命名为【涂色】，然后使用【画笔工具】在图像下方涂色，如图 6-68 所示。

图 6-68　创建图层并进行涂色

5 在【选项】面板中打开【画笔预设】选取器，变更画笔为【粗边圆形硬毛刷】，设置大小为 30、混合模式为【柔光】，然后通过取样的方式设置前景色，如图 6-69 所示。

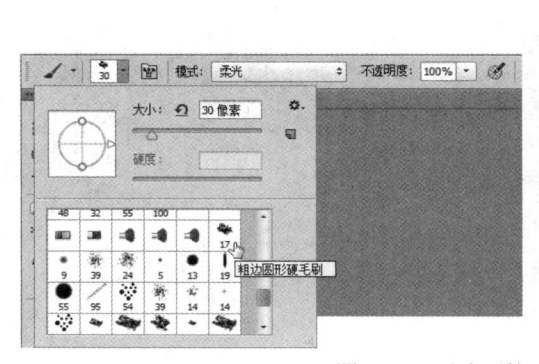

图 6-69　更改画笔工具选项设置和前景色

6 在图像下方拖动鼠标，使用【画笔工具】进行涂色，如图 6-70 所示。

7 使用步骤 5 和步骤 6 的方法，更改不同的前景色，然后在图像下方进行涂色处理，效果如图 6-71 所示。

图 6-70 对图像进行涂色　　　　　图 6-71 对图像进行不同颜色的涂色处理

8 在【工具】面板中单击【前景色】色块，打开【拾色器（前景色）】对话框后，使用吸管工具在图像右上方上取样颜色，再单击【确定】按钮，然后打开【画笔预设】选取器选择【粗散布画笔】预设画笔，设置混合模式为【柔光】、不透明度为 80%，如图 6-72 所示。

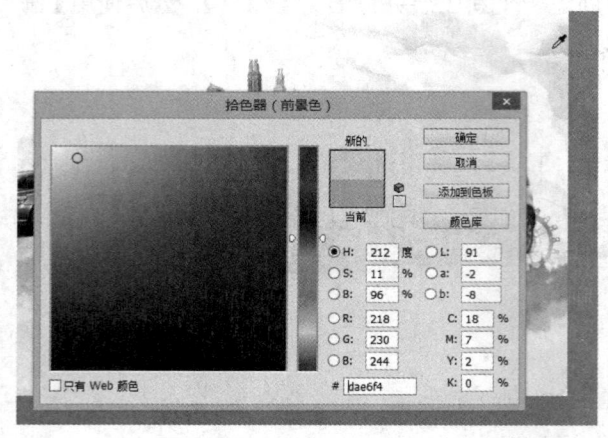

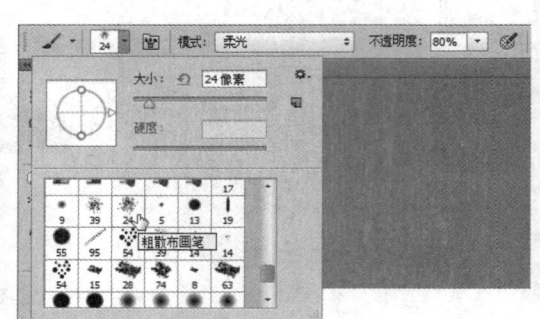

图 6-72 设置前景色和画笔工具选项

9 使用【画笔工具】在图像左上方进行涂色，如图 6-73 所示。

10 打开【画笔预设】选取器并选择【粗散布画笔】预设画笔，设置笔刷大小为 10 像素、混合模式为【颜色减淡】，然后设置前景色为【白色】，接着在图像左上方涂色，如图 6-74 所示。

11 在【工具】面板中单击【前景色】色块，打开【拾色器（前景色）】对话框后，设置前景色为【#9cc8fd】，再更改画笔工具的混合模式为【实色混合】，如图 6-75 所示。

图 6-73 在图像左上方区域中涂色

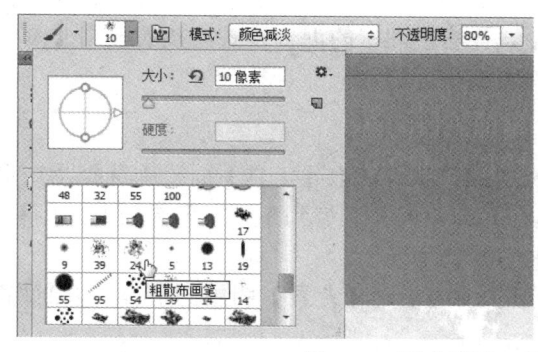

图 6-74　更改画笔工具属性并涂色

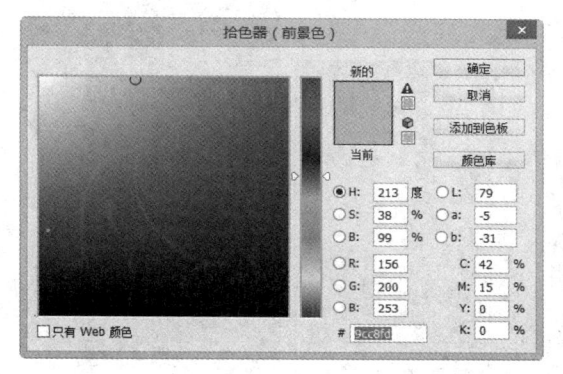

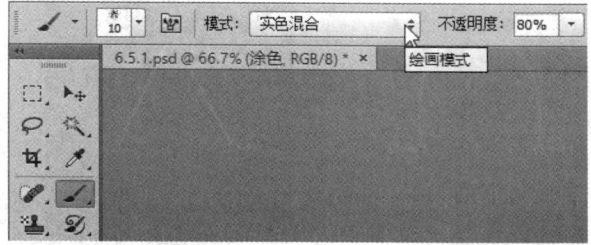

图 6-75　更改前景色和画笔混合模式

12 使用【画笔工具】 在图像左上方进行涂色，如图 6-76 所示。

13 在【工具】面板中选择【涂抹工具】 ，然后通过【选项】面板设置工具选项，接着对图像上的涂色区域进行涂抹处理，使按之前步骤涂擦的颜色变得更加融合，如图 6-77 所示。

图 6-76　再次使用画笔工具进行涂色

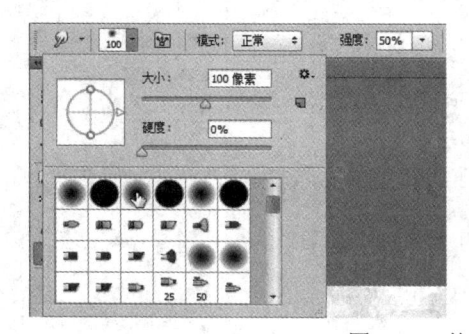

图 6-77　使用涂抹工具处理涂色

6.5.2　上机练习 2：制作书签图像的艺术背景

本例先使用【矩形工具】在图像上绘制一个填充图案的矩形形状，作为书签图像的背景，

155

然后使用【画笔工具】在图像下方涂色，并设置涂色图层的混合模式，接着使用【画笔工具】在图像上添加墨水水迹的效果，作为书签的装饰。

操作步骤

1 打开光盘中的"..\Example\Ch06\6.5.2.psd"文件，在【工具】面板中选择【矩形工具】，设置绘图模式为【形状】，再打开【填充】选项板并切换到【图案】选项卡，接着选择一种图案，并在图像上绘制一个矩形形状，如图6-78所示。

2 打开【图层】面板，将【矩形1】形状图层拖到【背景】图层的上方，以便将其他图层内容显示在矩形形状上，如图6-79所示。

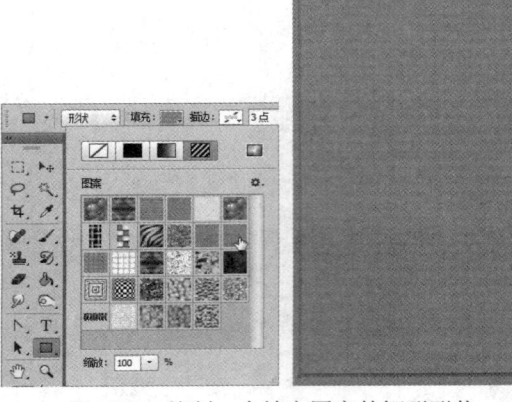

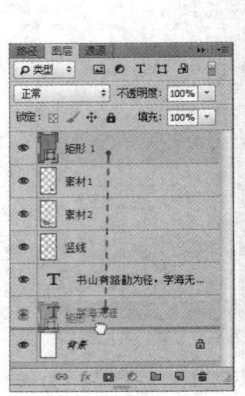

图 6-78　绘制一个填充图案的矩形形状 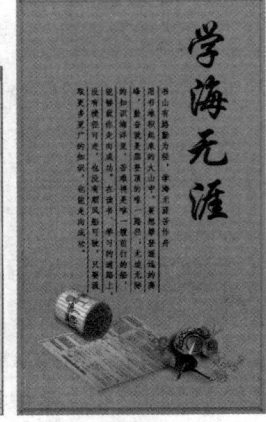　　　　　　图 6-79　调整图层的排列顺序

3 在【工具】面板中选择【画笔工具】，再通过【画笔预设】选取器选择一种画笔，然后设置前景色为【黑色】并创建图层1，在图像下方涂色，如图6-80所示。

4 打开【图层】面板并选择图层1，再设置混合模式为【差值】，使涂色与背景图层产生混合效果，如图6-81所示。

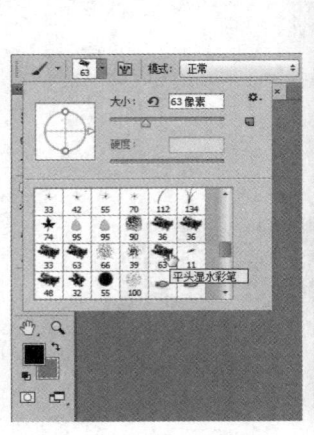

图 6-80　使用画笔工具在新图层上涂色 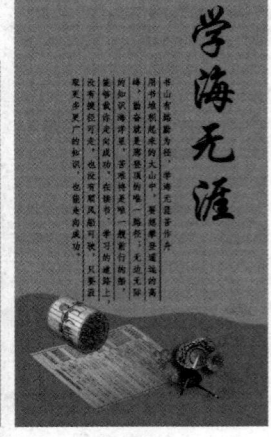　　　　　　图 6-81　设置图层混合模式

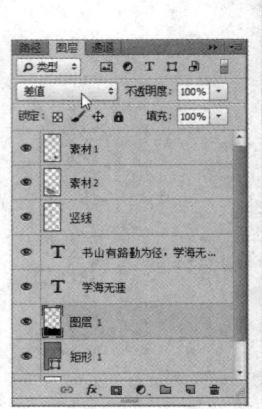

5 选择【画笔工具】，通过【画笔预设】选取器选择一种画笔，然后打开【画笔】面板，选择【散布】复选框，在选项卡中设置各项参数，选择【湿边】复选框，如图6-82所示。

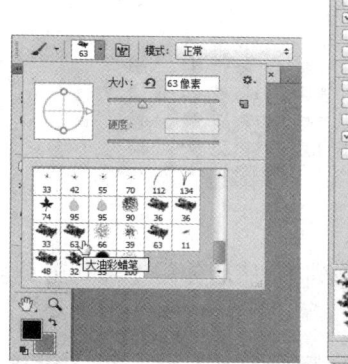

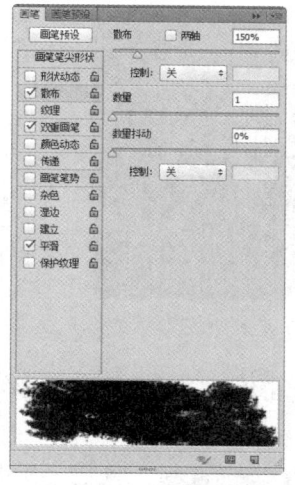

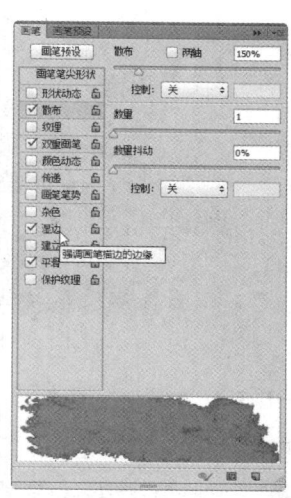

图 6-82 选择画笔工具并设置工具选项

6 打开【图层】面板并在图层 1 上创建图层 2，然后使用【画笔工具】 在图像左上方上涂色，如图 6-83 所示。

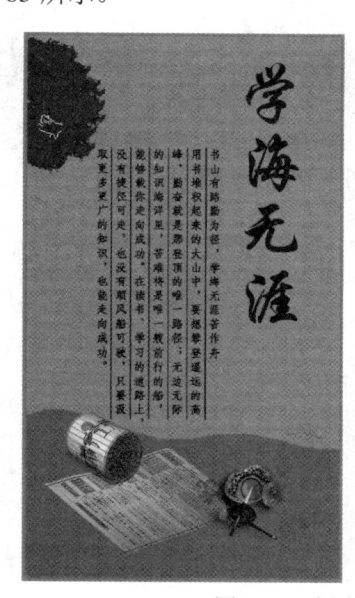

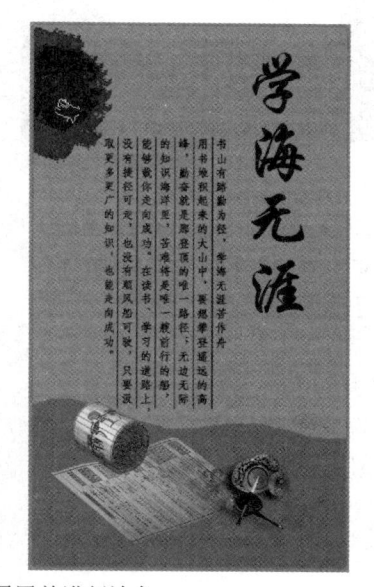

图 6-83 创建图层并进行涂色

6.5.3 上机练习 3：制作情人节贺卡主题图形

本例先使用【自定形状工具】在图像上绘制一个心形形状，然后使用【历史记录画笔工具】涂擦形状，使它的边缘变得不规则化，再次绘制一个渐变颜色的心形形状，最后将标题内容所在的图层移到最上层即可。

操作步骤

1 打开光盘中的"..\Example\Ch06\6.5.3.psd"文件，在【工具】面板中选择【自定形状工具】 ，设置工具选项（填充颜色为【白色】），然后在【自定形状】拾色器中选择心形形状，如图 6-84 所示。

157

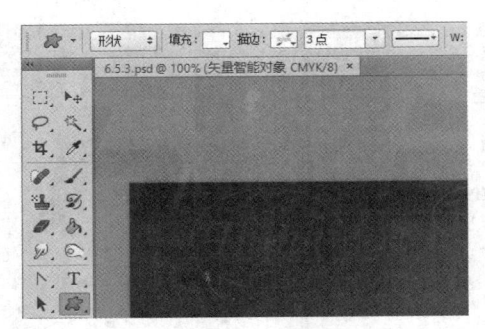

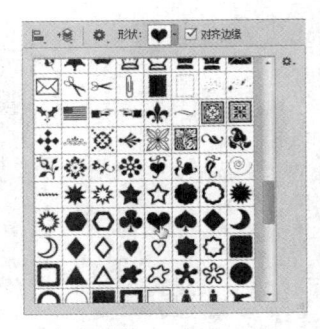

图 6-84 选择自定形状工具并设置自定形状

2 使用【自定形状工具】在图像上绘制一个心形形状，然后使用【移动工具】调整形状的位置，如图 6-85 所示。

图 6-85 绘制形状并调整形状位置

3 打开【路径】面板，按住 Ctrl 键单击形状路径的缩览图，将路径作为选区载入，然后打开【图层】面板并创建图层 1，如图 6-86 所示。

4 选择【编辑】|【填充】命令，打开【填充】对话框后，选择使用【颜色】选项，然后在【拾色器（填充颜色）】对话框中设置颜色为【白色】，单击【确定】按钮，如图 6-87 所示。

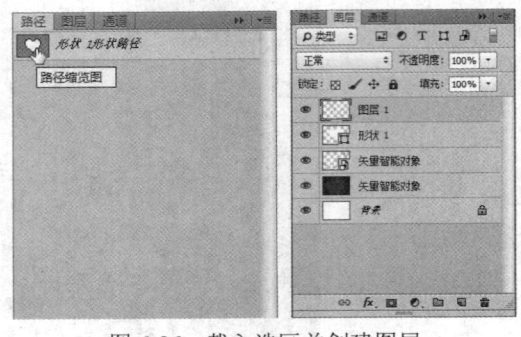

图 6-86 载入选区并创建图层

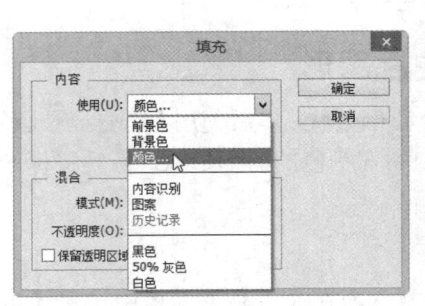

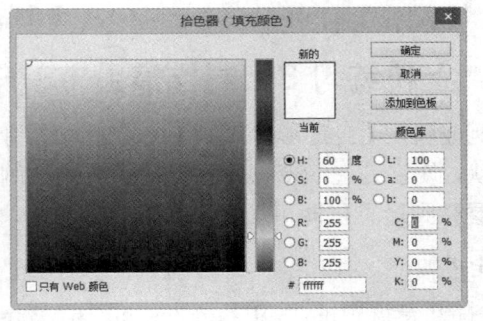

图 6-87 为选区填充白色

5 按 Ctrl+D 键取消选区，然后打开【历史记录】面板，在【填充】记录项的左列单击，

158

将该列用作历史记录艺术画笔工具的源，接着选择【历史记录艺术画笔工具】，在【选项】面板中选择画笔和设置选项，如图 6-88 所示。

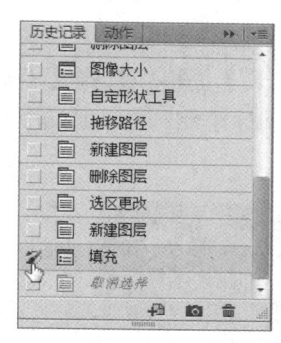

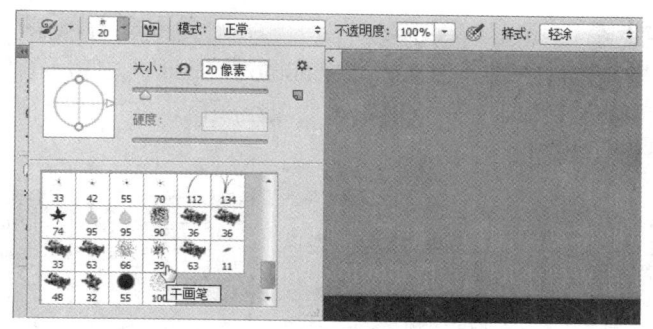

图 6-88　设置记录源并选用历史记录艺术画笔工具

6 在图像中的心形形状边缘拖动以绘画，使心形形状的边缘显得更有艺术性，如图 6-89 所示。

7 在【工具】面板中选择【自定形状工具】，再设置填充颜色为深红色到红色的渐变，然后在图像上再次绘制一个心形形状，如图 6-90 所示。

图 6-89　涂擦心形形状边缘

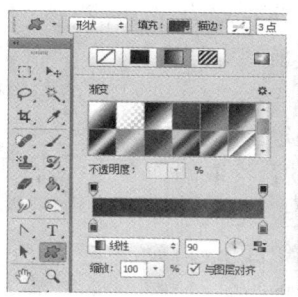

图 6-90　再次绘制一个心形形状

8 打开【图层】面板，将【情人节快乐】图层拖到最上层，以显示贺卡的标题内容，如图 6-91 所示。

图 6-91　调整图层的排列顺序

6.5.4　上机练习 4：制作贵宾卡背景和装饰图

本例先绘制一个填充渐变颜色的矩形，设置矩形的边角半径，使用形状作为贵宾卡的背景图形，然后使用【铅笔工具】绘制画笔线条，再使用【自定形状工具】在线条上绘制多个音符像素图，接着为线条和音符像素图所在的图层应用【渐变叠加】图层样式，设计出美观的贵宾卡。

操作步骤

1 打开光盘中的"..\Example\Ch06\6.5.4.psd"文件，在【工具】面板中选择【矩形工具】，然后通过【选项】面板设置渐变填充颜色，在文件上拖动鼠标绘制一个与画布大小一样的矩形形状，如图6-92所示。

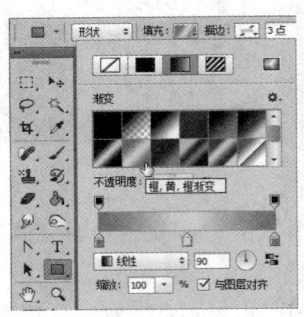

图6-92 使用矩形工具绘制渐变矩形形状

2 在【属性】面板中设置边角半径均为30像素，然后将矩形形状所在的图层拖到【背景】图层上方，如图6-93所示。

3 在【工具】面板中选择【铅笔工具】，在【选项】面板中打开【画笔预设】拾取器，选择【平角少毛硬毛刷】画笔并设置大小为50像素，创建一个图层并命名为【铅笔线】，再设置前景色为【白色】，在图像上绘制线条，如图6-94所示。

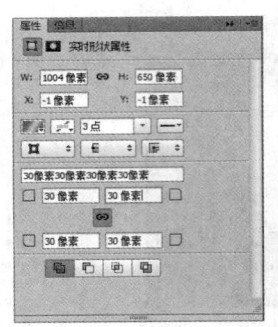

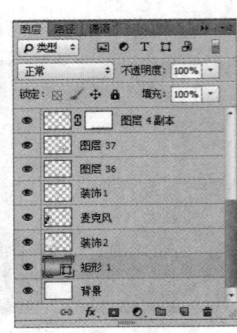

图6-93 设置边角半径并调整图层顺序

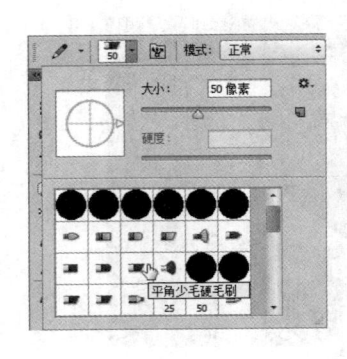

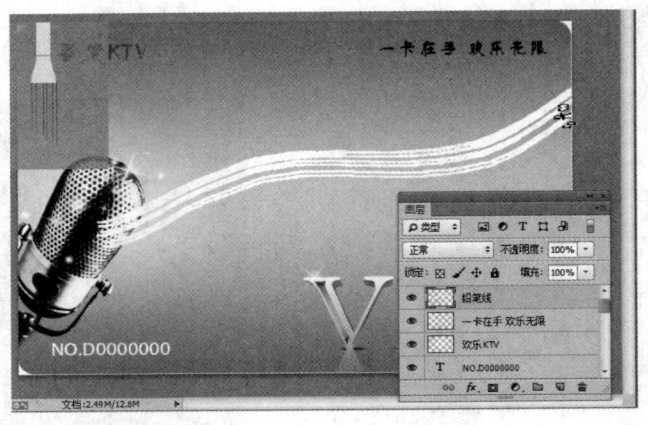

图6-94 使用铅笔工具绘制线条

4 选择【自行形状工具】，设置绘图模式为【像素】，然后选择一种音符形状，在【铅笔线】图层上绘制音符像素图形，如图6-95所示。

5 使用【自行形状工具】，并分别更改不同类型的音符形状，然后在铅笔线上绘制多个音符像素图形，如图6-96所示。

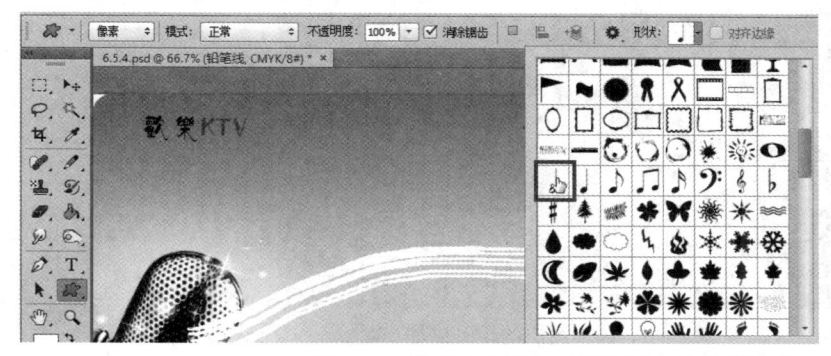

图6-95 使用自定形状工具绘制音符像素图形

图6-96 绘制多个音符像素图形

6 双击【铅笔线】图层，打开【图层样式】对话框后，单击【渐变叠加】复选项，然后在【渐变叠加】选项卡中单击渐变样本栏，在【渐变编辑器】对话框中选择【紫，橙渐变】样本，最后单击【确定】按钮，如图6-97所示。

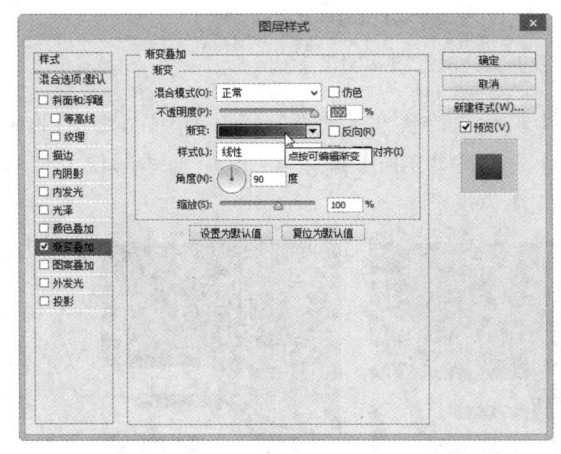

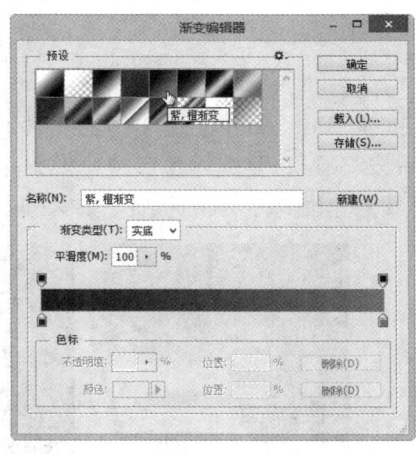

图6-97 应用【渐变叠加】图层样式

7 打开【图层】面板，将【铅笔线】图层拖到【麦克风】图层的下方，如图6-98所示。

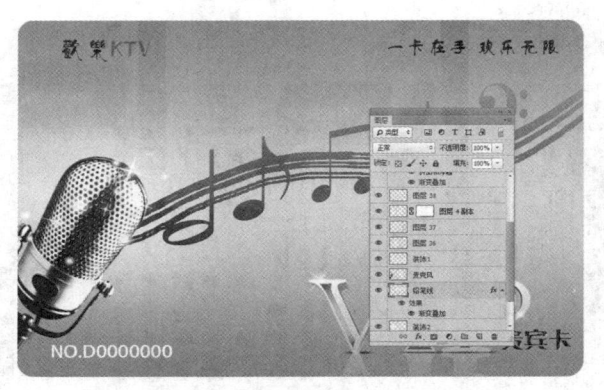

图 6-98　调整图层的排列顺序

6.5.5　上机练习 5：制作新年贺卡装饰与文字效果

本例先使用【自定形状工具】绘制一个装饰形状并进行变换处理，然后通过复制图层，创建另外三个装饰形状并分布在新年贺卡的四角，接着载入"2014"文字的选区，使用【图案图章工具】为选区填充图案，最后为文字图案所在的图层应用【内发光】图层样式。

操作步骤

1 打开光盘中的"..\Example\Ch06\6.5.5.psd"文件，选择【自定形状工具】，再通过【选项】面板设置绘图模式和填充颜色，然后打开【自定形状】拾色器并选择一种装饰形状，如图 6-99 所示。

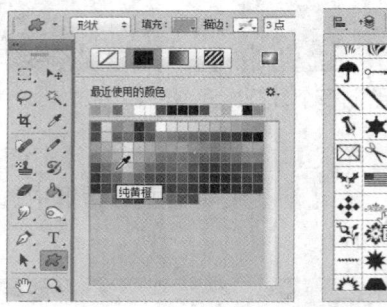

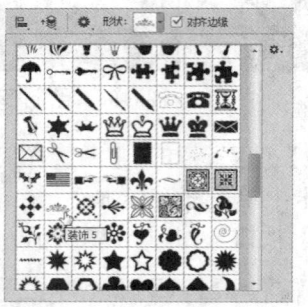

图 6-99　设置自定形状工具的选项和预设形状

2 按住 Shift 键并使用【自定形状工具】，在图像左上方绘制一个固定比例的装饰形状，然后按 Ctrl+T 键执行【自由变换】命令，再按住 Shift 键以 45 度角旋转形状，接着使用【移动工具】调整形状的位置，如图 6-100 所示。

图 6-100　绘制形状并调整形状角度和位置

3 打开【图层】面板,选择【形状 1】图层,然后单击面板的 按钮,选择【复制图层】命令,在打开的【复制图层】对话框中设置名称为【形状 2】,最后单击【确定】按钮,如图 6-101 所示。

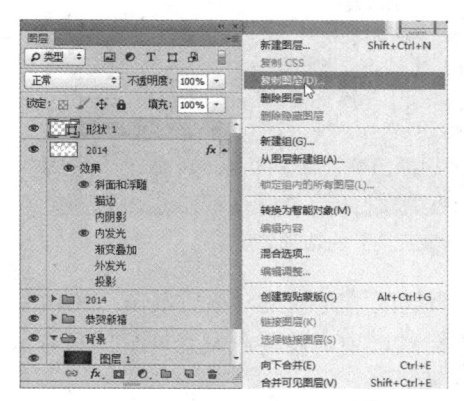

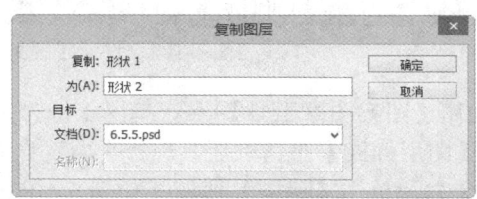

图 6-101 复制形状图层

4 使用【移动工具】 移动【形状 2】图层中的形状,然后按 Ctrl+T 键并拖动变换框旋转图形,接着使用相同的方法复制多两个图层,并分别将这些形状分布在图像的四角上,如图 6-102 所示。

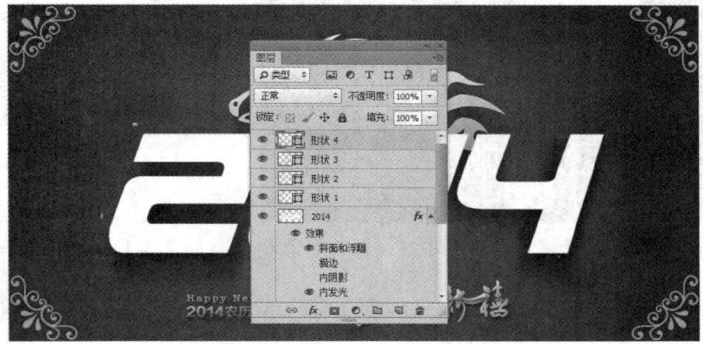

图 6-102 复制多个图层并调整个图层形状的角度和位置

5 打开【图层】面板,按住 Ctrl 键单击"2014"图层缩图,载入 2014 文字的选区,然后单击【创建新图层】按钮 ,创建一个新图层并命名为"2014 图案",如图 6-103 所示。

图 6-103 载入选区并创建新图层

163

6 选择【图案图章工具】，通过【选项】面板设置画笔样式和大小，然后选择一种图案，如图6-104所示。

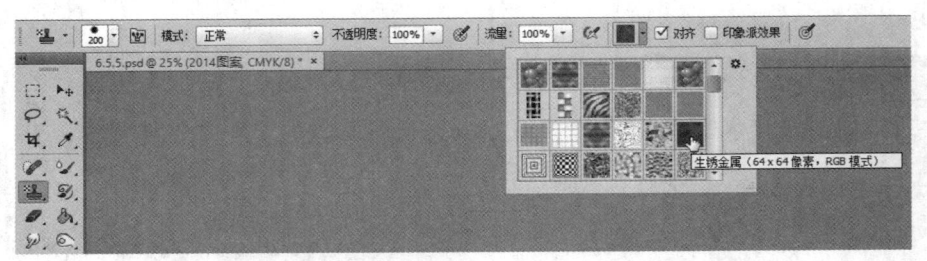

图6-104 设置【图案图章工具】的选项

7 使用【图案图章工具】在选区上涂擦，为选区填充图案，然后双击"2014图案"图层，打开【图层样式】对话框后，选择【内发光】样式选项，设置内发光样式的各项属性（颜色为【黄色】），单击【确定】按钮，如图6-105所示。

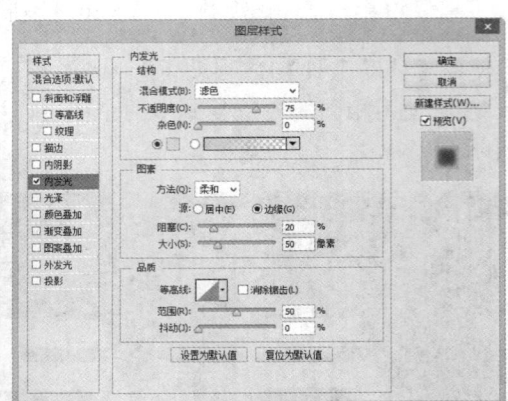

图6-105 为选区填充并添加【内发光】图层样式

8 返回文件窗口，按 Ctrl+D 键取消选区，然后查看新年贺卡图像的效果，如图6-106所示。

图6-106 查看图像的效果

6.5.6 上机练习6：快速设计公司的 Logo

本例先使用【钢笔工具】在新建文件上创建一个路径，并适当调整路径的形状，然后制作一个路径副本，对路径副本进行移动和水平翻转处理，接着将路径作为选区载入，填充颜色，再使用【自定形状工具】绘制一个奖杯形状，最后输入公司名称即可。

操作步骤

1 选择【文件】|【新建】命令，在打开的【新建】对话框中设置文件的大小和其他选项，然后单击【确定】按钮，如图 6-107 所示。

2 选择【钢笔工具】并设置绘图模式为【路径】，然后在文件上绘制如图 6-108 所示的路径。

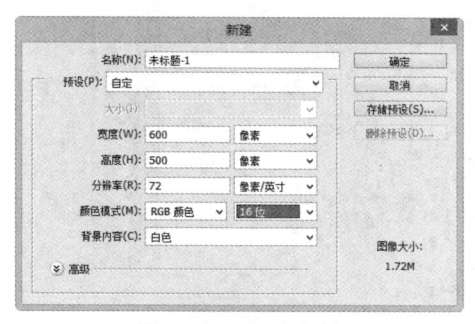

图 6-107　新建文件　　　　　　　　　　图 6-108　绘制路径

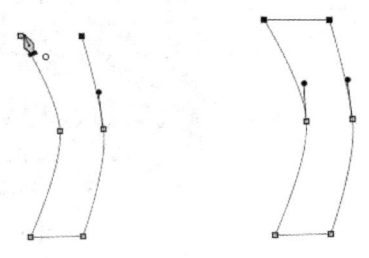

3 选择【直接选择工具】，然后选择路径的锚点，适当调整路径的形状，如图 6-109 所示。

4 打开【路径】面板，将工作路径拖到【创建新路径】按钮上，将工作路径创建为路径 1，接着将路径 1 拖到【创建新路径】按钮上创建一个路径副本，如图 6-110 所示。

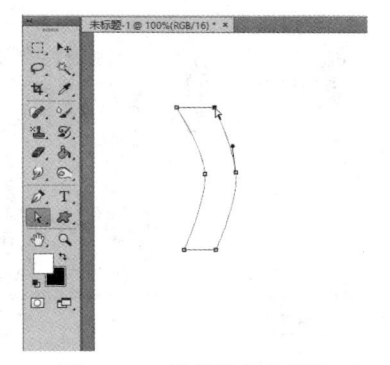

图 6-109　调整路径的形状　　　　　　　图 6-110　创建路径副本

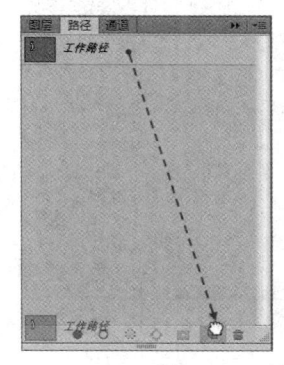

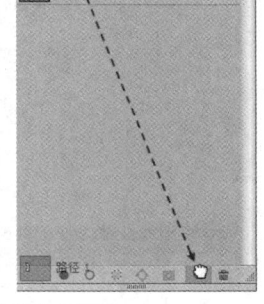

5 选择【路径 1 拷贝】路径，然后使用【路径选择工具】将该路径沿水平方向移开，如图 6-111 所示。

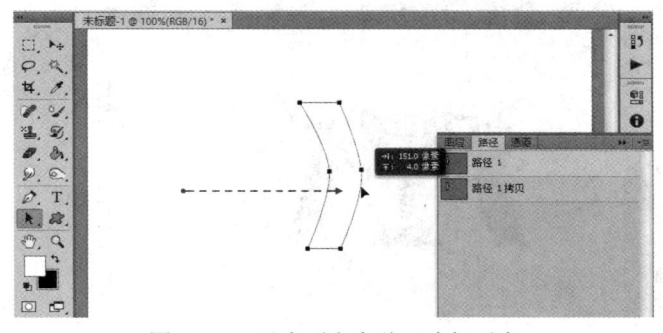

图 6-111　沿水平方向移开路径副本

6 按 Ctrl+T 键，为路径显示变换框，然后打开【信息】面板，查看路径的宽度为 77，使用鼠标按住变换框左边界中央的控制点，沿水平方向向右拖动，当拖动变换框显示路径的宽度为 77 像素时，即可放开鼠标，如图 6-112 所示。此步骤的目的是水平翻转路径副本。

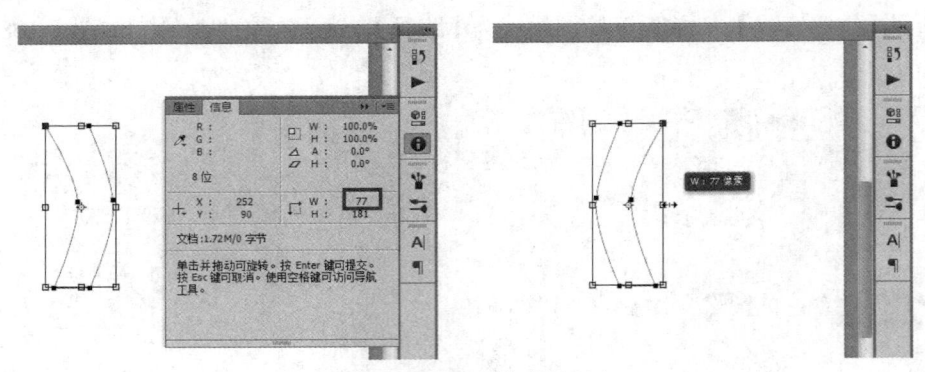

图 6-112 水平翻转路径副本

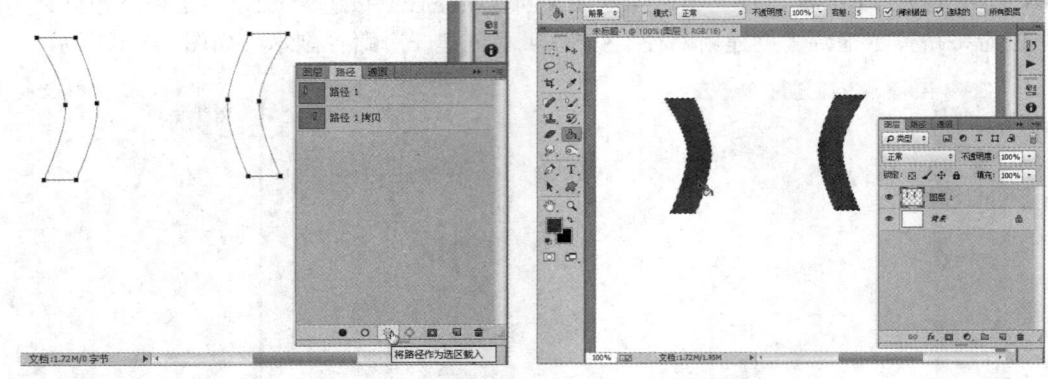

7 按住 Ctrl 键在【路径】面板上单击路径，选择到所有路径，然后单击【将路径作为选区载入】按钮 ，将路径转换为选区，接着新建图层 1，再使用【油漆桶工具】 为选区填充颜色【#cc0000】，最后取消选区，如图 6-113 所示。

图 6-113 将路径作为选区载入并填充颜色

8 选择【自定形状工具】 ，通过【选项】面板设置工具选项，然后选择【奖杯】形状，在两个填色图形中央绘制一个奖杯形状，如图 6-114 所示。

图 6-114 绘制奖杯形状

❾ 选择【横排文字工具】，在【选项】面板中设置文字属性，在 Logo 图形上输入公司名称即可，如图 6-115 所示。

图 6-115　输入公司名称文字

6.6　评测习题

1. 填充题

（1）_____可以模拟真实的绘画技术，如混合画布上的颜色、组合画笔上的颜色以及在描边过程中使用不同的绘画湿度。

（2）_____使用指定历史记录状态或快照中的源数据，以风格化描边进行绘画。

（3）_____由一个或多个直线段或曲线段组成，锚点标记路径段的端点。

2. 选择题

（1）在 Photoshop CC 中绘图时，不包含以下哪种绘图模式？　　　　　　　　（　　）
    A. 对象　　　　　　B. 形状　　　　　　C. 路径　　　　　　D. 像素
（2）以下哪种工具不能在路径上添加锚点？　　　　　　　　　　　　　　　　（　　）
    A. 钢笔工具　　　　B. 自由钢笔工具
    C. 添加锚点工具　　D. 直接选择工具
（3）在路径的应用概念中，锐化曲线路径由什么连接？　　　　　　　　　　　（　　）
    A. 平滑点　　　　　B. 方点　　　　　　C. 角点　　　　　　D. 圆点

3. 判断题

（1）如果使用的是绘图板在 Photoshop 中绘图，可以通过钢笔压力、角度、旋转或光笔轮来控制应用颜色的方式。　　　　　　　　　　　　　　　　　　　　　　　　　（　　）
（2）【图案图章工具】可以使用指定图案对图像进行绘画。　　　　　　　　　（　　）
（3）添加锚点可更好地控制形状路径，也可以扩展开放路径。　　　　　　　　（　　）
（4）路径提供平滑的轮廓，但是不可以将它们转换为选区。　　　　　　　　　（　　）

4. 操作题

为卡通女孩的裙子创建选区，然后新建一个图层，再使用【图案图章工具】为选区填充【紫色雏菊】图案，以便将女孩的裙子由白色变成花朵图案的效果，结果如图 6-116 所示。

图 6-116　添加文字内容的结果

操作提示

（1）打开光盘中的"..\Example\Ch06\6.6.jpg"练习文件，在【工具】面板中选择【魔棒工具】，然后在女孩裙子区域上单击创建选区。

（2）打开【图层】面板，创建一个新图层。

（3）选择【图案图章工具】，再设置工具的选项。

（4）打开【选项】面板的【图案】弹出式面板，然后通过面板菜单以追加的方式载入【自然图案】类型的图案预设样式。

（5）在【图案】面板中选择【紫色雏菊】图案，然后在选区上涂画，最后取消选区即可。

第 7 章　文字编辑与滤镜应用

学习目标

Photoshop 提供了多个文字工具，可以输入水平/垂直文字或者制作文字形状的选择区。另外，Photoshop 提供了滤镜功能，借助程序中的各种滤镜，可以发挥无限创意，设计出多姿多彩的图像效果。

学习重点

☑ 创建点文字和段落文字
☑ 创建文字选区
☑ 设置字符和段落格式
☑ 将文字转换为形状
☑ 制作文字变形效果
☑ 为文字应用图层样式
☑ 应用滤镜制作图像效果

7.1　创建与编辑文字

使用文字工具可以在图像中输入各样文字，如水平文字、垂直文字、倾斜文字、文字选区、段落文字等。

7.1.1　文字类型

Photoshop 将文字分为点文字和段落文字两种类型。

1. 点文字

点文字是一个水平或垂直文字行，它在图像中单击的位置开始输入文字，如图 7-1 所示。要向图像中添加少量文字，在某个点输入文字是一种有用的方式。当输入点文字时，每行文字都是独立的，行或列的长度随着编辑增加或缩短，不会自动换行。

图 7-1　点文字

2. 段落文字

段落文字是一种使用了以水平或垂直方式控制字符流边界的文字类型，如图 7-2 所示。当想要创建一个或多个段落时，采用这种方式输入文字十分有用。

7.1.2 文字图层

在图像中创建文字时，【图层】面板中会添加一个新的文字图层，如图 7-3 所示。创建文字图层后，可以通过图层编辑文字并对其应用图层命令。

图 7-2 段落文字

在对文字图层进行了栅格化的更改后，Photoshop 会将基于矢量的文字轮廓转换为像素。因此，栅格化文字不再具有矢量轮廓，也不能作为文字进行编辑。

另外，对于多通道、位图或索引颜色模式的图像，是不会创建文字图层的，因为这些模式不支持图层。在这些模式中，文字将以栅格化文字的形式出现在背景上。

在 Photoshop 中，可以对文字图层进行以下更改并且仍能编辑文字：

（1）更改文字的方向。
（2）应用消除锯齿。
（3）在点文字与段落文字之间转换。
（4）基于文字创建工作路径。
（5）通过【编辑】菜单应用除【透视】和【扭曲】外的变换命令。
（6）使用图层样式。
（7）应用填充。
（8）使文字变形以适应各种形状。

图 7-3 通过【图层】面板可以查看文字图层

7.1.3 创建点文字

在 Photoshop 中，可以使用【横排文字工具】与【直排文字工具】在图像中创建水平方向与垂直方向的点文字。

动手操作   创建点文字

1 在【工具】面板中选择【横排文字工具】或【直排文字工具】。

2 在【选项】面板中设置文字属性，如文字字体、字体样式、字体大小、消除锯齿的方式、对齐方式、文字颜色等，如图7-4所示。

3 在图像中单击，为文字设置输入点，然后输入文字，如图7-5所示。I型光标中的小线条标记的是文字基线（文字所依托的假想线条）的位置。对于直排文字，基线标记的是文字字符的中心轴。

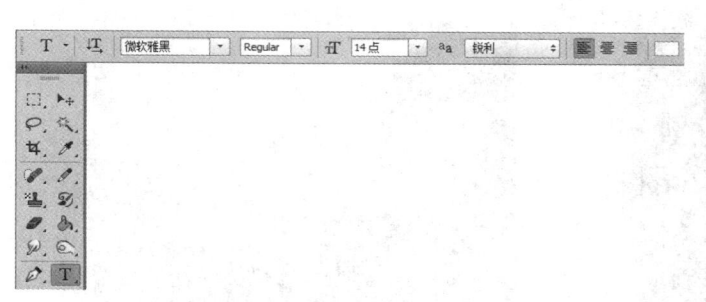

图7-4 选择工具并设置文字属性　　　　　　图7-5 输入点类型的文字

4 如果要确定输入文字，可以执行下列操作之一：
（1）单击【选项】面板中的【提交所有当前编辑】按钮，如图7-6所示。
（2）按数字键盘的Enter键（注意：是数字键盘的Enter键，非字母键盘的Enter键，按字母键盘的Enter键会执行换行）。
（3）按Ctrl+Enter键。
（4）选择【工具】面板的任意工具，或者在【图层】、【通道】、【路径】等任何面板上单击。
（5）选择任何可用的菜单命令。

5 如果要取消输入文字，可以执行下列操作之一：
（1）在输入文字后，按Esc键即可取消创建文字。
（2）单击【选项】面板中的【取消当前所有编辑】按钮。

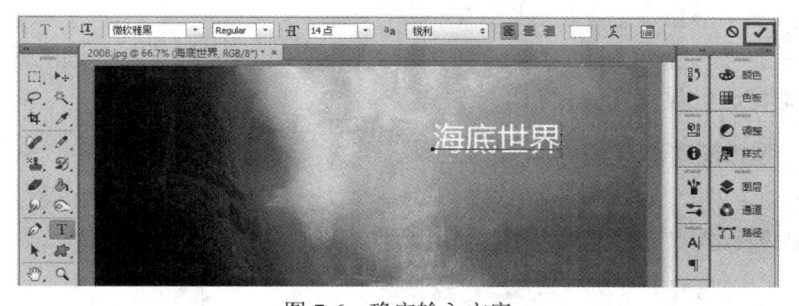

图7-6 确定输入文字

7.1.4 创建段落文字

在Photoshop中，可以使用【横排文字工具】与【直排文字工具】在图像中创建水平方向与垂直方向的段落文字。

动手操作 创建段落文字

1 在【工具】面板中选择【横排文字工具】或【直排文字工具】。
2 在【选项】面板中设置文字属性，如文字字体、字体样式、字体大小、消除锯齿的方式、对齐方式、文字颜色等。

3 执行下列操作之一：

（1）沿对角线方向拖动，为文字定义一个外框（称为段落文字框），如图 7-7 所示。

（2）单击或拖动时按住 Alt 键，显示【段落文字大小】对话框，再输入【宽度】值和【高度】值，最后单击【确定】，如图 7-8 所示。

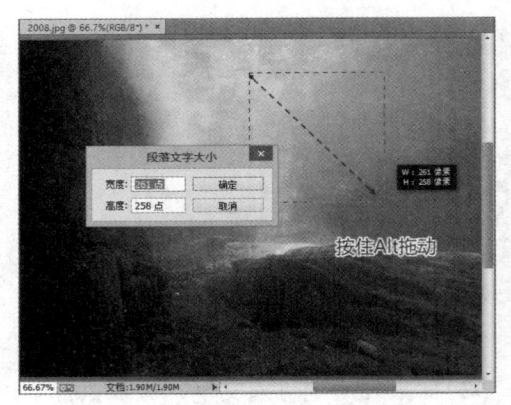

图 7-7　创建段落文字框　　　　　　　　　图 7-8　通过对话框设置段落文字框大小

4 在段落文字框内输入文字。在要开始新段落时，可以按 Enter 键。如果不按 Enter 键，当文字输入到文字框边界时将自动换行，如图 7-9 所示。如果输入的文字超出外框所能容纳的大小，外框上将出现溢出图标田。

7.1.5　创建文字选区

使用【横排文字蒙版工具】或【直排文字蒙版工具】可以在图像上创建一个文字形状的选区。创建文字选区时不会自动创建文字图层，而是将选区显示在现用图层上。

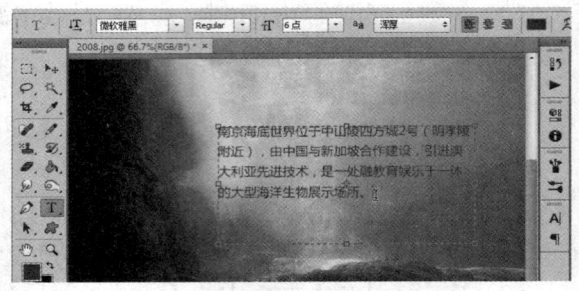

图 7-9　在段落文字框中输入文字

动手操作　制作渐变颜色的文字

1 打开光盘中的 "..\Example\Ch07\7.1.5.jpg" 文件，选择【直排文字蒙版工具】，然后在【选项】面板设置文字属性，如图 7-10 所示。

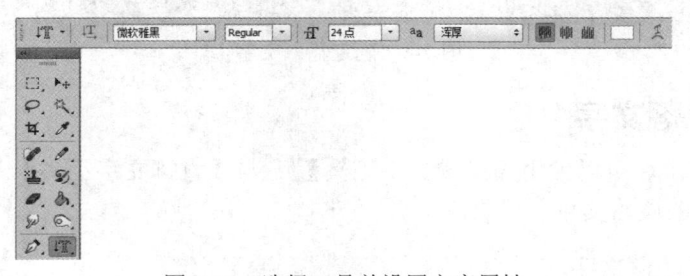

图 7-10　选择工具并设置文字属性

2 在图像的右上方单击，整个图像将自动添加蒙版（蒙上了一层半透明的红色），此时在闪烁处输入文字内容，如图 7-11 所示。

3 输入完成后在【选项】面板中单击【提交所有当前编辑】按钮，此时蒙版消失，输入的文字自动创建成选区，如图 7-12 所示。

图 7-11　输入文字内容　　　　　　　图 7-12　确定输入文字后得到的选区

4 打开【图层】面板，在【图层】面板创建一个新图层，然后选择【渐变工具】并选择一个渐变颜色，在选区内拖动填充渐变颜色即可，如图 7-13 所示，最后按 Ctrl+D 键取消选区。

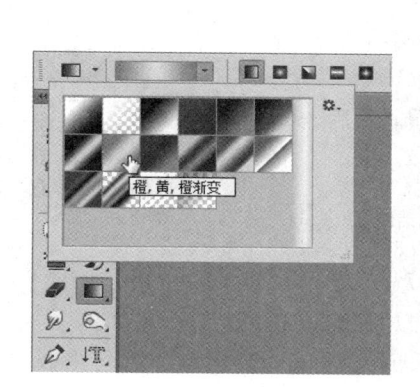

图 7-13　为文字选区填充渐变颜色

7.1.6　设置字符和段落格式

在输入文字后，除了可以在【选项】中设置一些基本属性外，还可以通过【字符】面板和【段落】面板设置更详细的字符格式。

1. 设置字符格式

【字符】面板中除了包括文字基本的属性设置外，还提供了"字距、垂直/水平缩放、字距微调、基线偏移、文字样式"等多种文字外观设置类别，如图 7-14 所示。选择【窗口】|【字符】命令，或者在面板组上单击【字符】按钮可以打开【字符】面板。

【字符】面板中各选项说明如下：

173

- 字体系列 微软雅黑：可以在其中选择一种字体。
- 字体大小 T：设定输入文字字体的大小，以点为单位。
- 行距：如果同时存在多行文字，可以设置各行之间的距离。
- 垂直缩放 IT：设置文字的高度，默认为 100%。
- 水平缩放 T：设置文字的宽度，默认为 100%。
- 字符比例间距：设置所选字符的比例间距。
- 字距 VA：设置所选字符的字距调整。
- 字距微调 VA：设置两个字符间的字距微调。
- 基线偏移 A♮：设置文字在默认位置处，向上/下偏移的距离。
- 文字样式 T T TT Tr T, T, T：可以快速设置文字的样式，从左至右分别为"粗体、斜体、全部大写、全部小大写、上标、下标、下划线、删除线"。

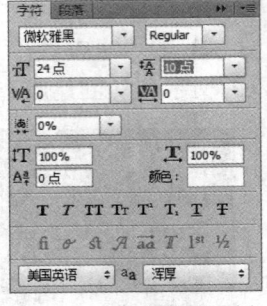

图 7-14　【字符】面板

2. 设置段落格式

对于点文字，使用【字符】面板设置其外观已经足够，但对于段落文字，除了设置字符格式外，还需要通过【段落】面板对整段文字内容设置段落格式，以达到编排段落内容的目的。

选择【窗口】|【段落】命令，或者在面板组上单击【段落】按钮，可以打开【段落】面板。此外，还可以在选择文字工具的时候，在【选项】面板上单击【切换字符和段落面板】按钮，打开【字符】和【段落】集合的面板组，从而打开【段落】面板，如图 7-15 所示。

【段落】面板中的选项说明如下：

- 段落文字对齐：分别设置段落中的每行向左、中间与向右对齐。
- 段落最后一行对齐：分别设置段落中最后一行向左、中间、向右、两端对齐。
- 全部对齐：对齐包括最后一行的所有行，最后一行强制对齐。
- 左缩进：可设置段落左侧的缩进量。
- 右缩进：可设置段落右侧的缩进量。
- 首行缩进：可设置第一行左侧的缩进量。
- 段前添加空格：指定段落首行与上一段段尾之间距离。
- 段尾添加空格：指定段落首行与下一段段尾之间距离。
- 连字：选择后允许使用连接词汇。
- 避头尾法则设置：避头尾法则指定亚洲文字的换行方式，不能出现在一行的开头或结尾的字符称为避头尾字符。Photoshop 提供了基于日本行业标准（JIS）X 4051-1995 的宽松和严格的避头尾集。
- 间距组合设置：间距组合为日语字符、罗马字符、标点、特殊字符、行开头、行结尾和数字的间距指定日语文字编排。

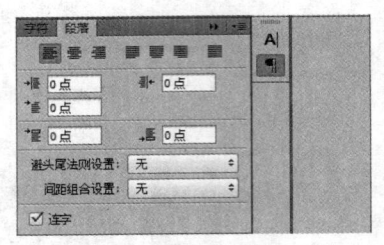

图 7-15　打开【段落】面板

7.2　文字的高级应用

Photoshop CC 提供了强大的文字应用功能，包括将文字转换为形状、自由变换文字及制作弯曲文字效果等。

7.2.1 将文字转换为形状

使用【转换为形状】命令可以将文字转换为形状，这时使用【直接选择工具】就可以随意编辑字符的形状了，而且不会出现失真的问题。

动手操作　修改文字的形状

1 打开光盘中的"..\Example\Ch07\7.2.1.psd"文件，在【图层】面板中选择"爱"文字图层，如图 7-16 所示。

2 选择【类型】|【转换为形状】命令，此时【图层】面板中的文字图层变成了形状图层，并在【路径】面板中自动创建出"爱"形状的路径，如图 7-17 所示。

3 使用【直接选择工具】单击"爱"字路径，即可显示出路径锚点。按住 Shift 键单击选择多个要编辑的锚点，然后将选择的锚点往左拖动，即可通过移动锚点位置改变"爱"字的形状，如图 7-18 所示。

图 7-16　选择文字图层

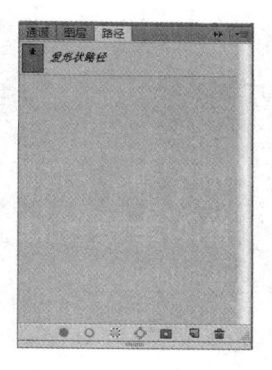

图 7-17　将文字图层转换为形状图层

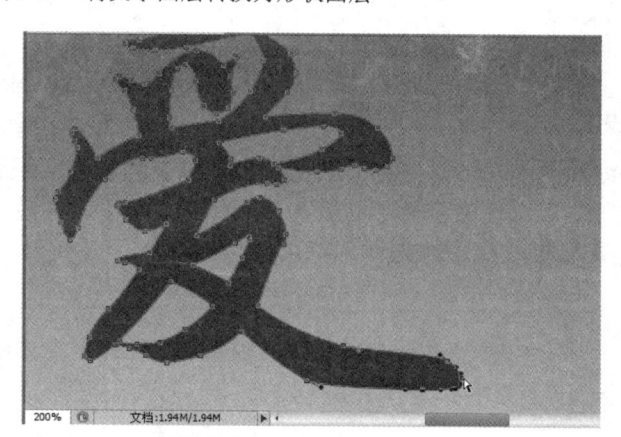

图 7-18　选中多个锚点并移动选中的锚点

4 使用相同的方法移动"爱"字最右端的锚点，然后按照需要适当调整其他锚点的控制手柄，调整文字的形状，如图 7-19 所示。

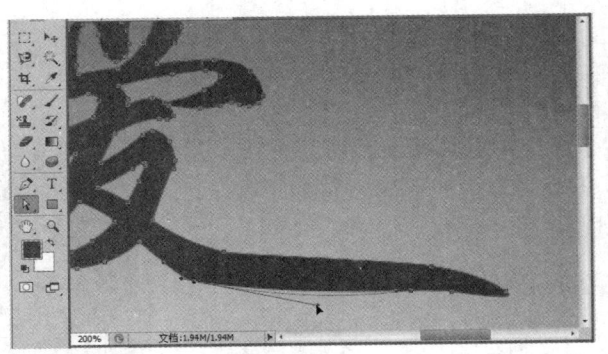

图 7-19　通过编辑路径锚点改变文字形状

问：可以保留文字图层，而只创建出文字形状镜吗？

答：可以。如果要保留文字图层的属性，只创建出与文字形状相同的路径时，可以选择【文字】|【创建工作路径】命令，这时文字图层的状态不变，只是在【路径】面板中新增一个与文字相同的工作路径，如图 7-20 所示。

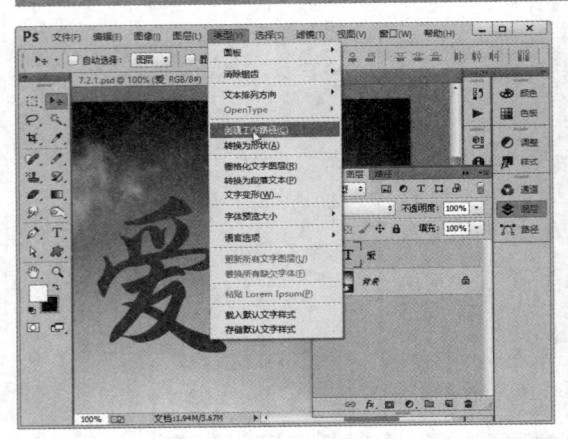

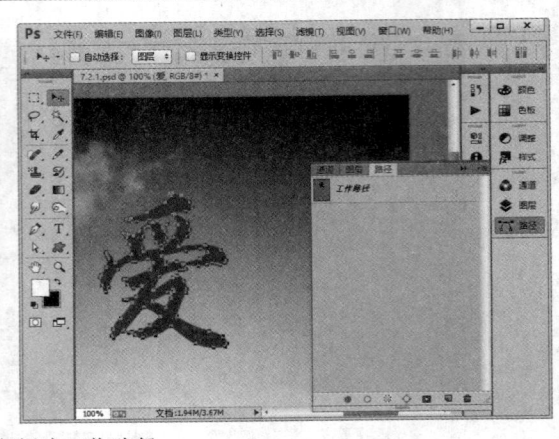

图 7-20　依照文字创建工作路径

7.2.2　创建文字变形效果

在 Photoshop 中，可以通过【创建文字变形】功能为文字套用预设的样式，使文字产生变形效果。例如，可以使文字的形状变为扇形或波浪。在为文字应用变形后，还可以随时更改图层的变形样式以更改变形的整体形状。

不能变形包含【粗体】格式设置的文字图层，也不能变形使用不包含轮廓数据的字体（如位图字体）的文字图层。

动手操作　制作波浪形状的图像标题

1 打开光盘中的"..\Example\Ch07\7.2.2.psd"文件，然后在【图层】面板中选择文字图层，如图 7-21 所示。

2 使用【横排文字工具】选择图像上的文字，然后在【选项】面板中单击【创建文字变形】按钮（或者选择【类型】|【文字变形】命令），打开【变形文字】对话框后，选择【波浪】样式，如图 7-22 所示。设置弯曲、水平扭曲和垂直扭曲参数，单击【确定】按钮，如图 7-23 所示。

图 7-21　选择文字图层　　　　　　　　　　图 7-22　选择变形样式

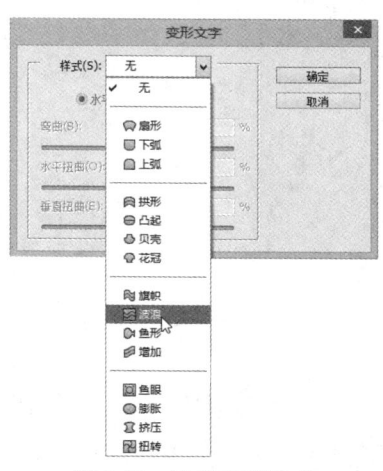

3 返回文件窗口，查看图像上文字变形的效果，如图 7-24 所示。

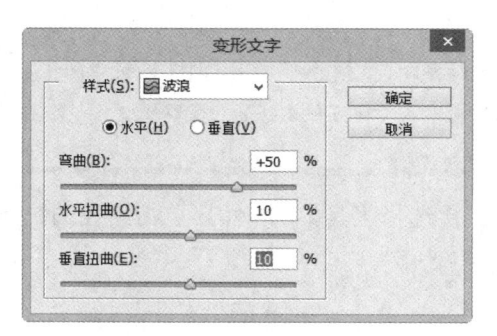

图 7-23　设置变形参数　　　　　　　　　　图 7-24　查看文字变形效果

7.2.3　沿路径创建文字

在 Photoshop 中，允许输入沿着使用钢笔工具或形状工具创建的工作路径的边界排列的文字。当沿着路径输入文字时，文字将沿着锚点被添加到路径的方向排列。在路径上输入横排文字会导致字母与基线垂直；在路径上输入直排文字会导致文字方向与基线平行。

另外，也可以在闭合路径内输入文字。不过，在这种情况下，文字始终横向排列，每当文字到达闭合路径的边界时，就会发生换行。

177

动手操作　沿路径创建文字

1 使用【钢笔工具】在图像上创建一条开放的曲线路径。

2 按照实际需要选择文字工具，然后通过【选项】面板设置文字属性。

3 将鼠标移到路径上定位指针，使文字工具的基线指示符 位于路径上，然后单击。单击后，路径上会出现一个插入点，如图 7-25 所示。

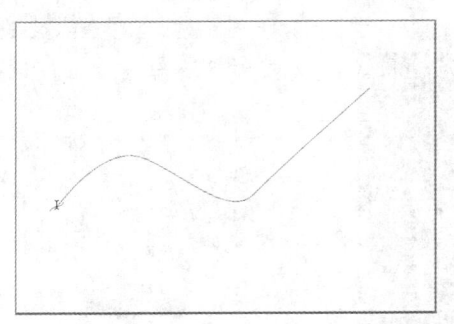

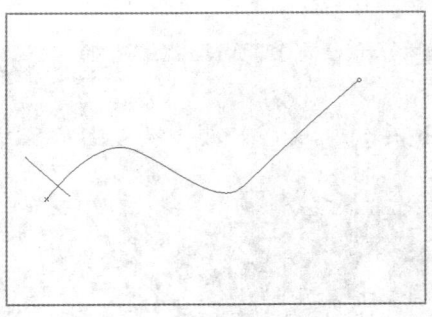

图 7-25　在路径上定义插入点

4 此时可以输入文字。横排文字沿着路径显示，与基线垂直，如图 7-26 所示。直排文字沿着路径显示，与基线平行。

图 7-26　沿路径排列的横排文字 　　　　图 7-27　沿路径排列的直排文字

> 为了更大程度地控制文字在路径上的垂直对齐方式，可以使用【字符】面板中的【基线偏移】选项。例如，在【基线偏移】文字框中输入负值可使文字的位置降低。

5 如果需要改变文字路径的形状，可以选择【直接选择工具】，然后单击路径的锚点，通过调整锚点或方向点修改路径形状，如图 7-28 所示。

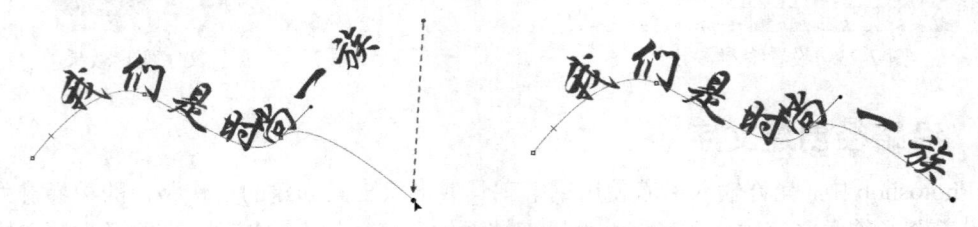

图 7-28　通过修改路径来改变文字排列

7.2.4　为文字应用样式

在 Photoshop 中，可以通过使用【样式】面板和【图层样式】对话框，为文字图层应用预设

的样式或者自定义样式,从而达到美化文字的目的。

动手操作　制作美观的文字标题

1 打开光盘中的"..\Example\Ch07\7.2.4.psd"文件,然后选择文字图层,打开【样式】面板,选择【鲜红色斜面】样式并应用到文字图层,如图7-29所示。

2 打开【图层】面板的样式列表,此时可以看到文字图层应用的效果。在图层上双击,打开【图层样式】对话框,然后选择【描边】选项卡,修改描边颜色为【黄色】,如图7-30所示。

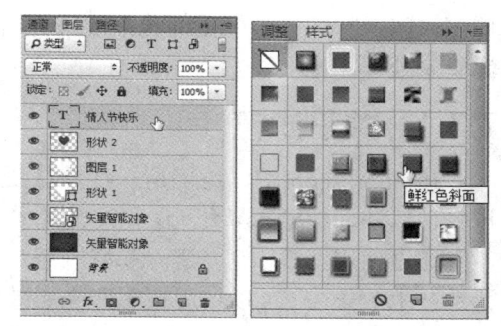

图 7-29　为文字图层应用预设样式

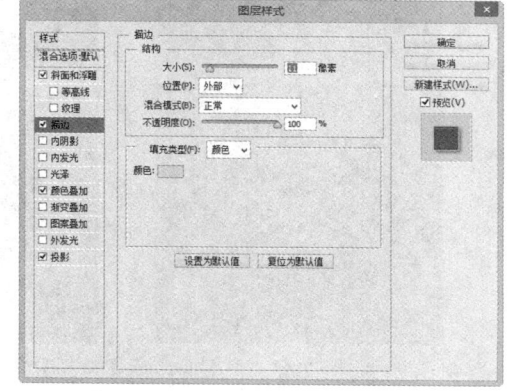

图 7-30　修改【描边】图层样式

3 在【图层样式】对话框中单击【内发光】复选项,然后在【内发光】选项卡中设置发光颜色为【白色】,再设置其他内发光选项,最后单击【确定】按钮,如图7-31所示。

4 修改图层样式后,返回文件窗口,查看文字效果,如图7-32所示。

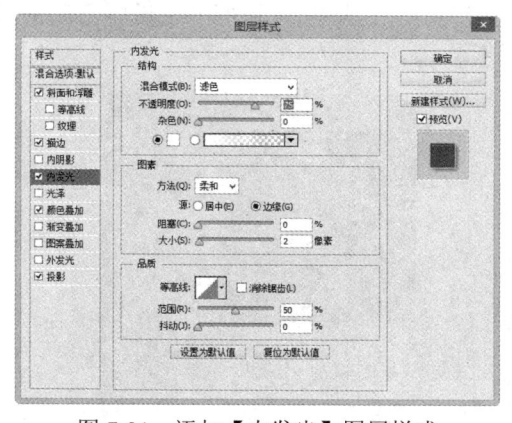

图 7-31　添加【内发光】图层样式

图 7-32　查看图像上的文字效果

7.3　滤镜的应用

滤镜是 Photoshop 中最重要的功能之一,它的产生主要是为了满足复杂图像的处理需求,

179

使制作图像特效的步骤更简化，效果更逼真。在 Photoshop 中，可以通过使用预设滤镜和增效滤镜来处理图像。

7.3.1 关于滤镜

在 Photoshop 中，滤镜是一种针对图像像素的特定运算功能模块。滤镜在 Photoshop 中通过多种算法使像素重新组合，可以使图像产生一些特殊效果。

通过使用滤镜，可以清除和修饰照片，可以应用能够为图像提供素描或印象派绘画外观的特殊艺术效果，还可以使用扭曲和光照效果创建独特的变换。如图 7-33 所示为原图和应用【壁画】滤镜的效果。

图 7-33　原图与应用【壁画】滤镜的图像

在 Photoshop 中，Adobe 提供的滤镜显示在【滤镜】菜单中，并依照滤镜的功能分成很多种类，如图 7-34 所示。可以依照应用将滤镜分为"效果型"和"调整型"滤镜。效果型滤镜是指主要依照破坏图像原有像素的排列和色彩，从而达到较明显效果的滤镜；而调整型滤镜则对图像原有像素破坏较少，只是对图像进行适当的调整而得到不同的效果。

此外，Photoshop 中的大部分的滤镜功能都提供相关的对话框，在其中可以设置不同的效果参数，使一个滤镜产生无数的变化，如图 7-35 所示。

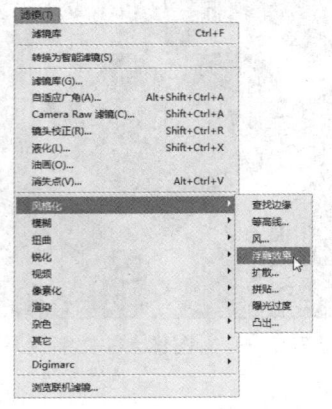

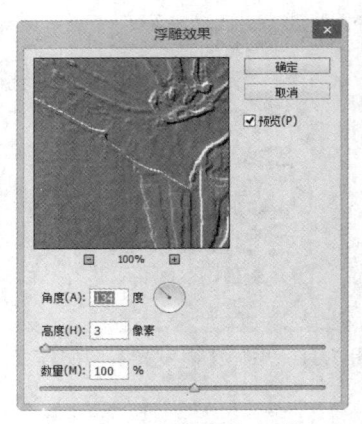

图 7-34　【滤镜】菜单　　　　　　　　图 7-35　滤镜设置对话框

在使用滤镜时应注意以下事项：
（1）滤镜需要应用在当前的可视图层或选区。

（2）对于 8 位通道的图像，可以通过【滤镜库】命令应用大多数滤镜，而且所有滤镜都可以单独应用。

（3）滤镜不能应用在位图模式或索引颜色的图像上。

（4）有些滤镜只对 RGB 图像起作用，不过所有滤镜都可应用于 8 位图像。

（5）在 Photoshop 中，可以将下列滤镜应用在 16 位图像中：液化、平均模糊、两侧模糊、模糊、进一步模糊、方框模糊、高斯模糊、镜头模糊、动感模糊、径向模糊、样本模糊、镜头校正、添加杂色、去斑、蒙尘与划痕、中间值、减少杂色、纤维、镜头光晕、锐化、锐化边缘、进一步锐化、智能锐化、USM 锐化、浮雕效果、查找边缘、曝光过度、逐行、NTSC 颜色、自定、高反差保留、最大值、最小值、位移。

（6）在 Photoshop 中，可以将下列滤镜应用在 32 位图像中：平均模糊、两侧模糊、方框模糊、高斯模糊、动感模糊、径向模糊、样本模糊、添加杂色、纤维、镜头光晕、智能锐化、USM 锐化、逐行、NTSC 颜色、高反差保留、位移。

（7）有些滤镜完全在内存中处理。但如果所有可用的 RAM 都用于处理滤镜效果，则可能看到错误信息。

7.3.2 从菜单中应用滤镜

通过【滤镜】菜单中的滤镜功能，可以对现用的图层或智能对象应用滤镜。应用于智能对象的滤镜没有破坏性，并且可以随时对其进行重新调整。

动手操作 从菜单中应用滤镜

1 执行下列操作之一：

（1）如果要将滤镜应用于整个图层，应确保该图层是现用图层或选中的图层，如图 7-36 所示。

（2）如果要将滤镜应用于图层的一个区域，需要先创建该区域的选区。

（3）如果要在应用滤镜时不造成破坏以便以后能够更改滤镜设置，可以选择包含要应用滤镜的图像内容的智能对象。

2 从【滤镜】菜单的子菜单中选择一个滤镜。

3 如果不出现任何对话框，则说明已应用该滤镜

图 7-36　选择要应用滤镜的图层

效果。如果出现对话框或滤镜库，可以输入数值或选择相应的选项，然后单击【确定】按钮，如图 7-37 所示。应用滤镜后可以查看结果，如图 7-38 所示。

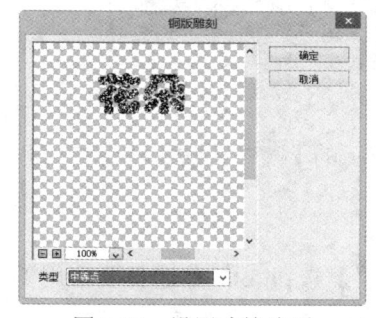

图 7-37　设置滤镜选项

图 7-38　查看应用滤镜的结果

> 将滤镜应用于较大图像可能要花费很长的时间，但是，可以在滤镜对话框中预览效果。在预览窗口中拖动以使图像的一个特定区域居中显示。在某些滤镜中，可以在图像中单击以使该图像在单击处居中显示。单击预览窗口下的【+】或【-】按钮可以放大或缩小图像。

7.3.3 从滤镜库应用滤镜

滤镜库将常用的滤镜组合在一起，方便用户随意地对图像应用不同的滤镜效果。滤镜库可提供许多特殊效果滤镜的预览，可以通过滤镜库应用多个滤镜、打开或关闭滤镜的效果、复位滤镜的选项以及更改应用滤镜的顺序。如果对预览效果感到满意，则可以将它应用于图像。

动手操作　从滤镜库应用滤镜

1 执行下列操作之一：
（1）要将滤镜应用于整个图层，应确保该图层是现用图层或选中的图层。
（2）要将滤镜应用于图层的一个区域，先选择该区域。
（3）要在应用滤镜时不造成破坏以便以后能够更改滤镜设置，需要选择包含要应用滤镜的图像内容的智能对象。

2 选择【滤镜】|【滤镜库】命令，打开【滤镜库】对话框。

3 单击一个滤镜名称以添加第一个滤镜，还可以单击滤镜类别旁边的倒三角形以查看完整的滤镜列表。添加滤镜后，该滤镜将出现在【滤镜库】对话框右下角的已应用滤镜列表中，如图 7-39 所示。

图 7-39　应用第一个滤镜

4 为选定的滤镜输入值或选择选项。在如图 7-39 所示的【喷色描边】滤镜中可以设置描边长度、喷色半径、描边方向等选项。

5 执行下列任一操作：
（1）如果要累积应用滤镜，可以单击【新建效果图层】按钮 ，并选择要应用的另一个滤镜，如图 7-40 所示。重复此过程可以添加其他滤镜。

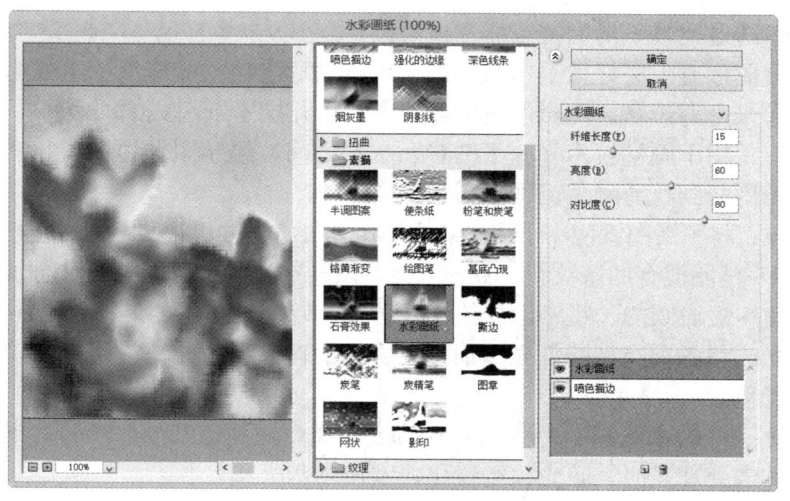

图 7-40　应用其他滤镜

（2）如果要重新排列应用的滤镜，可以将滤镜拖动到【滤镜库】对话框右下角的已应用滤镜列表中的新位置，如图 7-41 所示。

（3）如果要删除应用的滤镜，可以在已应用滤镜列表中选择滤镜，然后单击【删除图层】按钮，如图 7-42 所示。

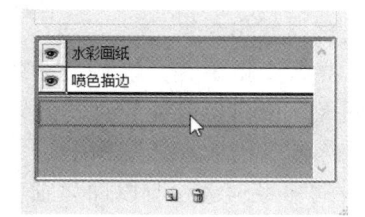

图 7-41　调整滤镜的排列顺序　　　　　　　　图 7-42　删除选定的滤镜

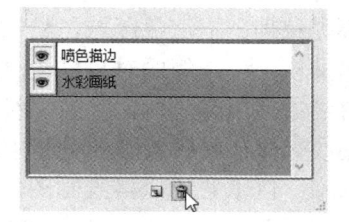

6 如果对结果满意，可以单击【确定】按钮关闭对话框，然后返回文件创建查看应用滤镜的结果，如图 7-43 所示。

图 7-43　查看应用滤镜的结果

7.3.4　典型滤镜的效果说明

1．艺术效果滤镜

- 彩色铅笔：使用彩色铅笔在纯色背景上绘制图像。保留边缘，外观呈粗糙阴影线；纯色背景色透过比较平滑的区域显示出来。
- 木刻：使图像看上去好像是由从彩纸上剪下的边缘粗糙的剪纸片组成的。高对比度的图像看起来呈剪影状，而彩色图像看上去是由几层彩纸组成的。
- 干画笔：使用干画笔技术（介于油彩和水彩之间）绘制图像边缘。此滤镜通过将图像的颜色范围降到普通颜色范围来简化图像。
- 胶片颗粒：将平滑图案应用于阴影和中间色调。将一种更平滑、饱和度更高的图案添加到亮区。在消除混合的条纹和将各种来源的图素在视觉上进行统一时，此滤镜非常有用。
- 壁画：使用短而圆的、粗略涂抹的小块颜料，以一种粗糙的风格绘制图像。
- 霓虹灯光：将各种类型的灯光添加到图像中的对象上。此滤镜用于在柔化图像外观时给图像着色。
- 绘画涂抹：可以选择各种大小（从 1~50）和类型的画笔来创建绘画效果。画笔类型包括简单、未处理光照、暗光、宽锐化、宽模糊和火花。
- 调色刀：减少图像中的细节以生成描绘得很淡的画布效果，可以显示出下面的纹理。
- 塑料包装：给图像涂上一层光亮的塑料，以强调表面细节。
- 海报边缘：根据设置的海报化选项减少图像中的颜色数量（对其进行色调分离），并查找图像的边缘，在边缘上绘制黑色线条。大而宽的区域有简单的阴影，而细小的深色细节遍布图像。
- 粗糙蜡笔：在带纹理的背景上应用粉笔描边。在浅色区域，粉笔看上去很厚，几乎看不见纹理；在深色区域，粉笔似乎被擦去了，使纹理显露出来。
- 涂抹棒：使用短的对角描边涂抹暗区以柔化图像。亮区变得更亮，以致失去细节。
- 海绵：使用颜色对比强烈、纹理较重的区域创建图像，以模拟海绵绘画的效果。
- 底纹效果：在带纹理的背景上绘制图像，然后将最终图像绘制在该图像上。
- 水彩：以水彩的风格绘制图像，使用蘸了水和颜料的中号画笔绘制以简化细节。当边缘有显著的色调变化时，此滤镜会使颜色更饱满。

2. 模糊滤镜

模糊类的滤镜可以柔化选区或整个图像，这对于修饰非常有用。它们通过平衡图像中已定义的线条和遮蔽区域的清晰边缘旁边的像素，使变化显得柔和。

- 平均：找出图像或选区的平均颜色，然后用该颜色填充图像或选区以创建平滑的外观。例如，如果选择了草坪区域，该滤镜会将该区域更改为一块均匀的绿色部分。
- 模糊和进一步模糊：在图像中有显著颜色变化的地方消除杂色。【模糊】滤镜通过平衡已定义的线条和遮蔽区域的清晰边缘旁边的像素，使变化显得柔和。【进一步模糊】滤镜的效果比【模糊】滤镜强 3~4 倍。
- 方框模糊：基于相邻像素的平均颜色值来模糊图像。此滤镜用于创建特殊效果。可以调整用于计算给定像素的平均值的区域大小；半径越大，产生的模糊效果越好。
- 高斯模糊：使用可调整的量快速模糊选区。高斯是指当 Photoshop 将加权平均应用于像素时生成的钟形曲线。
- 镜头模糊：向图像中添加模糊以产生更窄的景深效果，以便使图像中的一些对象在焦点内，而使另一些区域变模糊。
- 动感模糊：沿指定方向（-360 度~+360 度）以指定强度（1~999）进行模糊。此滤镜的效果类似于以固定的曝光时间给一个移动的对象拍照。
- 径向模糊：模拟缩放或旋转的相机所产生的模糊，产生一种柔化的模糊。
- 形状模糊：使用指定的内核来创建模糊。从自定形状预设列表中选择一种内核，并使用【半径】滑块来调整其大小。通过单击三角形并从列表中进行选择，可以载入不同的形状库。半径决定了内核的大小；内核越大，模糊效果越好。
- 特殊模糊：精确地模糊图像。可以指定半径、阈值和模糊品质。半径值确定在其中搜索不同像素的区域大小。阈值确定像素具有多大差异后才会受到影响。
- 表面模糊：在保留边缘的同时模糊图像。此滤镜用于创建特殊效果并消除杂色或粒度。【半径】选项指定模糊取样区域的大小。【阈值】选项控制相邻像素色调值与中心像素值相差多大时才能成为模糊的一部分。色调值差小于阈值的像素被排除在模糊之外。

3. 画笔描边滤镜

画笔描边类滤镜使用不同的画笔和油墨描边效果创造出绘画效果的外观。
- 强化的边缘：强化图像边缘。设置高的边缘亮度控制值时，强化效果类似白色粉笔；设置低的边缘亮度控制值时，强化效果类似黑色油墨。
- 成角的线条：使用对角描边重新绘制图像，用相反方向的线条来绘制亮区和暗区。
- 阴影线：保留原始图像的细节和特征，同时使用模拟的铅笔阴影线添加纹理，并使彩色区域的边缘变粗糙。
- 深色线条：用短的、绷紧的深色线条绘制暗区；用长的白色线条绘制亮区。
- 墨水轮廓：以钢笔画的风格，用纤细的线条在原细节上重绘图像。
- 喷溅：模拟喷溅喷枪的效果。增加选项可简化总体效果。
- 喷色描边：使用图像的主导色，用成角的、喷溅的颜色线条重新绘画图像。
- 烟灰墨：以日本画的风格绘画图像，看起来像是用蘸满油墨的画笔在宣纸上绘画。烟灰墨使用非常黑的油墨来创建柔和的模糊边缘。

4. 素描滤镜

- 基底凸：变换图像，使之呈现浮雕的雕刻状和突出光照下变化各异的表面。图像的暗区呈现前景色，而浅色使用背景色。
- 粉笔和炭笔：重绘高光和中间调，并使用粗糙粉笔绘制纯中间调的灰色背景。阴影区域用黑色对角炭笔线条替换。炭笔用前景色绘制，粉笔用背景色绘制。
- 炭笔：产生色调分离的涂抹效果。主要边缘以粗线条绘制，而中间色调用对角描边进行素描。炭笔是前景色，背景是纸张颜色。
- 铬黄：渲染图像，就好像它具有擦亮的铬黄表面。高光在反射表面上是高点，阴影是低点。
- 炭精笔：在图像上模拟浓黑和纯白的炭精笔纹理。【炭精笔】滤镜在暗区使用前景色，在亮区使用背景色。
- 绘图笔：使用细的、线状的油墨描边以捕捉原图像中的细节。对于扫描图像，效果尤其明显。此滤镜使用前景色作为油墨，并使用背景色作为纸张，以替换原图像中的颜色。
- 半调图案：在保持连续的色调范围的同时，模拟半调网屏的效果。

- 便条纸：创建像是用手工制作的纸张构建的图像。
- 影印：模拟影印图像的效果。大的暗区趋向于只拷贝边缘四周，而中间色调要么纯黑色，要么纯白色。
- 塑料效果：按 3D 塑料效果塑造图像，然后使用前景色与背景色为效果图像着色。暗区凸起，亮区凹陷。
- 网状：模拟胶片乳胶的可控收缩和扭曲来创建图像，使之在阴影呈结块状，在高光呈轻微颗粒化。
- 图章：简化了图像，使之看起来就像是用橡皮或木制图章创建的一样。此滤镜用于黑白图像时效果最佳。

5. 风格化滤镜

风格化类滤镜通过置换像素和通过查找并增加图像的对比度，生成绘画或印象派的效果。

- 扩散：根据选择以下选项搅乱选区中的像素以虚化焦点。
  - 【正常】：使像素随机移动（忽略颜色值）。
  - 【变暗优先】：用较暗的像素替换亮的像素。
  - 【变亮优先】：用较亮的像素替换暗的像素。
  - 【各向异性】：在颜色变化最小的方向上搅乱像素。
- 浮雕效果：通过将选区的填充色转换为灰色，并用原填充色描画边缘，从而使选区显得凸起或压低。
- 凸出：赋予选区或图层一种 3D 纹理效果。
- 查找边缘：用显著的转换标识图像的区域，并突出边缘。
- 照亮边缘：标识颜色的边缘，并向其添加类似霓虹灯的光亮。此滤镜可累积使用。
- 曝光过度：混合负片和正片图像，类似于显影过程中将摄影照片短暂曝光。
- 拼贴：将图像分解为一系列拼贴，使选区偏离其原来的位置。
- 等高线：查找主要亮度区域的转换并为每个颜色通道淡淡地勾勒主要亮度区域的转换，以获得与等高线图中的线条类似的效果。
- 风：在图像中放置细小的水平线条来获得风吹的效果。方法包括【风】、【大风】（用于获得更生动的风效果）和【飓风】（使图像中的线条发生偏移）。

7.4 技能训练

下面通过多个上机练习实例，巩固所学知识。

7.4.1 上机练习1：制作贝壳形状的文字特效

本例先使用【横排文字工具】在图像上方输入标题文字，然后为文字应用【贝壳】变形样式，并套用预设的图层样式，接着修改样式的【描边】颜色，再添加【投影】样式。

操作步骤

1 打开光盘中的"..\Example\Ch07\ 7.4.1.jpg"文件，在【工具】面板中选择【横排文字工具】，然后在【选项】面板中设置文字属性，再设置文字颜色为【#db7700】，接着在图像上方输入文字，如图 7-44 所示。

2 使用【横排文字工具】选择文字，然后在【选项】面板中单击【创建文字变形】按钮，打开对话框后选择【贝壳】样式，接着设置变形文字选项，并单击【确定】按钮，如图 7-45 所示。

3 选择文字图层，然后打开【样式】面板，再单击应用【金黄色斜面内缩】样式，如图 7-46 所示。

4 打开【图层】面板并双击文字图层，打开【图层样式】对话框后单击【描边】复选项，然后在【描边】选项卡中更改渐变颜色，如图 7-47 所示。

图 7-44 使用横排文字工具输入文字

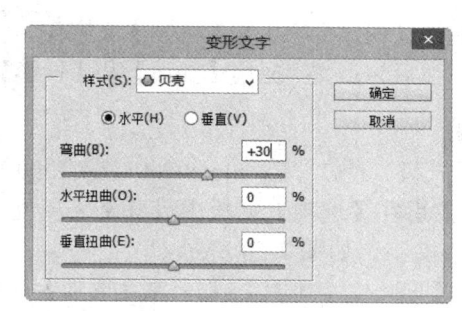

图 7-45 应用并设置变形样式

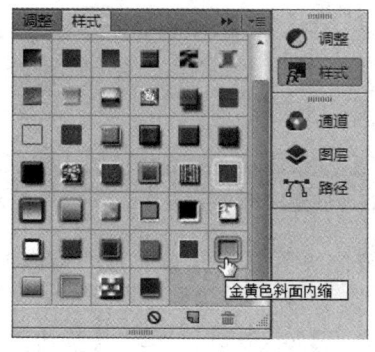

图 7-46 为文字应用预设样式

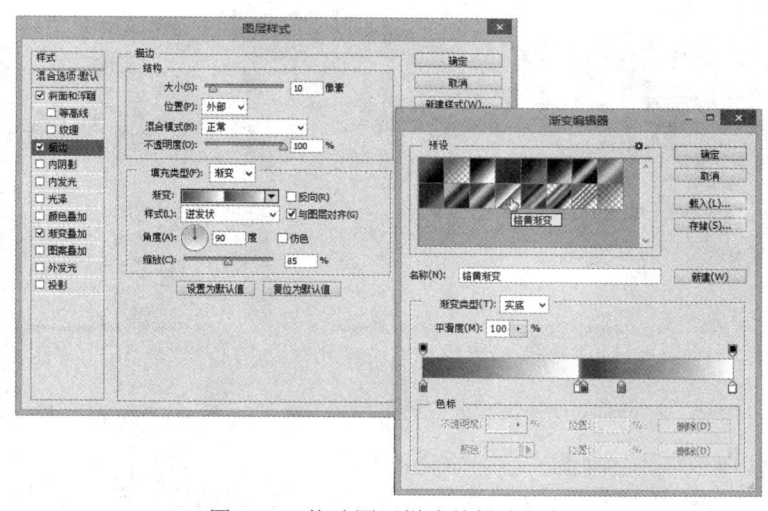

图 7-47 修改图层样式的描边颜色

5 在【图层样式】对话框中单击【投影】复选项，然后在【投影】选项卡中设置投影样式选项，接着单击【确定】按钮，如图 7-48 所示。

187

6 完成上述操作后，返回文件窗口中查看文字的效果，如图 7-49 所示。

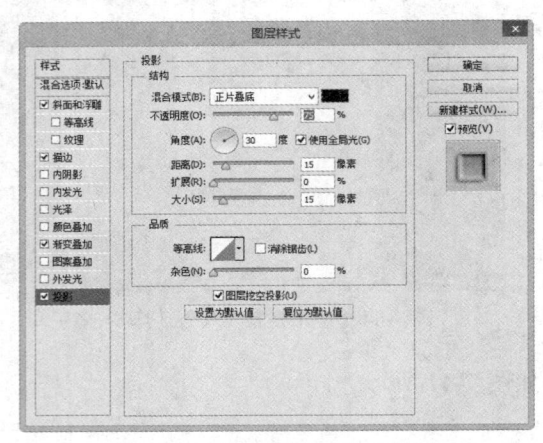

图 7-48　添加【投影】图层样式　　　　　　图 7-49　查看文字的效果

7.4.2　上机练习 2：制作旅游广告标题和内容

本例先使用【横排文字工具】创建点文字作为广告图的标题，再创建段落文字以输入广告中的说明内文，然后为点文字应用【描边】和【投影】图层样式，最后适当调整段落的格式即可。

操作步骤

1 打开光盘中的 "..\Example\Ch07\7.4.2.jpg" 文件，在【工具】面板中选择【横排文字工具】，然后在【选项】面板中设置文字属性，再设置文字颜色为【#007600】，在图像下方单击并输入文字，如图 7-50 所示。

2 选择【横排文字工具】，在【选项】面板中设置文字属性，然后在标题文字下方拖出一个段落文字框，如图 7-51 所示。

图 7-50　输入点文字作为标题　　　　　　图 7-51　创建段落文字框

3 将光标定位在段落文字框内，然后输入文字内容，接着按住段落文字框右下方的控点并拖动扩大文字框，如图 7-52 所示。

4 打开【图层】面板并双击点文字所在的图层，打开【图层样式】对话框后，单击【描边】复选项，然后在【描边】选项卡中设置描边选项，其中颜色为【#c4d90e】，如图 7-53 所示。

5 在【图层样式】对话框中单击【投影】复选项，然后在【投影】选项卡中设置投影选项，接着单击【确定】按钮，如图 7-54 所示。

188

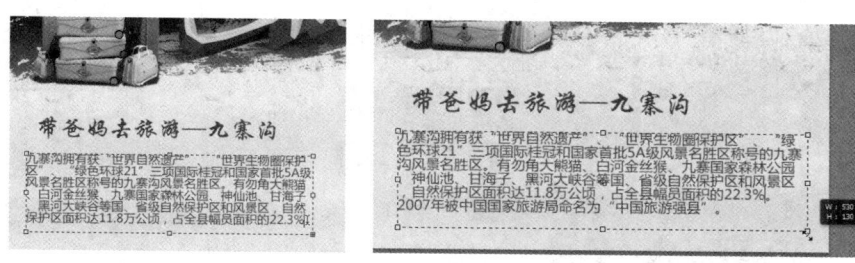

图 7-52　输入文字内容并扩大段落文字框

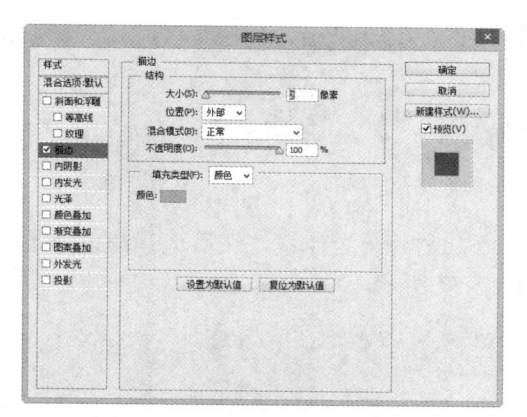

图 7-53　添加【描边】图层样式　　　　　图 7-54　添加【投影】图层样式

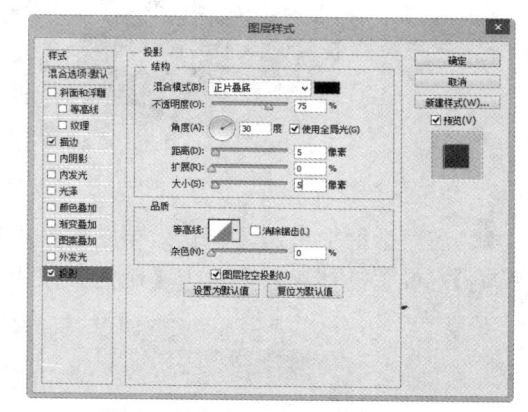

6 使用【横排文字工具】选择段落文字，然后打开【段落】面板，单击【最后一行左对齐】按钮，设置【首行缩进】为 5 点，完成设置后查看段落效果，如图 7-55 所示。

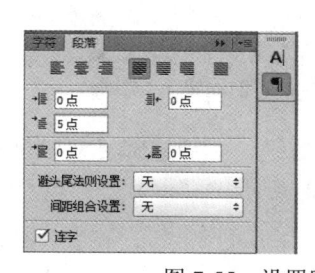

图 7-55　设置段落格式并查看效果

7.4.3　上机练习 3：制作图像的艺术油画效果

本例使用【墨水轮廓】滤镜、【粗糙蜡笔】滤镜以及【油画】滤镜，配合图层混合模式的应用，将一张风景图像制成油画的效果。

操作步骤

1 打开光盘中的 "..\Example\Ch07\7.4.3.jpg" 文件，选择【滤镜】|【滤镜库】命令，再打开【画笔描边】列表，选择【墨水轮廓】滤镜，然后设置相关选项的参数，如图 7-56 所示。

189

图 7-56 应用【墨水轮廓】滤镜

2 在对话框中单击【新建效果图层】按钮 ◻，添加另外一个滤镜，然后选择滤镜为【粗糙蜡笔】，设置具体参数后单击【确定】按钮，如图 7-57 所示。

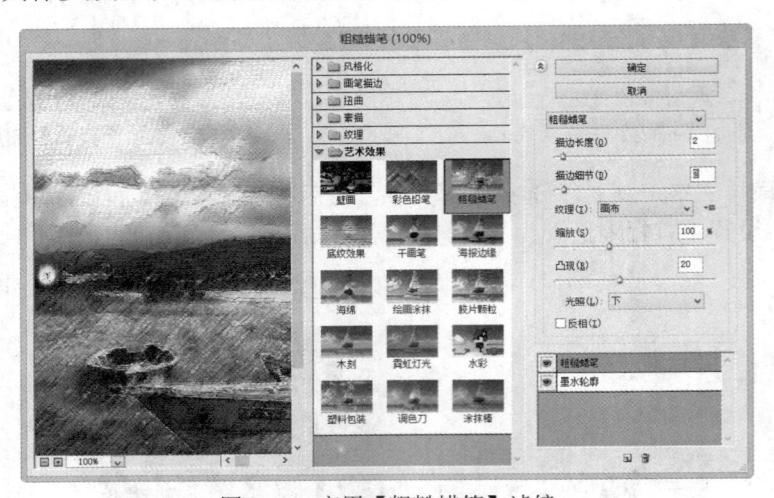

图 7-57 应用【粗糙蜡笔】滤镜

3 打开【图层】面板，选择背景图层并单击右键，然后选择【复制图层】命令，在对话框中设置名称，复制出另一个背景图层，如图 7-58 所示。

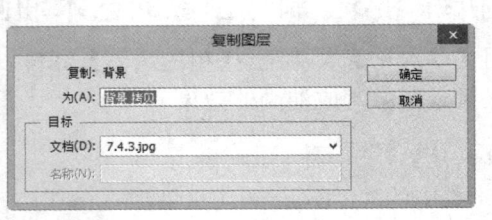

图 7-58 复制背景图层

4 选择步骤 3 复制出的背景图层，然后选择【滤镜】|【油画】命令，在打开的【油画】对话框中设置画笔和光照的参数，接着单击【确定】按钮，如图 7-59 所示。

5 将【背景拷贝】图层的混合模式设置为【柔光】，如图 7-60 所示。

6 返回文件窗口，查看图像变成油画的效果，如图 7-61 所示。

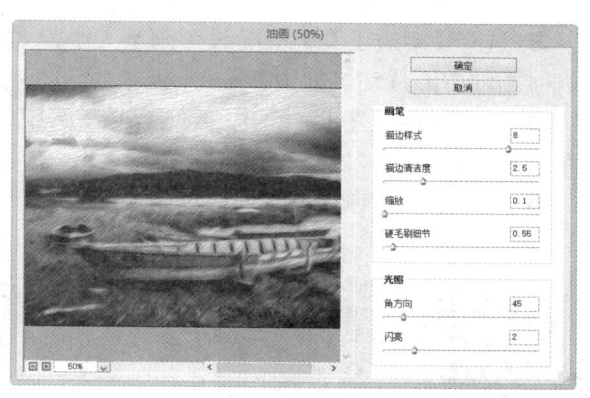

图 7-59　应用【油画】滤镜

图 7-60　设置图层混合模式

图 7-61　查看图像的效果

7.4.4　上机练习 4：使用液化滤镜制作咖啡涟漪效果

本例将使用【液化】滤镜，制作杯中盛满咖啡时咖啡杯面的涟漪效果。

操作步骤

1 打开光盘中的"..\Example\Ch07\7.4.4.jpg"文件，然后选择【滤镜】|【液化】命令，或者按 Shift+Ctrl+X 键打开【液化】对话框。

2 液化滤镜为用户提供了多种处理图像的工具。本例将选择【向前变形工具】，然后设置画笔大小为 80、画笔压力为 100，在图像的咖啡面上沿顺时针方向拖动扭曲的咖啡面，如图 7-62 所示。

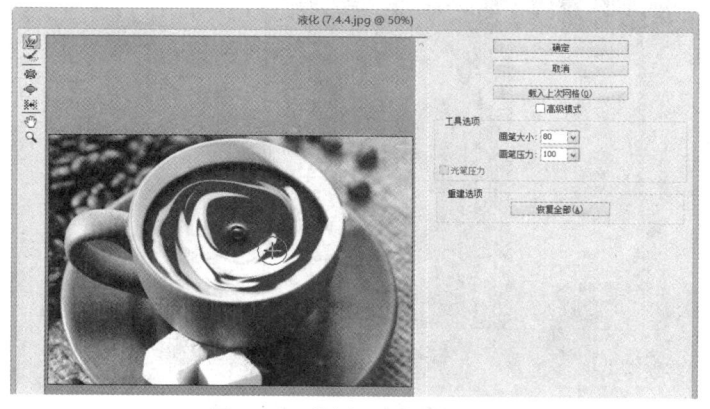

图 7-62　使用工具扭曲图像

3 选择【褶皱工具】💢，设置画笔大小为 80，接着在咖啡面中心处长按鼠标，使像素朝着咖啡面的中心移动，如图 7-63 所示。

4 如果想要重复上一个操作，可以按 Ctrl+Z 键；如果想要恢复图像原样，则可以单击【恢复全部】按钮。

5 完成液化图像的操作后，单击【确定】按钮返回 Photoshop 编辑窗口查看效果，如图 7-64 所示。

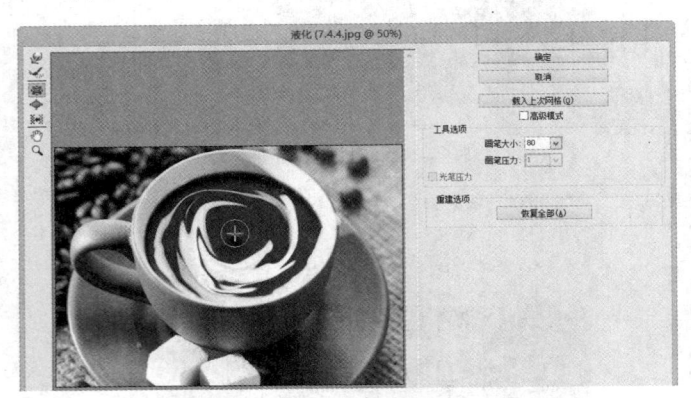

图 7-63　褶皱变形图像　　　　　　　　　　图 7-64　制作咖啡涟漪的效果

7.4.5　上机练习 5：使用镜头校正滤镜修复图像

由于拍摄环境或拍摄设备的限制，在拍摄建筑时可能会出现"上小下大"或是"左大右小"的问题，这是常见的透视变形现象。本例将使用【镜头校正】滤镜，修复有透视变形问题的图像。

操作步骤

1 打开光盘中的"..\Example\Ch07\7.4.5.jpg"文件，然后选择【滤镜】|【镜头校正】命令（或者按 Shift+Ctrl+R 键）打开【镜头校正】对话框，将视图比例设置为【符合视图大小】，并切换至【自定】选项卡，如图 7-65 所示。

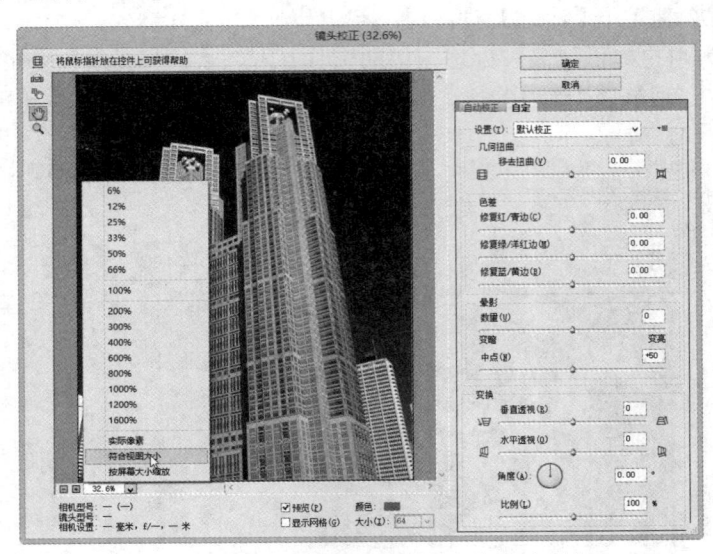

图 7-65　设置视图并切换到【自定】选项卡

2 由于相片上小下大，所以通过【垂直透视】滑块，将中间的建筑物调整至上下大小差不多的效果，这样可能会导致画面显示不全，如图7-66所示。

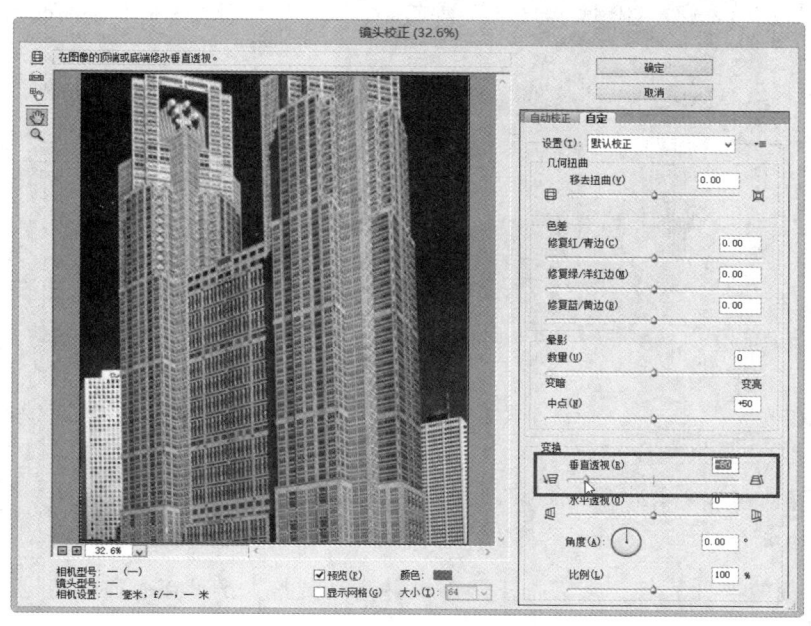

图7-66 垂直透视变换

3 由于建筑物的顶端不能完全显示出来，并且两侧的对象也显示不全，所以本步骤通过减少【比例】的数值来解决此问题，将【比例】缩小至60%，如图7-67所示。

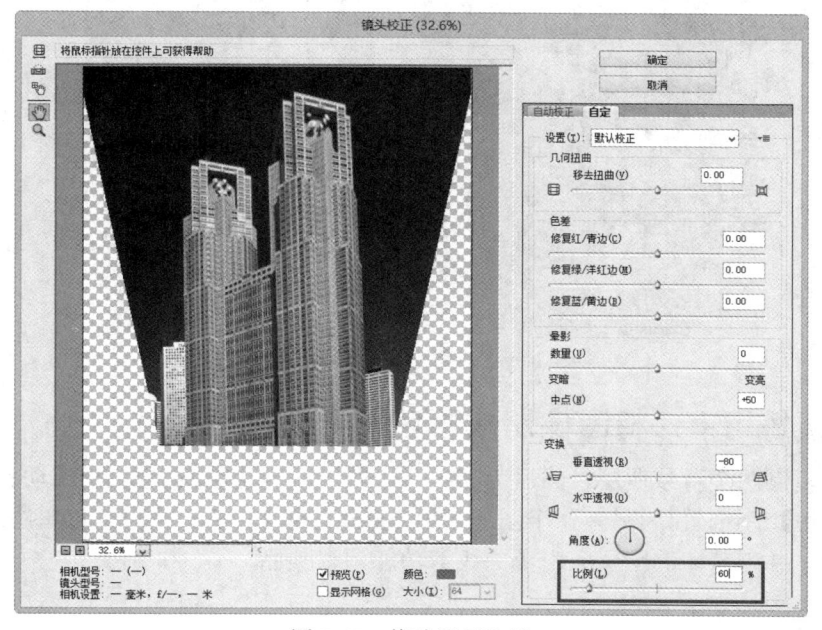

图7-67 修改显示比例

4 此时查看图像可以看到建筑的顶点稍微有点往左侧偏移，因此将【角度】设置为1度，修复此问题，设置完成后单击【确定】按钮，如图7-68所示。

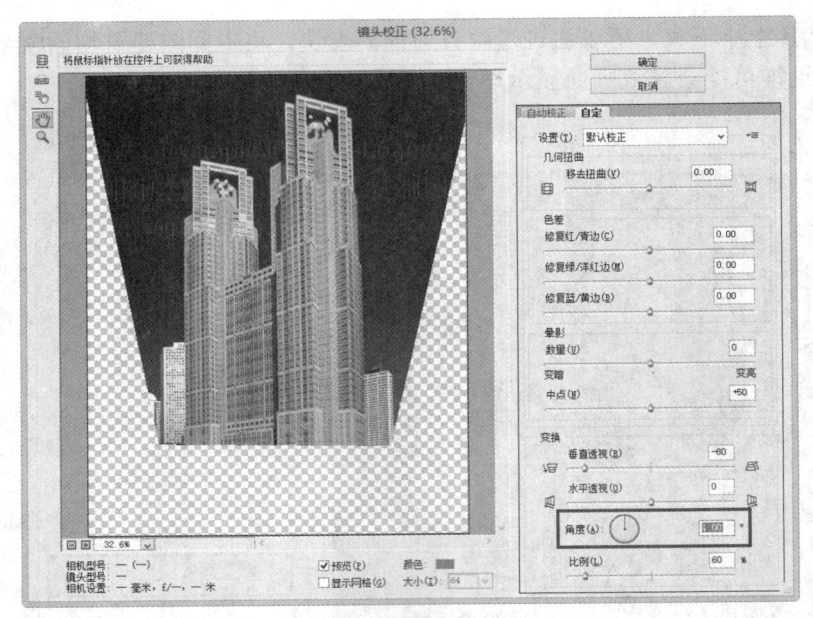

图 7-68 设置旋转角度

5 选择【裁剪工具】，然后拖出裁剪框并适当调整大小，接着在裁剪框上双击，执行裁剪处理，如图 7-69 所示。

图 7-69 裁剪图像并查看结果

7.4.6 上机练习 6：将图像制成彩色画笔素描画

本例将先复制两个背景图层，然后为其中一个图层应用【颗粒】滤镜、【动感模糊】滤镜和【成角的线条】滤镜，再为另外一个图层应用【查找边缘】滤镜，并设置该图层的混合模式，接着盖印图层，并为盖印的图层应用【曲线】功能调整颜色。

操作步骤

1 打开光盘中的 "..\Example\Ch07\7.4.6.jpg" 文件，打开【图层】面板，在背景图层上单击右键并选择【复制图层】命令，打开【复制图层】对话框后直接单击【确定】按钮，接着再次复制一个背景图层，如图 7-70 所示。

文字编辑与滤镜应用 7

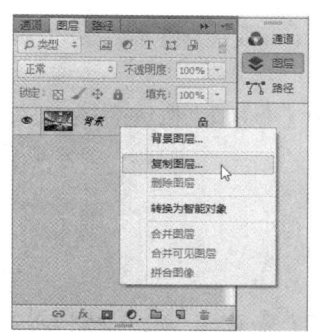

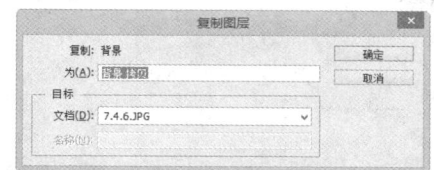

图 7-70 复制两个背景图层

2 选择【背景拷贝】图层，再选择【滤镜】|【滤镜库】命令，然后选择【颗粒】滤镜，在其中设置滤镜的各项参数，单击【确定】按钮，如图 7-71 所示。

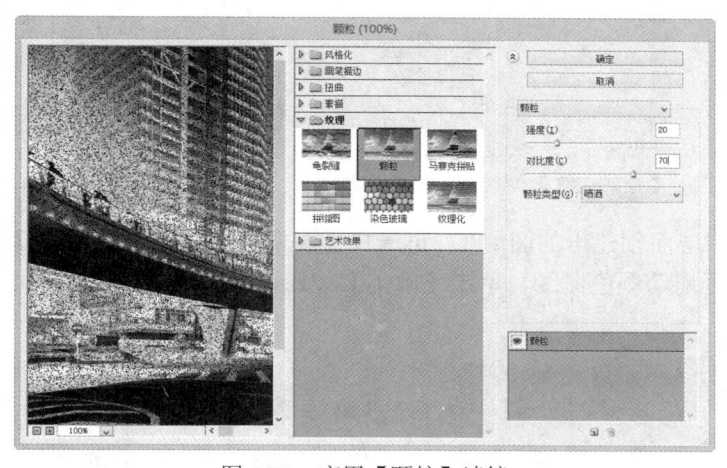

图 7-71 应用【颗粒】滤镜

3 选择【背景拷贝】图层，再选择【滤镜】|【模糊】|【动感模糊】命令，打开【动感模糊】对话框后，设置角度和距离的参数，然后单击【确定】按钮，如图 7-72 所示。

4 选择【滤镜】|【滤镜库】命令，然后选择【成角的线条】滤镜，在其中设置各项参数并单击【确定】按钮，如图 7-73 所示。

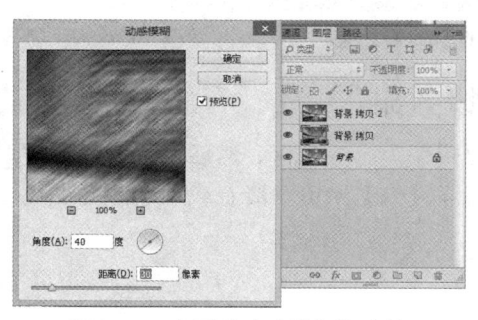

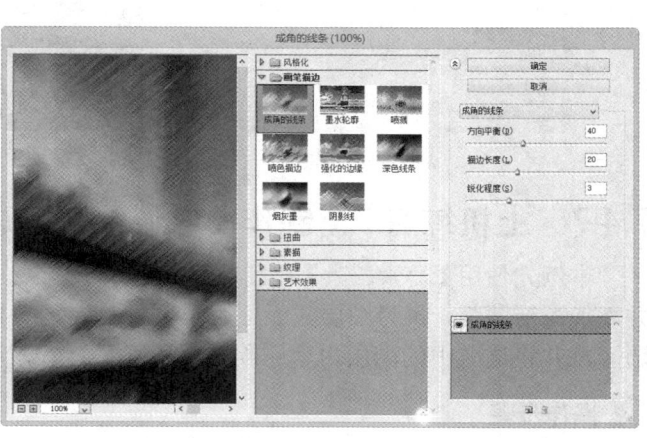

图 7-72 应用【动感模糊】滤镜　　　　图 7-73 应用【成角的线条】滤镜

195

5 选择【背景拷贝 2】图层，再选择【滤镜】|【风格化】|【查找边缘】命令，为该图层应用【查找边缘】滤镜，如图 7-74 所示。

6 选择【背景拷贝 2】图层，然后设置该图层的混合模式为【叠加】，按 Alt+Ctrl+Shift+E 键盖印图层，如图 7-75 所示。

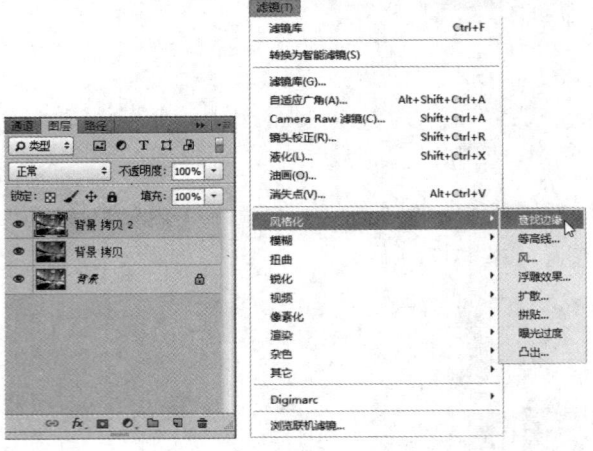

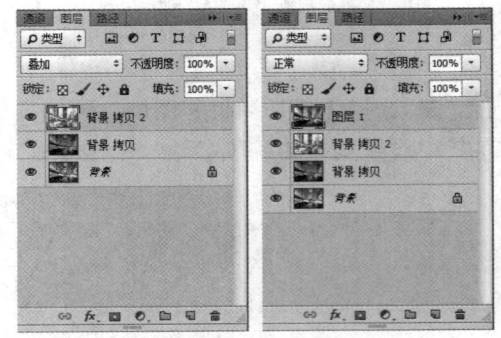

图 7-74 应用【查找边缘】滤镜　　　　图 7-75 设置图层混合模式并盖印图层

7 选择盖印图层而创建出的图层 1，再选择【图像】|【调整】|【曲线】命令，然后设置通道为"RGB"，再拖动颜色曲线，单击【确定】按钮，最后返回文件窗口查看图像的结果，如图 7-76 所示。

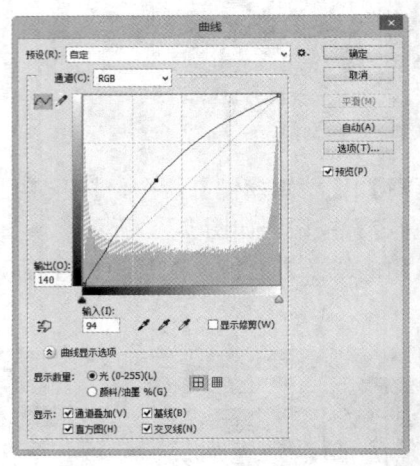

图 7-76 使用【曲线】功能调整图像并查看结果

7.4.7 上机练习 7：制作图像波纹艺术边缘效果

本例先使用【套索工具】在图像上创建一个包含主要图像内容的选区，然后复制背景图层并添加图层蒙版，再为图层蒙版应用【喷色描边】和【海洋波纹】滤镜，接着载入选区并羽化选区，并将选区中的图层内容删除，最后隐藏背景即可。

操作步骤

1 打开光盘中的"..\Example\Ch07\7.4.7.jpg"文件，在【工具】面板中选择【套索工具】

196

，然后在【选项】面板中设置工具选项，在图像边缘上拖动鼠标，创建出一个选区，如图7-77所示。

2 打开【图层】面板，选择背景图层并单击右键，选择【复制图层】命令，然后通过【复制图层】对话框创建【背景拷贝】图层，接着选择【图层】|【图层蒙版】|【隐藏选区】命令，添加图层蒙版，如图7-78所示。

3 打开【图层】面板，单击【背景拷贝】图层上的蒙版缩图，然后选择【滤镜】|【滤镜库】命令，为蒙版应用【喷色描边】滤镜，如图7-79所示。

图 7-77 使用套索工具创建选区

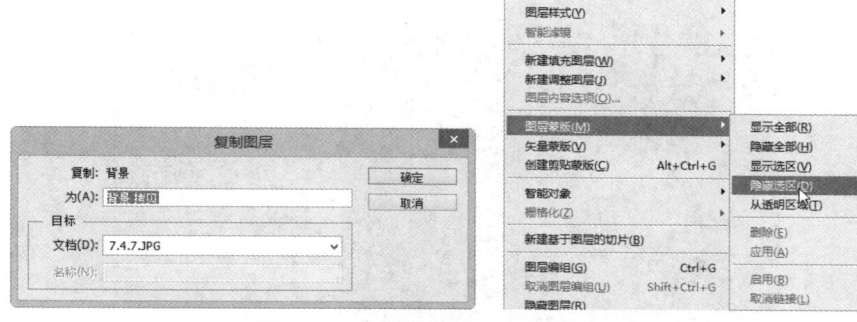

图 7-78 复制图层并创建图层蒙版

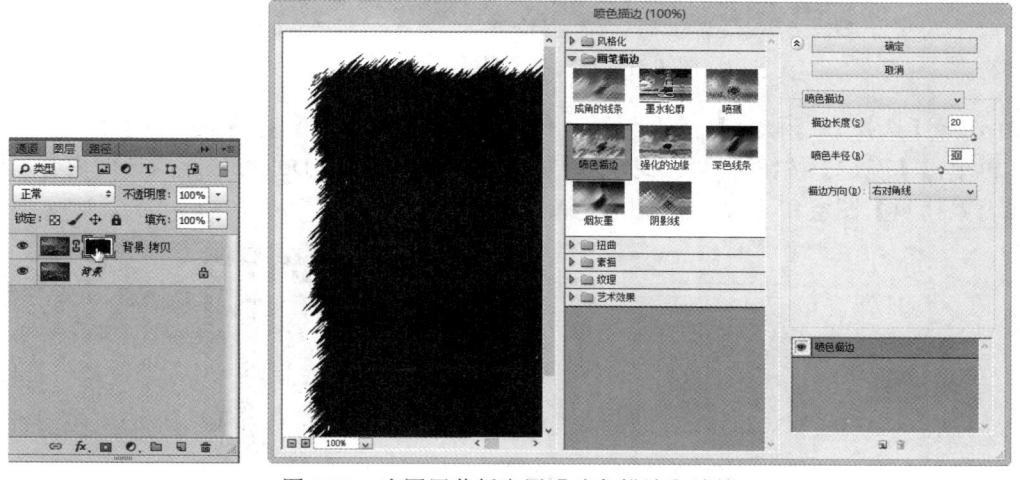

图 7-79 为图层蒙版应用【喷色描边】滤镜

4 在滤镜列表中单击【新建效果图层】按钮，然后为蒙版添加应用【海洋波纹】滤镜，并设置相关选项，接着单击【确定】按钮，如图7-80所示。

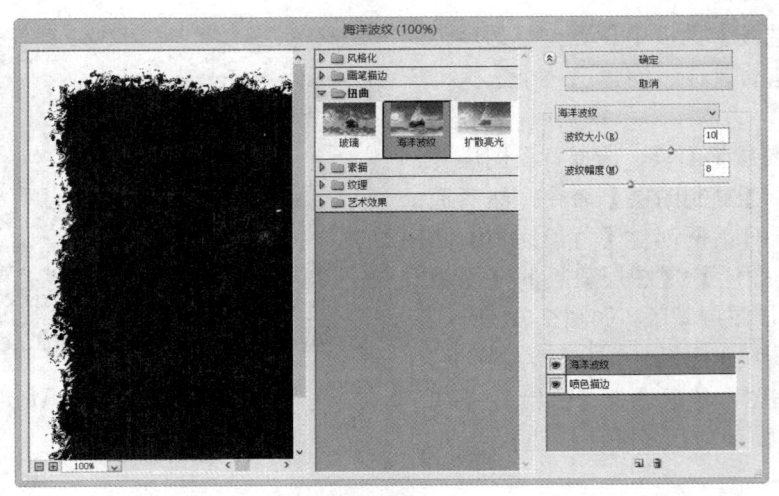

图 7-80 新建效果图层并应用【海洋波纹】滤镜

5 打开【图层】面板，通过【复制图层】的方法，复制背景图层以创建出【背景拷贝 2】图层，然后按住 Ctrl 键单击【背景拷贝】图层的蒙版缩图以载入选区，如图 7-81 所示。

图 7-81 复制背景图层并载入选区

6 选择【选择】|【修改】|【羽化】命令，打开【羽化选区】对话框后设置羽化半径为 5 像素，再单击【确定】按钮，然后选择【背景拷贝 2】图层并按 Delete 键删除选区内容，接着隐藏【背景拷贝】图层和【背景】图层，如图 7-82 所示。

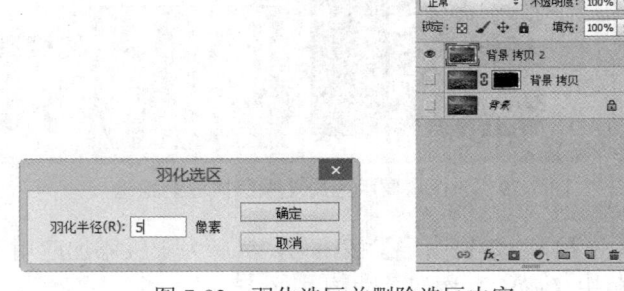

图 7-82 羽化选区并删除选区内容

198

7 完成上述操作后，即可返回文件窗口查看图像的结果，如图 7-83 所示。

图 7-83　查看图像的结果

7.5　评测习题

1. 填充题

（1）_____是一种使用以水平或垂直方式控制字符流边界的文字类型。
（2）使用_____命令，可以将文字转换为形状。
（3）在 Photoshop 中，_____是一种针对图像像素的特定运算功能模块。
（4）_____可提供许多特殊效果滤镜的预览，可以通过滤镜库应用多个滤镜、打开或关闭滤镜的效果、复位滤镜的选项以及更改应用滤镜的顺序。

2. 选择题

（1）Photoshop 将文字分为哪两种类型？　　　　　　　　　　　　　　（　　）
　　A. 标题和内文　　　　　　　　　B. 矢量文字和位图文字
　　C. 横排文字和竖排文字　　　　　D. 点文字和段落文字
（2）在 Photoshop 中，对文字图层进行以下哪个更改后，就不能编辑文字？（　　）
　　A. 更改文字的方向。　　　　　　B. 在点文字与段落文字之间转换。
　　C. 使文字变形以适应各种形状。　D. 栅格化文字。
（3）在 Photoshop 中，依照应用可以将滤镜分为哪两种类型？　　　　　（　　）
　　A. 混合型和覆盖型　　　　　　　B. 效果型和调整型
　　C. 调色型和变形型　　　　　　　D. 锐化型和模糊型

3. 判断题

（1）点文字是一个水平或垂直文字行，它从单击的位置开始输入文字。（　　）
（2）使用【横排文字蒙版工具】创建文字选区时会自动创建文字图层。（　　）
（3）滤镜需要应用在当前的可视图层或选区。　　　　　　　　　　　（　　）

4. 操作题

通过为练习文件进行添加图层、应用【云彩】滤镜、添加渐变映射图层和设置图层混合模式等处理，将普通风景图像变成具有特殊效果的图像，如图 7-84 所示。

图 7-84 制作图像的前后效果

操作提示

（1）打开光盘中的"..\Example\Ch07\7.5.jpg"练习文件，然后在【图层】面板中新建一个空白图层。

（2）在【工具】面板中设置默认的前景色和背景色，然后选择【滤镜】|【渲染】|【云彩】命令，为图层添加【云彩】效果。

（3）选择应用【云彩】滤镜的图层，然后设置该图层的混合模式为【柔光】。

（4）单击【创建新的填充或调整图层】按钮，再选择【渐变映射】命令，然后设置一种渐变颜色，如图 7-85 所示。

（5）选择渐变映射图层，然后设置该图层的混合模式为【叠加】。

图 7-85 设置【渐变映射】图层设置渐变颜色

第 8 章 自动化与 Web 图像应用

学习目标

Photoshop 除了在编辑图像方面具有强大的功能外，还提供了许多实现自动化和网页应用的功能，如通过动作和自动化功能快速处理图像、利用切片切割图像等。本章将详细介绍在 Photoshop 中进行自动化处理图像和 Web 图像处理的应用。

学习重点

- ☑ 认识【动作】面板
- ☑ 创建和播放动作
- ☑ 使用自动化功能处理图像
- ☑ 对图像进行切片处理
- ☑ 将图像存储为网页文件

8.1 使用动作实现自动化

在 Photoshop 中，可以使用动作实现图像的自动化处理。

8.1.1 动作

动作是指在单个文件或一批文件上执行的一系列任务，如菜单命令、面板选项、工具动作等。

Photoshop 的大多数命令和工具操作都可以记录在动作中，它可以包含停止，以便可以执行无法记录的任务（如使用绘画工具等）。同时，动作也可以包含模态控制，提供播放动作时在对话框中输入值。

8.1.2 动作面板

Photoshop 含了许多预设的动作，这些动作可以通过【动作】面板应用。

1. 打开【动作】面板

在菜单栏中选择【窗口】|【动作】命令，或按 Alt+F9 快捷键，即可打开如图 8-1 所示的【动作】面板，单击动作前面的三角图标，可以展开或折叠已记录的命令。

2. 切换面板显示模式

【动作】面板默认以"列表模式"显示动作，但它也提供一种"按钮模式"显示动作。当在"按钮模式"时，只需单击对应的动作按钮，即可应用该动作。

打开【动作】面板菜单，然后选择【按钮模式】命令即可使用"按钮模式"显示动作，如图 8-2 所示。

图 8-1 【动作】面板

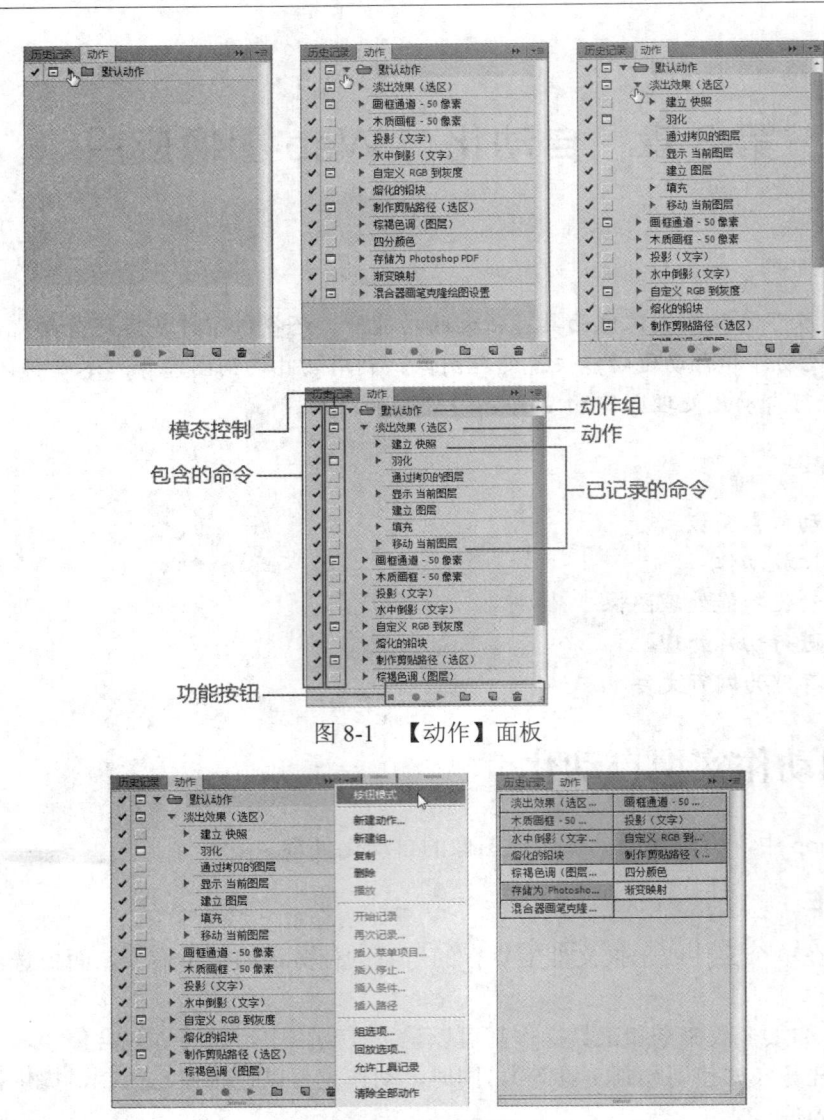

图 8-2 显示按钮模式

8.1.3 播放默认动作

播放动作可以在当前活动文件中执行动作记录的命令，其中一些动作需要先选择才可播放，而另一些动作则可对整个文件执行。

如果动作包括模态控制，可以在对话框中指定或在动作暂停时使用工具。如果想排除动作中的特定命令或只播放单个命令，可以取消选择动作包含的命令。

动手操作　播放默认动作

1 选择要对其播放动作的对象或打开文件。

2 执行以下操作之一：

（1）如果要播放整个动作，可以选择该动作的名称，然后在【动作】面板中单击【播放】按钮 ▶ ，或从面板菜单中选择【播放】命令，如图 8-3 所示。

（2）如果为动作指定了快捷键，按该快捷键就会自动播放动作。

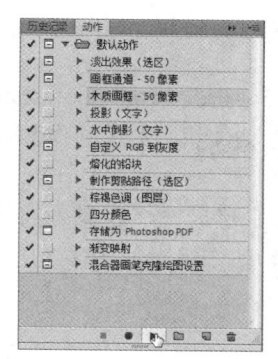

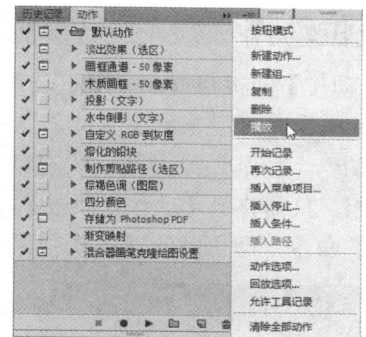

图 8-3 播放选定的动作

（3）如果要仅播放动作的一部分，可以选择要开始播放的命令项，单击【动作】面板中的【播放】按钮▶，或从面板菜单中选择【播放】命令。

（4）如果要播放单个命令，可以选择该命令，然后按住 Ctrl 键并单击【动作】面板中的【播放】按钮，也可以按住 Ctrl 键并双击该命令。

3 如果播放动作过程中弹出信息对话框，单击【继续】按钮可以继续播放动作；单击【停止】按钮可以取消播放动作，如图 8-4 所示。播放完动作后，即可通过文件窗口查看效果，如图 8-5 所示。

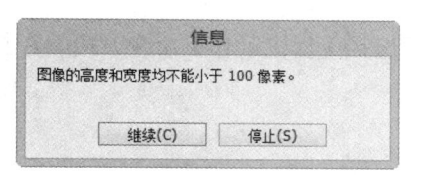

图 8-4 【信息】对话框

图 8-5 为文件播放【木质画框】动作的效果

问：播放动作后，想要还原动作前的状态怎么办？
答：可以在播放动作前在【历史记录】面板中拍摄快照，然后选择此快照以还原该动作，如图 8-6 所示。

图 8-6 通过历史快照还原图像

203

8.1.4 载入与复位动作

在默认情况下,【动作】面板只显示【默认动作】列表,不过 Photoshop CC 还提供了多种类型的动作组,在设计图像时可以根据需要载入这些动作组。对【动作】面板中的动作进行更改调整后,也可复位动作,使其还原到默认状态。

如果要载入动作组,只需打开【动作】面板菜单,然后选择要载入的动作组名称即可,例如,选择【图像效果】命令,即可载入【图像效果】动作组,如图 8-7 所示。

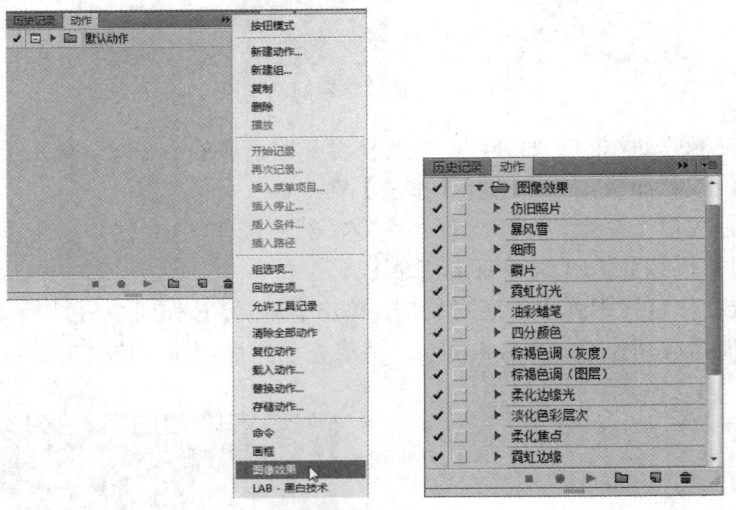

图 8-7 载入动作组

如果要复位动作,只需打开【动作】面板菜单,然后选择【复位动作】命令,接着在打开的提示对话框中单击【确定】按钮即可,如图 8-8 所示。

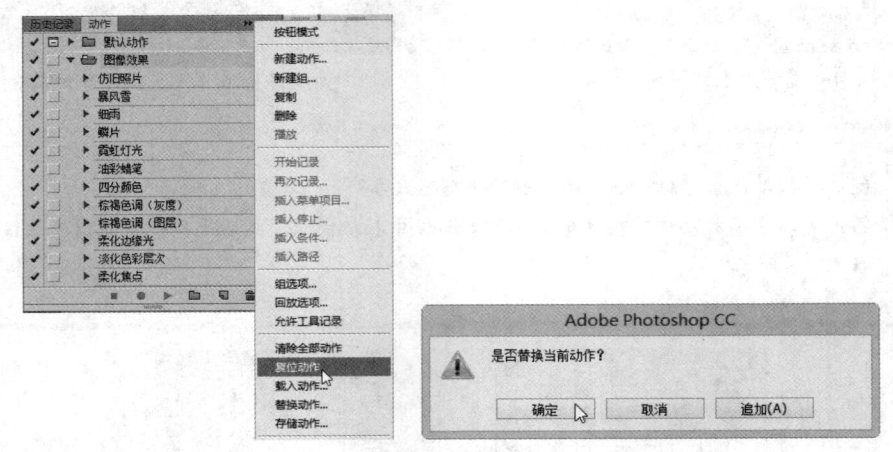

图 8-8 复制动作

8.1.5 创建动作与插入停止

1. 创建动作

创建动作的方法很简单,只需在【动作】面板中单击【创建新动作】按钮 ,打开【新建动作】对话框后,设置动作名称、目标组(即放置在那个动作组内)、功能键、颜色等属性,然后单击【记录】按钮，如图 8-9 所示。此时用户在图像上进行操作即可，这些操作将会被记录。

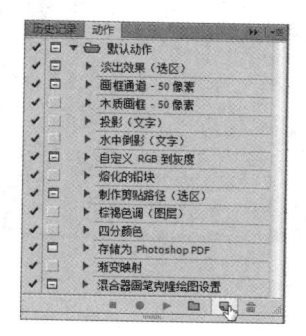

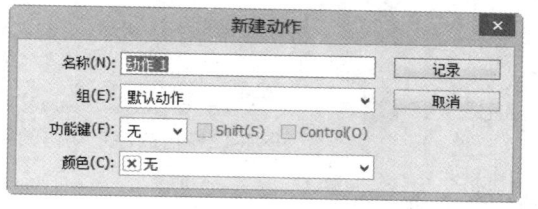

图 8-9　创建动作

当需要停止记录动作时，单击【动作】面板的【停止播放/记录】按钮即可，如图 8-10 所示。

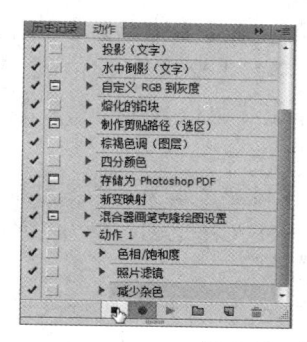

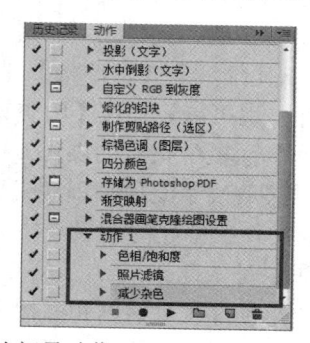

图 8-10　停止记录动作

2．插入停止

在创建动作中，可以在动作中包含停止，以便执行无法记录的任务（如使用绘图工具）。也可以在动作停止时显示一条简短消息，提醒在继续执行动作之前需要完成的任务。另外，可以在消息框中包含【继续】按钮，以防止万一出现不需要完成其他任务的情况。

要在动作中插入停止，可以先选择一个命令，以便在该名称后插入停止。此时打开【动作】面板菜单，选择【插入停止】命令，然后在【记录停止】对话框中输入希望显示的信息。如果希望可以继续执行动作而不停止，可以选择【允许继续】复选框，最后单击【确定】按钮即可，如图 8-11 所示。

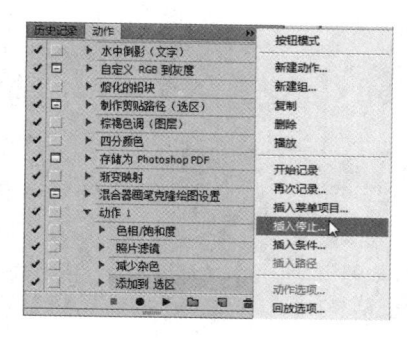

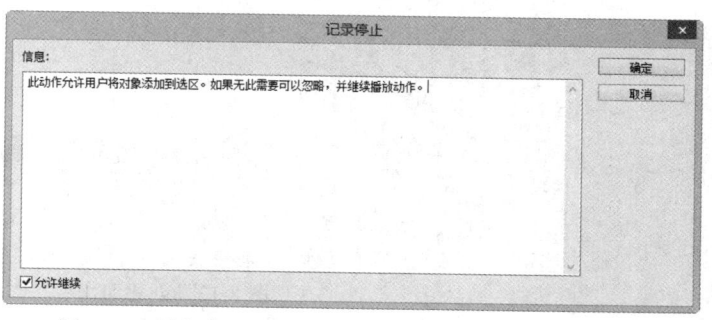

图 8-11　插入停止

当播放动作到插入停止的命令时，会弹出信息对话框，显示输入的信息，如图 8-12 所示。

205

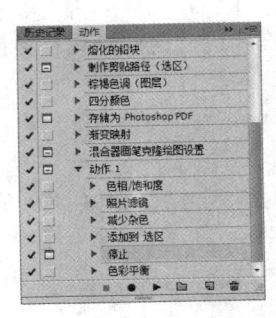

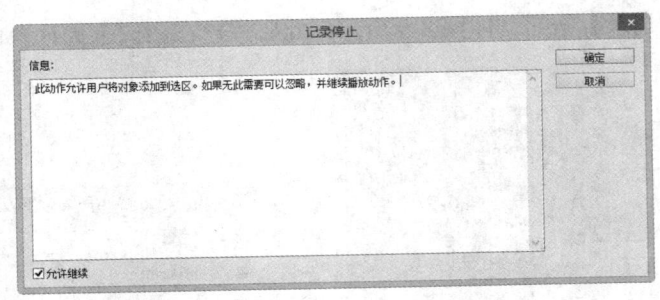

图 8-12　播放停止动作的结果

3. 记录动作命令的原则

记录动作命令的原则如下：

（1）可以在动作中记录大多数（而非所有）命令。

（2）在 Photoshop 中，可以记录用【选框】、【移动】、【多边形】、【套索】、【魔棒】、【裁剪】、【切片】、【魔术橡皮擦】、【渐变】、【油漆桶】、【文字】、【形状】、【注释】、【吸管】和【颜色取样器】工具执行的操作，也可以记录在【历史记录】、【色板】、【颜色】、【路径】、【通道】、【图层】、【样式】和【动作】面板中执行的操作。

（3）播放动作的结果取决于文件和程序设置的变量（如现用图层和前景色）。例如，3 像素的高斯模糊在 72ppi 文件上创建的效果与在 144ppi 文件上创建的效果不同，【色彩平衡】在灰度文件上创建的效果也是如此。

（4）如果记录的动作包含在对话框和面板中指定设置，动作将反映记录时有效的设置。如果在记录动作的同时更改对话框或面板中的设置，则会记录更改后的值。

（5）模态操作和工具以及记录位置的工具都使用当前为标尺指定的单位。模态操作或工具要求按 Enter 键或 Return 键才可应用其效果，如变换或裁剪。记录位置的工具包括【选框】、【切片】、【渐变】、【魔棒】、【套索】、【形状】、【路径】、【吸管】和【注释】工具。

（6）可以记录【动作】面板菜单上列出的【播放】命令，使一个动作接着另一个动作播放。

动手操作　创建制作油画的动作

1 打开光盘中的"..\Example\Ch08\8.1.5.jpg"文件，打开【动作】面板，然后单击【创建新组】按钮，打开【新建组】对话框后输入组名称，单击【确定】按钮，如图 8-13 所示。

图 8-13　创建动作组

2 创建动作组后，单击【创建新动作】按钮，然后在【新建动作】对话框中设置动作名称、颜色等选项，再单击【确定】按钮，如图 8-14 所示。

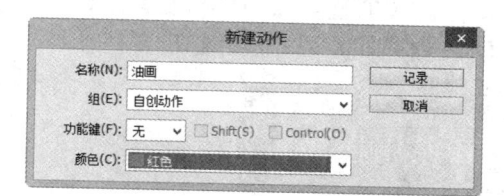

图 8-14　创建动作

3 选择【滤镜】|【滤镜库】命令，然后选择【干画笔】滤镜，再设置【干画笔】滤镜的选项，如图 8-15 所示。

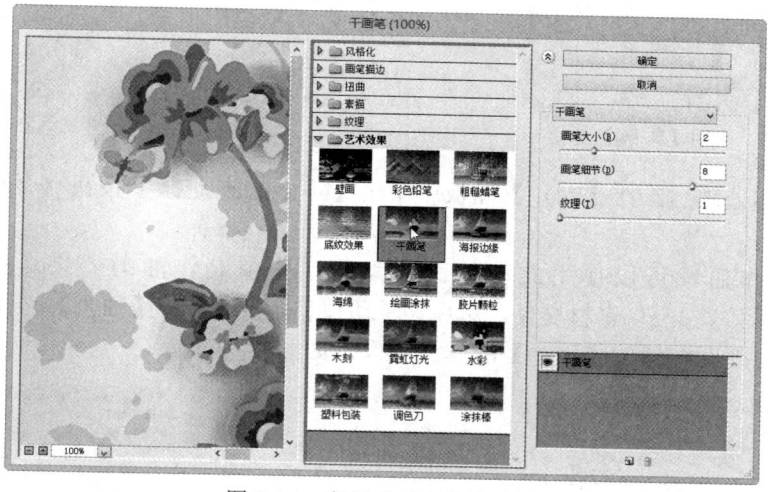

图 8-15　应用【干画笔】滤镜

4 在滤镜列表框中单击【新建效果图层】按钮，然后选择【水彩】滤镜，并设置该滤镜各个选项的参数，接着单击【确定】按钮，如图 8-16 所示。

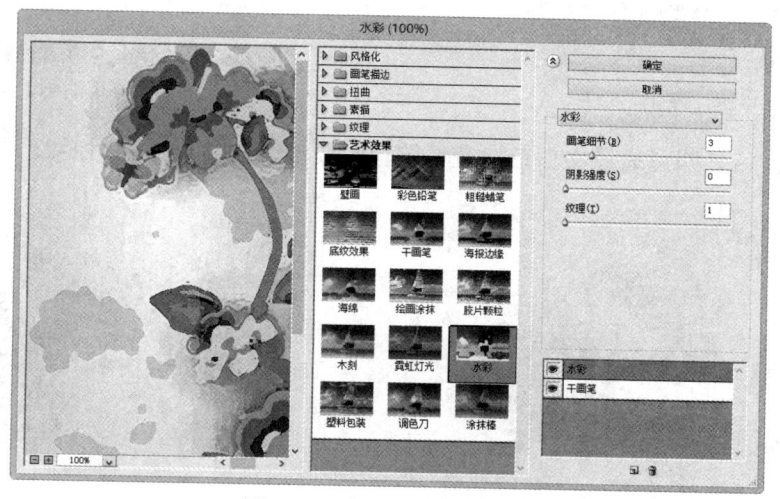

图 8-16　应用【水彩】滤镜

5 选择【滤镜】|【风格化】|【扩散】命令，然后选择【各向异性】单选项，再单击【确定】按钮，如图 8-17 所示。

6 选择【图像】|【调整】|【色彩平衡】命令，然后选择【中间调】单选项，再设置色阶参数，并单击【确定】按钮，如图 8-18 所示。

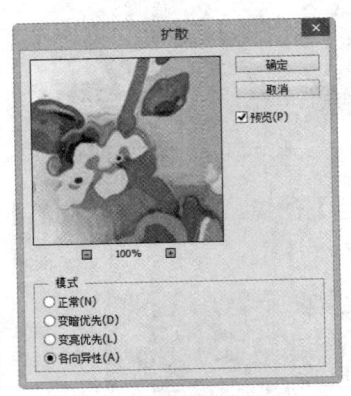

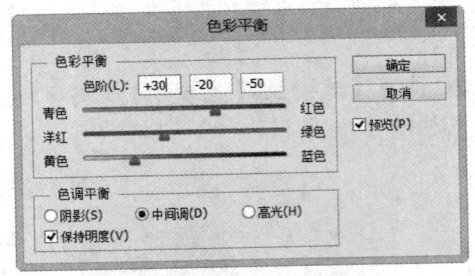

图 8-17　应用【扩散】滤镜　　　　　　　　图 8-18　调整图像色彩平衡

7 完成上述处理后，在【动作】面板中单击【停止播放/记录】按钮 ■ 停止记录，如图 8-19 所示。

8 创建动作后，可以使用此动作快速为其他图像制作油画效果。打开光盘中的"..\Example\Ch08\鲜花.jpg"素材文件，然后在【动作】面板中选择【油画】动作，再单击【播放选定的动作】按钮 ▶ 播放【油画】动作到图像，如图 8-20 所示。

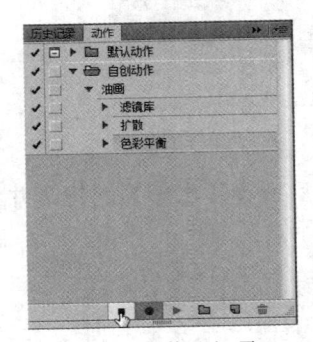

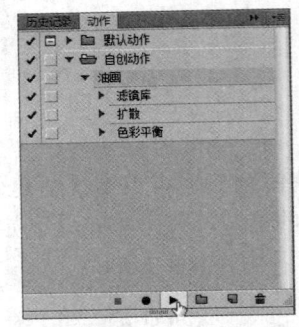

图 8-19　停止记录　　　　　　　　　图 8-20　播放【油画】动作

9 播放动作后，即可通过文件窗口查看图像制成油画的效果，如图 8-21 所示。

图 8-21　图像被制成油画的效果

8.2 处理一批图像文件

Photoshop CC 提供了非常实用的批处理图像功能，可以方便地对一批图像进行相同的处理，如对一批图像应用指定的动作、批次转换图像文件格式等。

8.2.1 批处理图像

【批处理】命令可以对一个文件夹中的文件应用动作。在使用【批处理】命令时应注意以下几点：

（1）当对文件进行批处理时，可以打开、关闭所有文件并存储对原文件的更改，或将修改后的文件版本存储到新的位置（原始版本保持不变）。如果要将处理过的文件存储到新位置，建议在开始批处理前先为处理的文件创建一个新文件夹。

（2）如果要使用多个动作进行批处理，则需要创建一个播放所有其他动作的新动作，然后使用新动作进行批处理。如果要批处理多个文件夹，可以在一个文件夹中创建要处理的其他文件夹的别名，然后选择【包含所有子文件夹】选项。

（3）为了提高批处理性能，应减少所存储的历史记录状态的数量，并在【历史记录】面板中取消选择【自动创建第一幅快照】选项。

动手操作　批处理图像

1 选择【文件】|【自动】|【批处理】命令。

2 在【组】和【动作】下拉菜单中指定要用来处理文件的动作，如图 8-22 所示。菜单会显示【动作】面板中可用的动作。如果未显示所需的动作，可能需要选择另一组或在面板中载入动作组。

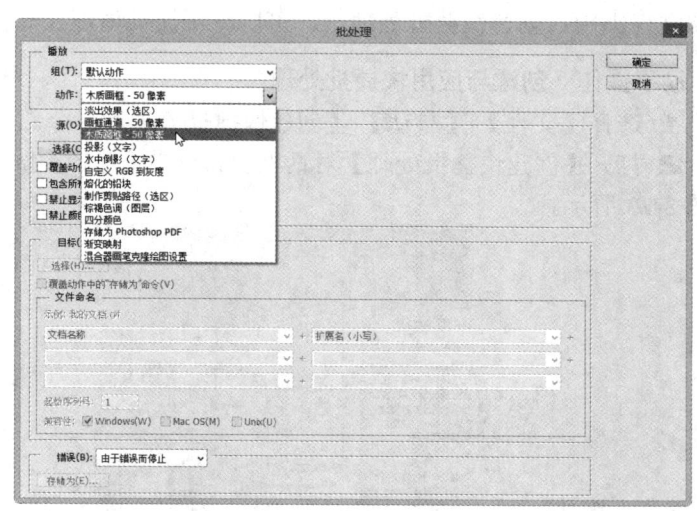

图 8-22　设置动作组和动作

3 从【源】下拉菜单中选择要处理图像所在的文件夹，然后指定目标文件夹，如果目标为【文件】，则需要为图像指定保存的目录；如果目标为【无】，则被处理的图像打开在 Photoshop 中；如果目标为【存储并关闭】，则被处理的图像替代原来图像。

4 此时设置处理、存储和文件命名选项，最后单击【确定】按钮即可。设置选项的说明如下：

- 覆盖动作中的"打开"命令：确保在没有打开已在动作的【打开】命令中指定的文件的情况下，已处理在【批处理】命令中选定的文件。如果动作包含用于打开已存储文件的【打开】命令而又未选择此选项，则【批处理】命令只会打开和处理用于记录此【打开】命令的文件。要使用此选项，动作必须包含【打开】命令。否则【批处理】命令将不会打开已选择用来进行批处理的文件。
- 包含所有子文件夹：处理指定文件夹的子目录中的文件。
- 禁止颜色配置文件警告：关闭颜色方案信息的显示。
- 禁止显示文件打开选项对话框：隐藏【文件打开选项】对话框，将使用默认设置或以前指定的设置。当对相机原始图像文件的动作进行批处理时，这是很有用的。
- 覆盖动作中的"存储为"命令：确保将已处理的文件存储到在【批处理】命令中指定的目标文件夹中，存储时采用其原始名称或在【批处理】对话框的【文件命名】部分中指定的名称。
- 文件命名：如果将文件写入新文件夹，可以指定文件命名约定。从下拉菜单中选择元素，或在字段中输入要组合为全部文件的默认名称的文本。可以通过这些字段，更改文件名各部分的顺序和格式。每个文件必须至少有一个唯一的字段（如文件名、序列号或连续字母）以防止文件相互覆盖。起始序列号为所有序列号字段指定起始序列号。

5 当执行批处理中的动作时，如果动作包含停止动作，弹出信息对话框时，单击【继续】按钮继续执行动作。

6 当批处理完成后，即可进入保存图像的目标文件夹，查看批处理结果。

8.2.2 创建和应用快捷批处理

快捷批处理将动作应用于一个或多个图像，或应用于将【快捷批处理】图标拖动到的图像文件夹中。创建快捷批处理后，可以将快捷批处理存储在桌面上或磁盘上的另一位置。

动手操作　创建与应用快捷批处理

1 选择【文件】|【自动】|【创建快捷批处理】命令。

2 打开【创建快捷批处理】对话框后，单击【选择】按钮，指定快捷批处理的存储位置，如图 8-23 所示。

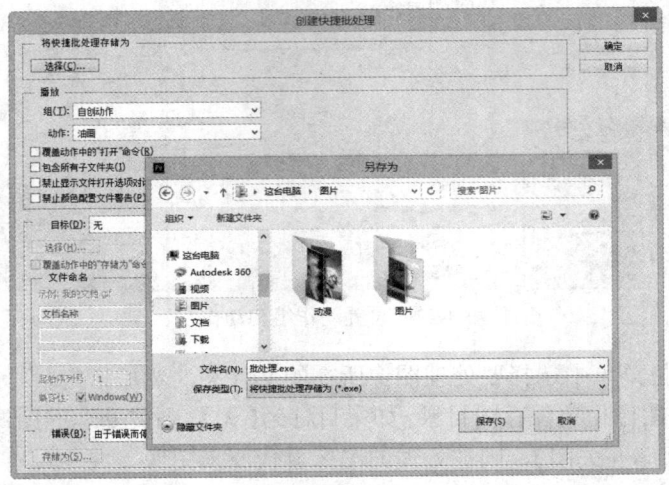

图 8-23　指定快捷批处理的存储位置

3 选择【动作组】，然后指定打算使用的动作。

4 设置处理、存储和文件命名选项。

5 单击【确定】按钮创建快捷批处理。完成创建后，可以在存储文件夹内看到快捷批处理的程序文件，如图 8-24 所示。

6 将需要处理的文件所在的文件夹拖动到快捷批处理图标上，即可执行批处理，如图 8-25 所示。如果 Photoshop 尚未运行，则将启动 Photoshop 执行处理。

图 8-24　查看快捷批处理的程序文件　　　　　图 8-25　应用快捷批处理

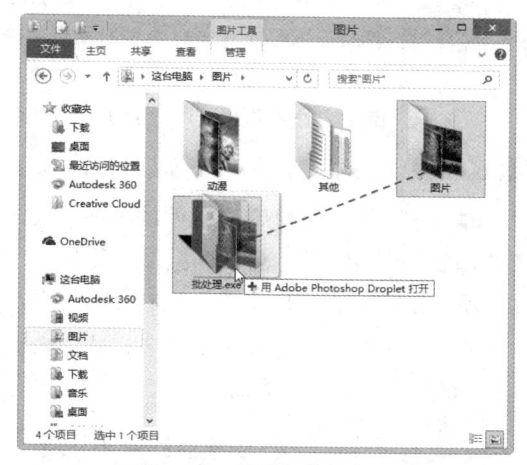

8.2.3　使用图像处理器转换文件

图像处理器可以转换和处理多个文件。它与【批处理】命令不同，用户不必先创建动作，就可以使用图像处理器来处理文件。

在图像处理器中可以执行下列任何操作：

（1）将一组文件转换为 JPEG、PSD 或 TIFF 格式之一，或者将文件同时转换为这三种格式。

（2）使用相同选项来处理一组相机原始数据文件。

（3）调整图像大小，使其适应指定的像素大小。

（4）嵌入颜色配置文件或将一组文件转换为 sRGB，然后将它们存储为用于 Web 的 JPEG 图像。

（5）在转换后的图像中包括版权源数据。

> 问：sRGB 是什么？
> 答：sRGB（standard Red Green Blue）是由 Microsoft 影像巨擘共同开发的一种彩色语言协议，微软联合爱普生、HP 惠普等提供一种标准方法来定义色彩，使显示、打印和扫描等各种计算机外部设备与应用软件对于色彩有一个共同的语言。

动手操作　使用图像处理器转换文件

1 选择【文件】|【脚本】|【图像处理器】命令。

211

2 打开【图像处理器】对话框后，单击【选择文件夹】按钮，选择要处理的图像，如图 8-26 所示。可以选择处理任何打开的文件，也可以选择处理一个文件夹中的文件。

3 如有需要，可以选择【打开第一个要应用设置的图像】复选框，以便对所有图像应用相同的设置。

> 问：选择【打开第一个要应用设置的图像】复选框有什么实际应用意义？
> 答：如果要处理一组在相同光照条件下拍摄的相机原始数据文件，可以将第一幅图像的设置调整到满意的程度，然后对其余图像应用同样的设置。如果文件的颜色配置文件与工作配置文件不符，可以对 PSD 或 JPEG 源图像应用此选项。

4 选择存储处理后的文件的位置。如果多次处理相同文件并将其存储到同一目标，每个文件都将以其自己的文件名存储，而不进行覆盖。

5 选择要存储的文件类型和选项，以及调整大小，如图 8-27 所示。相关选项的说明如下：

图 8-26　选择要处理图像的文件夹　　　　图 8-27　设置文件类型选项

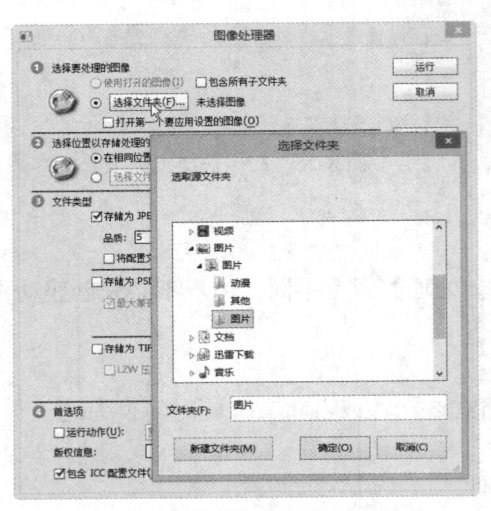

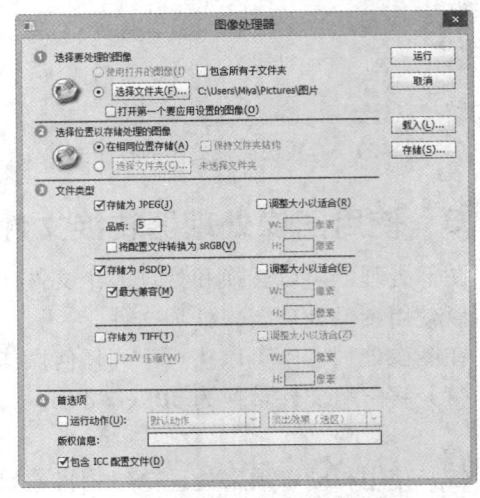

- 存储为 JPEG 将图像：以 JPEG 格式存储在目标文件夹中名为 JPEG 的文件夹中。
- 品质：设置 JPEG 图像品质（0~12）。
- 调整大小以适合：调整图像大小，使之适合在【宽度】和【高度】中输入的尺寸。图像将保持其原始比例。
- 将配置文件转换为 sRGB：将颜色配置文件转换为 sRGB。如果要将配置文件与图像一起存储，需要确保选中【包含 ICC 配置文件】复选框。
- 存储为 PSD：将图像以 Photoshop 格式存储在目标文件夹中名为 PSD 的文件夹中。
- 最大兼容：在目标文件内存储分层图像的复合版本，以兼容无法读取分层图像的应用程序。
- 存储为 TIFF：将图像以 TIFF 格式存储在目标文件夹中名为 TIFF 的文件夹中。
- LZW 压缩：使用 LZW 压缩方案存储 TIFF 文件。

6 设置以下的选项：

- 运行动作：运行 Photoshop 动作。从第一个菜单中选择动作组，从第二个菜单中选择动作。必须在【动作】面板中载入动作组后，它们才会出现在这些菜单中。
- 版权信息：包括在文件的 IPTC 版权元数据中输入的任何文本。此处所含文本将覆盖原始文件中的版权源数据。
- 包含 ICC 配置文件：在存储的文件中嵌入颜色配置文件。

7 设置完成后，单击【运行】按钮即可。

8.3 Web 图像的处理

使用 Photoshop 的 Web 图像处理工具和相关功能，可以轻松地将图像构建成网页及其组件，按照预设或自定格式输出完整网页。

8.3.1 将 Web 图像切片

切片使用 HTML 表或 CSS 图层将图像划分为若干较小的图像，这些图像可在 Web 页上重新组合。通过切片划分 Web 页图像后，可以指定不同的 URL 链接以创建页面导航，或使用其自身的优化设置对图像的每个部分进行优化。如图 8-28 所示为对图像进行切片后的结果。

当使用【存储为 Web 和设备所用格式】命令来导出包含切片的图像时，Photoshop 将每个切片存储为单独的文件并生成显示切片图像所需的 HTML 或 CSS 代码。

按照创建方式的不同，切片可以分为用户切片、基于图层的切片和自动切片三个种类。

- 用户切片：使用切片工具创建的切片。
- 基于图层的切片：通过图层创建的切片。
- 自动切片：当创建新的用户切片或基于图层的切片时，将会生成附加自动切片来占据图像的其余区域。换句话说，自动切片填充图像中用户切片或基于图层的切片未定义的空间，如图 8-29 所示。每次添加或编辑用户切片或基于图层的切片时，都会重新生成自动切片。

图 8-28　对图像进行切片的结果

图 8-29　自动切片

动手操作　将 Web 图像切片

1 在【工具】面板中选择【切片工具】，接着在【选项】面板中设置下列选项，如图 8-30 所示。

- 正常：在拖动时确定切片比例。
- 固定长宽比：设置高宽比。输入整数或小数作为长宽比。例如，若要创建一个宽度是高度两倍的切片，可以输入宽度 2 和高度 1。
- 固定大小：指定切片的高度和宽度。输入整数像素值。

图 8-30　设置切片工具选项

2 在要创建切片的区域上拖动，即可创建切片，如图 8-31 所示。按住 Shift 键并拖动可将切片限制为正方形；按住 Alt 键拖动可从中心绘制。

3 如果想要基于参考线创建切片，可以在图像上添加参考线，然后单击【选项】面板的【基于参考线的切片】按钮。

4 如果想要基于图层创建切片，可以打开【图层】面板并选择图层，然后选择【图层】|【新建基于图层的切片】命令，如图 8-32 所示。

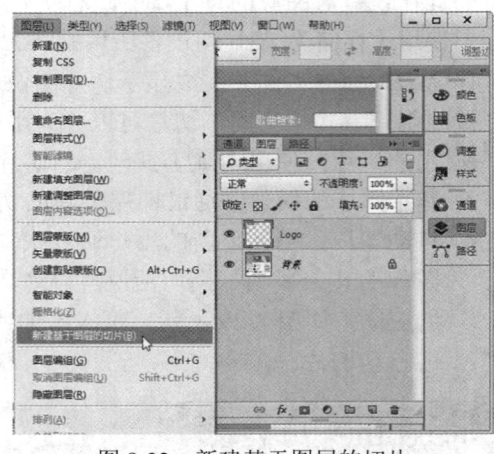

图 8-31　创建切片　　　　　　　　　　图 8-32　新建基于图层的切片

8.3.2　选择与修改切片

1. 选择一个或多个切片

要选择一个或多个切片，可以执行以下操作之一：

（1）选择【切片选择工具】并在图像中单击相应的切片，如图 8-33 所示。选择重叠切片时，单击底层切片的可见部分选择底层切片。

（2）选择【切片选择工具】，然后按住 Shift 键单击，以便选择到多个切片，如图 8-34 所示。

> 在使用【切片工具】或【切片选择工具】时，按住 Ctrl 键可以从一个工具切换到另一个工具。

图 8-33 选择单个切片　　　　　　　图 8-34 选择多个切片

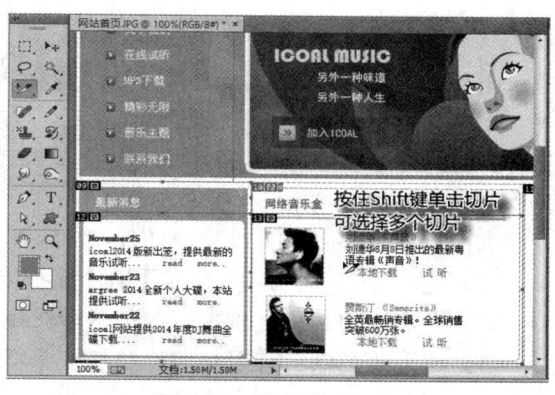

2. 移动用户切片或调整其大小

要移动用户切片或调整其大小，可以先选择一个或多个用户切片，然后执行下列操作之一：

（1）如果要移动切片，可以移动切片选框内的指针，将该切片拖动到新的位置，如图 8-35 所示。按住 Shift 键可将移动限制在垂直、水平或 45 度对角线方向上。

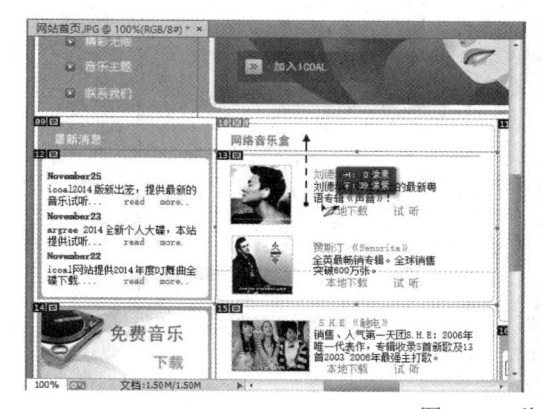

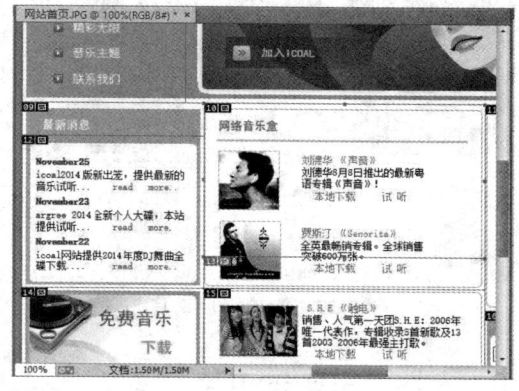

图 8-35 移动用户切片

（2）如果要调整切片大小，可以选择切片的边手柄或角手柄并拖动。如果选择相邻切片并调整其大小，这些切片共享的公共边缘将一起被调整大小，如图 8-36 所示。

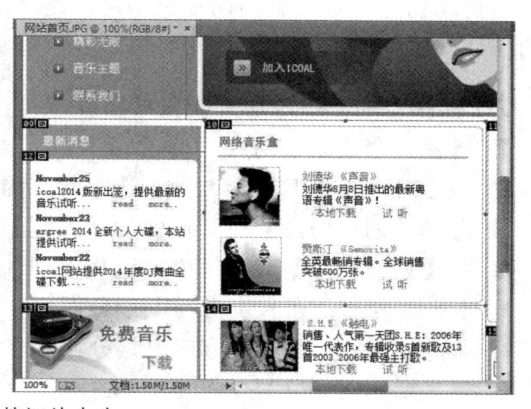

图 8-36 调整切片大小

215

3. 删除切片

在 Photoshop 中无法删除自动切片，但可以删除用户切片和基于图层的切片。

删除了用户切片或基于图层的切片后，将会重新生成自动切片以填充文档区域。删除基于图层的切片并不删除相关图层；但是，删除与基于图层的切片相关的图层会删除该基于图层的切片。

执行下列操作之一可以删除切片：

（1）选择【切片工具】或【切片选择工具】，并按 Backspace 键或 Delete 键。

（2）在选定的切片上单击右键，然后选择【删除切片】命令，如图 8-37 所示。

（3）如果要删除所有用户切片和基于图层的切片，可以选择【视图】|【清除切片】命令，如图 8-38 所示。

图 8-37 删除用户切片

图 8-38 清除所有切片

8.3.3 划分与组合切片

1. 划分切片

划分切片可以沿水平方向、垂直方向或同时沿这两个方向划分切片。不论原切片是用户切片还是自动切片，划分后的切片总是用户切片。需要注意，【划分切片】功能无法划分基于图层的切片。

动手操作　划分用户切片和自动切片

1 选择一个或多个切片。

2 在【切片选择工具】处于选定状态的情况下，在【选项】面板中单击【划分】按钮。

3 选择【划分切片】对话框中的【预览】复选框以预览更改。

4 在【划分切片】对话框中，选择下列选项之一或全部：

- 水平划分为：在长度方向上划分切片。
- 垂直划分为：在宽度方向上划分切片。

5 定义要如何划分每个选定的切片：

（1）选择【纵向切片】或【横向切片】选项并在其文本框中输入一个值，以便将每个切片平均划分为指定数目的切片。

（2）选择【像素/切片】选项并在其文本框中输入一个值，以便使用指定数目的像素创建切片。如果按该像素数目无法平均地划分切片，则会将剩余部分划分为另一个切片。例如，如果将 100 像素宽的切片划分为 3 个 30 像素宽的新切片，则剩余的 10 像素宽的区域将变成一个新的切片。

❻ 完成设置后，单击【确定】按钮，如图 8-39 所示。

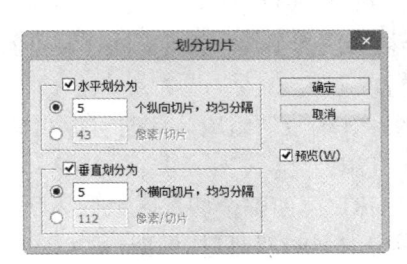

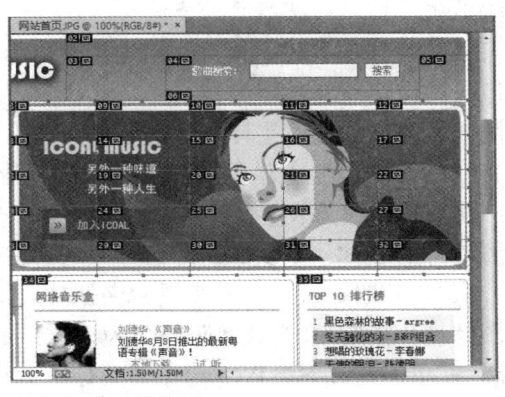

图 8-39　划分切片及其结果

2. 组合切片

在修改切片的过程中，可以将两个或多个切片组合为一个单独的切片。Photoshop 通过连接组合切片的外边缘创建的矩形来确定所生成切片的尺寸和位置。如果组合切片不相邻，或者比例、对齐方式不同，则新组合的切片可能会与其他切片重叠。

选择两个或更多的切片，然后在选定切片上单击右键，再选择【组合切片】命令即可组合切片，如图 8-40 所示。

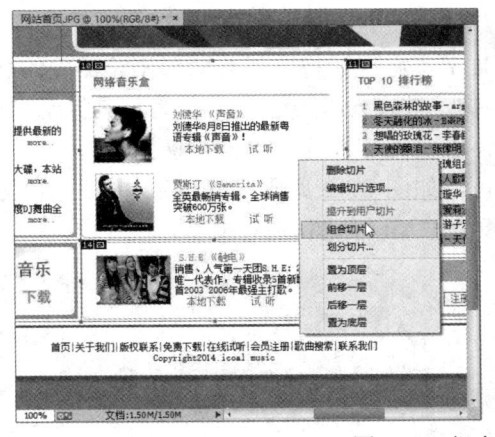

图 8-40　组合切片及其结果

> 组合切片将采用选定的切片系列中的第一个切片的优化设置。组合切片始终为用户切片，而与原始切片是否包括自动切片无关。另外，无法组合基于图层的切片。

8.3.4 设置切片选项

对图像进行切片处理后，可以在【切片选项】对话框中设置切片的名称、尺寸、对齐方式、背景颜色等选项，以及为切片设置链接，使切片在 Web 上可以更加有效地应用。

动手操作　设置切片选项

1 选择【切片选择工具】，再选择一个切片，在【选项】面板上单击【为当前切片设置选项】按钮。

2 打开【切片选项】对话框后，指定切片内容类型，如图 8-41 所示。
- 图像：图像切片包含图像数据，是默认的内容类型。
- 无图像：允许创建可在其中填充文本或纯色的空表单元格，可以在【无图像】切片中输入 HTML 文本。类型为【无图像】的切片不会被导出为图像，并且无法在浏览器中预览。
- 表：将切片创建为表格。

3 设置切片的名称。默认的切片名称由"文件名称+编号"组成，此时可以重命名切片。在向图像中添加切片时，根据内容来重命名切片会很有用。

4 为图像切片指定 URL 链接信息。为切片指定 URL 可使整个切片区域成为所生成 Web 页中的链接。在单击链接时，Web 浏览器会导航到指定的 URL 和目标框架。

5 如果需要，可以在【目标】文本框中输入目标框架的名称，如图 8-42 所示。
- _blank：在新窗口中显示链接文件，同时保持原始浏览器窗口为打开状态。
- _self：在原始文件的同一框架中显示链接文件。
- _parent：在自己的原始父框架组中显示链接文件。链接文件显示在当前的父框架中。
- _top：用链接的文件替换整个浏览器窗口，移去当前所有帧。当用户单击链接时，指定的文件将出现在新框架中。

6 指定浏览器消息和替代文本。
- 消息文本：为选定的切片设置在浏览器状态栏显示的消息。默认情况下，将显示切片的 URL。
- Alt 标记：指定选定切片的 Alt 标记。Alt 文本出现后将取代非图形浏览器中的切片图像。Alt 文本还在图像下载过程中取代图像，并在一些浏览器中作为工具提示出现。

7 如有必要，可以设置切片的尺寸和位置，以及为切片选择一种背景色。

8 完成这些设置后，单击【确定】按钮即可，如图 8-42 所示。当 Web 图像导出为网页后，将鼠标移到设置切片选项的图像上时，即可看到 Alt 标记和消息文本。

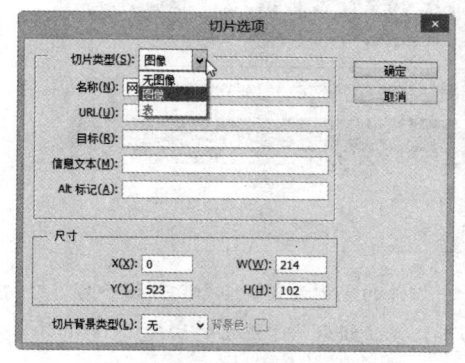

图 8-41　指定切片内容类型　　　　图 8-42　设置其他切片选项

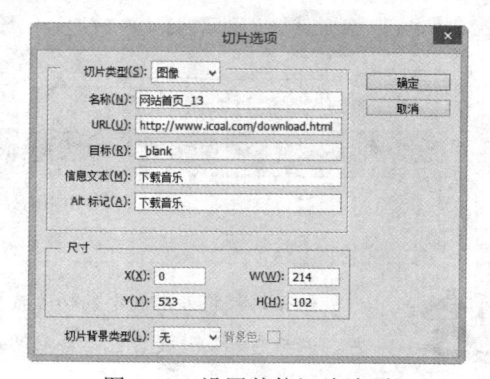

8.3.5 存储 Web 图像为网页

为 Web 图像设计并创建好切片后，即可将图像存储为网页，以发布到网站。在 Photoshop 中，可以通过【存储为 Web 所用格式】对话框将图像存储为网页，并对图像切片进行优化处理。

在【存储为 Wen 所用格式】对话框中，如果想要显示所有切片，可以单击【切换切片可见性】按钮，如图 8-43 所示。

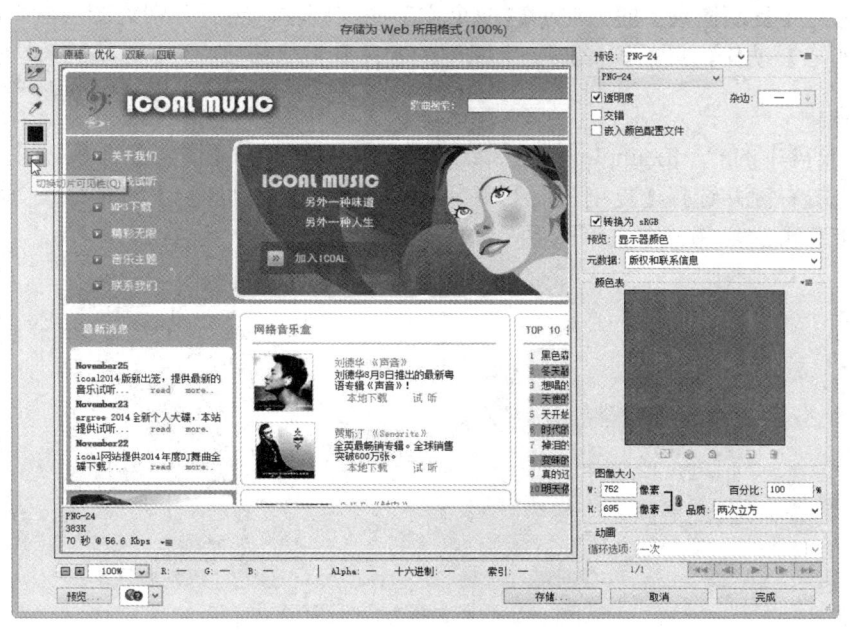

图 8-43 切换切片的可见性

设置完成后，可以单击对话框左下方的【预览】按钮，通过浏览器预览 Web 图像存储为网页的效果，如图 8-44 所示。

图 8-44 预览 Web 图像存储成网页的效果

8.4 技能训练

下面通过多个上机练习实例，巩固所学知识。

8.4.1 上机练习1：制作拉丝金属立体标题文字

本例先通过【复制图层】的方法创建两个文字图层副本，然后分别为图层副本播放【拉丝金属】和【凹陷】动作，最后调整原文字图层的顺序和混合模式。

操作步骤

1 打开光盘中的"..\Example\Ch08\8.4.1.psd"文件，打开【图层】面板，在"情人节快乐"图层上单击右键并选择【复制图层】命令，然后通过【复制图层】对话框设置相关选项并复制图层，接着再次复制一个文字图层，如图8-45所示。

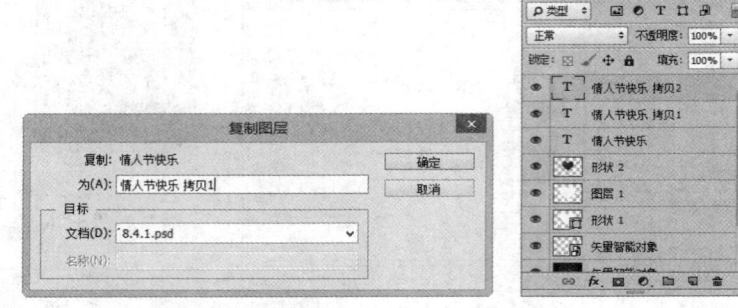

图8-45 复制两个背景图层

2 打开【动作】面板，再单击 按钮，从菜单中选择【文字效果】命令，载入【文字效果】动作组，然后选择"情人节快乐 拷贝1"图层，并为该图层播放【拉丝金属（文字）】动作，如图8-46所示。

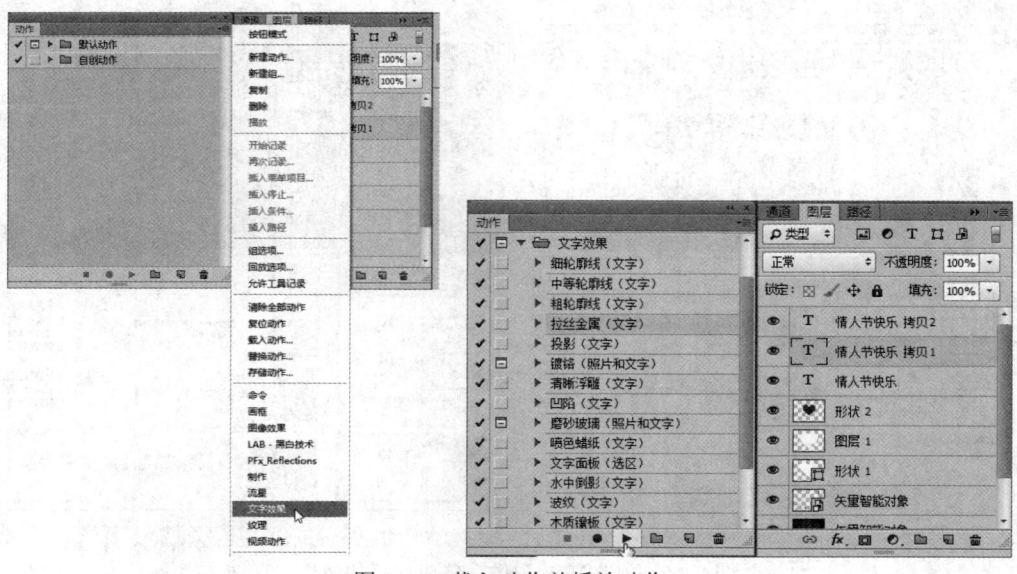

图8-46 载入动作并播放动作

3 选择"情人节快乐 拷贝 2"图层，然后为该图层播放【凹陷（文字）】动作，如图 8-47 所示。

4 选择"情人节快乐"图层，然后将此图层拖到最顶层，设置图层的混合模式为【强光】，返回文件窗口查看文字的效果，如图 8-48 所示。

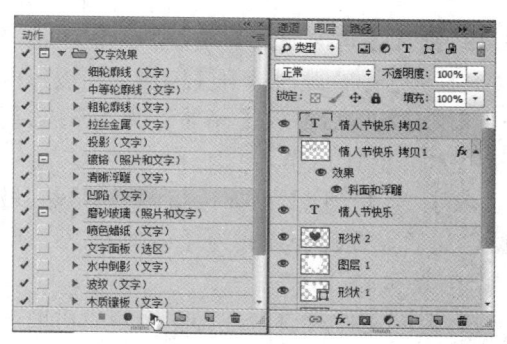

图 8-47　为图层播放凹陷动作

图 8-48　设置图层混合模式并查看结果

8.4.2　上机练习 2：将图像制作成仿旧照片效果

本例先载入【图像效果】动作组，然后为图像播放【仿旧照片】动作，再播放【棕褐色调】动作，接着将播放【仿旧照片】动作的图层移到最顶层，并设置混合模式和不透明度。

操作步骤

1 打开光盘中的"..\Example\Ch08\8.4.2.jpg"文件，打开【动作】面板，再单击 按钮，从菜单中选择【图像效果】命令，载入【图像效果】动作组，如图 8-49 所示。

2 打开【图层】面板并选择背景图层，然后打开【图像效果】动作组，再选择【仿旧照片】动作，单击【播放选定的动作】按钮 ▶ 播放【仿旧照片】动作，如图 8-50 所示。

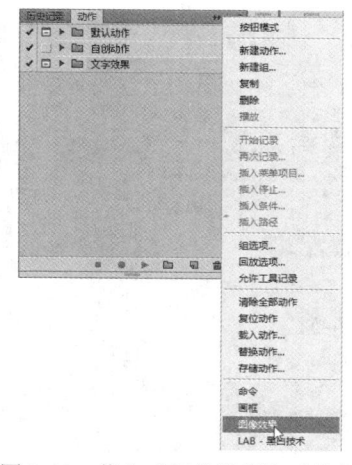

图 8-49　载入【图像效果】动作组

图 8-50　播放【仿旧照片】动作

3 播放【仿旧照片】动作后，程序将自动创建出图层 1，此时打开【图层】面板，再选择图层 1，然后播放【棕褐色调（图层）】动作，如图 8-51 所示。

4 打开【图层】面板，将图层 1 拖到最顶层，然后设置混合模式为【柔光】、不透明度为 50%，如图 8-52 所示。

5 返回文件窗口，查看图像制成仿旧照片的效果，如图 8-53 所示。

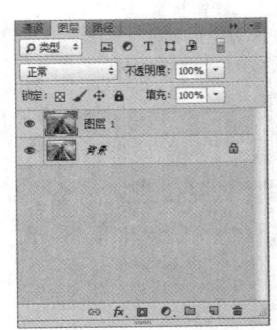

图 8-51　选择图层并播放【棕褐色调】动作

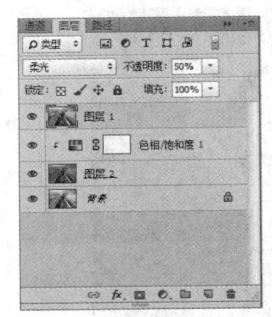

图 8-52　调整图层顺序并设置图层混合

图 8-53　查看图像的效果

8.4.3　上机练习 3：批制作图像的油彩蜡笔效果

本例将使用【批处理】功能，为多个图像批次应用【图像效果】动作组中的【油彩蜡笔】动作，然后以新文件保存图像。

操作步骤

1 选择【文件】|【自动】|【批处理】命令，打开【批处理】对话框后，选择【图像效果】动作组，再选择【油彩蜡笔】动作，如图 8-54 所示。

2 在【批处理】对话框中选择【源】为【文件夹】，再单击【选择】按钮并指定图像所在的文件夹作为来源，如图 8-55 所示。

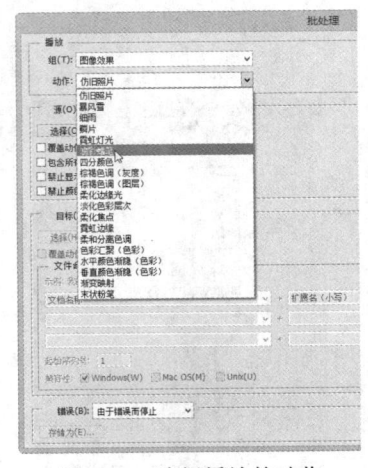

图 8-54　选择播放的动作

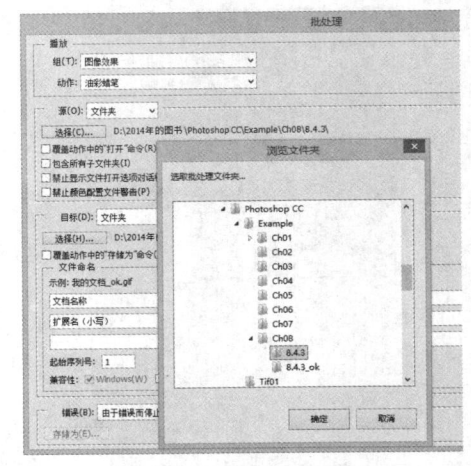

图 8-55　指定来源文件夹

3 在【批处理】对话框中选择【目标】为【文件夹】,再指定保存新文件的文件夹,然后设置文件命名的方式,接着单击【确定】按钮,如图 8-56 所示。

4 打开【另存为】对话框后,使用默认的文件名称,并单击【保存】按钮,如图 8-57 所示。当再次打开【另存为】对话框时,只需单击【保存】按钮即可。

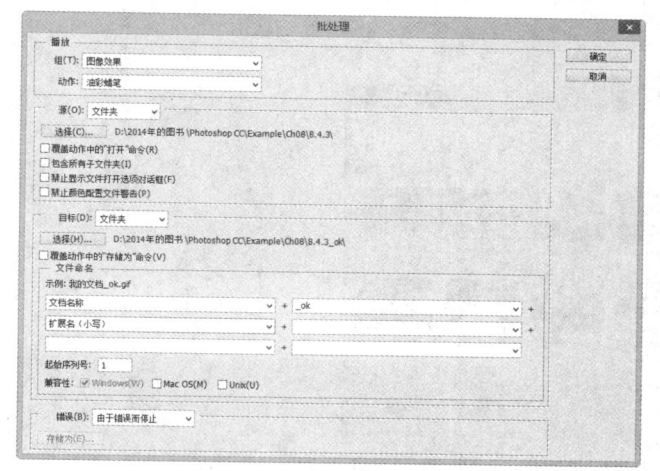

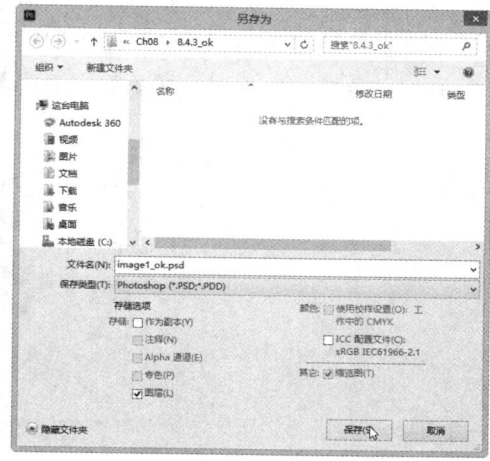

图 8-56 设置目标文件夹和文件命名方式

图 8-57 确定保存文件

5 完成上述操作后,Photoshop 已经将【油彩蜡笔】动作播放到源文件夹所有的图像中,此时可以从目标文件夹中找到处理后的文件。将新文件打开到 Photoshop 中,即可查看图像播放【油彩蜡笔】动作的效果,如图 8-58 所示。

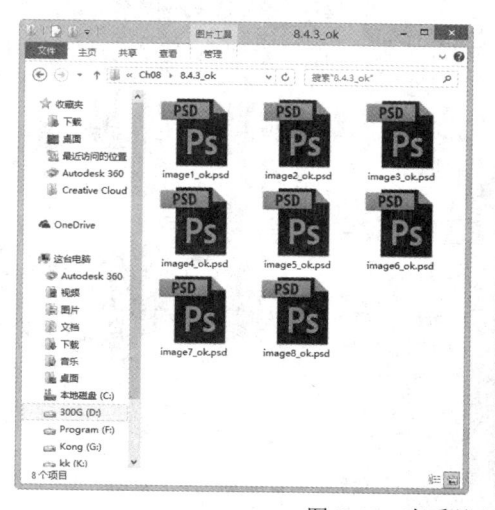

图 8-58 查看处理后的文件和效果

8.4.4 上机练习 4:将多个图像制成 PDF 演示文稿

本例使用【PDF 演示文稿】功能,将多个图像文件制作成包含文件名和扩展名的演示文稿,并设置演示文稿中幻灯片的换片间隔和过渡效果,以及添加打开演示文稿文件的口令。

操作步骤

1 选择【文件】|【自动】|【PDF 演示文稿】命令,打开【PDF 演示文稿】对话框后单

击【浏览】按钮，然后从"..\Example\Ch08\8.4.4"文件夹中选择所有图像文件，再单击【打开】按钮，如图 8-59 所示。

图 8-59　指定制作 PDF 演示文稿的来源图像

2 指定来源图像后，设置存储为【演示文稿】选项，再设置其他输出选项，然后打开【过渡效果】列表框，选择【垂直向内拆分】选项，单击【存储】按钮，如图 8-60 所示。

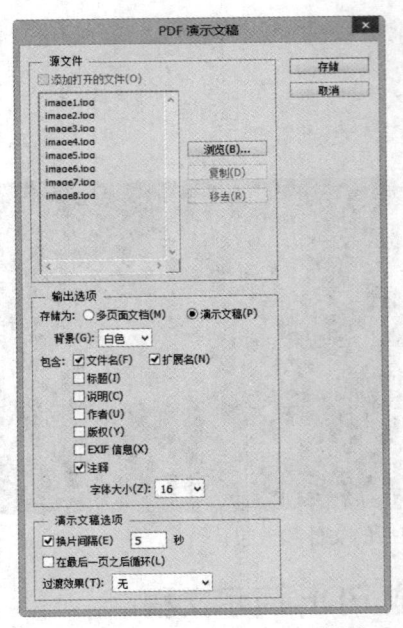

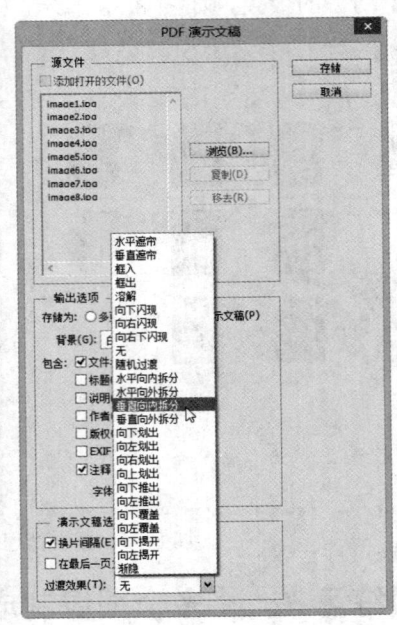

图 8-60　设置 PDF 演示文稿的选项

3 打开【另存为】对话框后，设置文件名称，然后单击【保存】按钮，如图 8-61 所示。
4 此时程序打开【存储 Adobe PDF】对话框，选择【一般】选项，然后设置打开 PDF 演示文稿的 Acrobat 程序的兼容性版本，如图 8-62 所示。

图 8-61　设置文件名称和保存位置 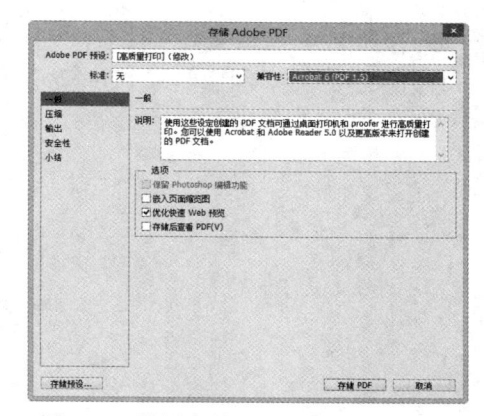　　　　　　图 8-62　设置存储 PDF 文件的一般选项

5 选择【压缩】选项，再设置各个压缩选项，如图 8-63 所示。
6 选择【输出】选项，再设置各个输出选项，如图 8-64 所示。

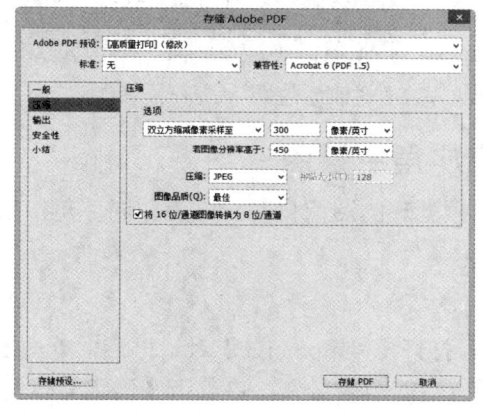

图 8-63　设置压缩选项 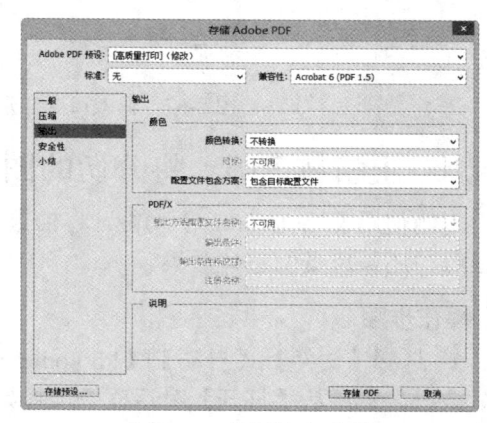　　　　　　　　　　　图 8-64　设置输出选项

7 选择【安全性】选项，选择【要求打开文档的口令】复选项，然后输入口令并单击【存储 PDF】按钮，如图 8-65 所示。

8 打开【确认密码】对话框后，再次输入打开文档的口令（本例口令为 123456），然后单击【确定】按钮，如图 8-66 所示。

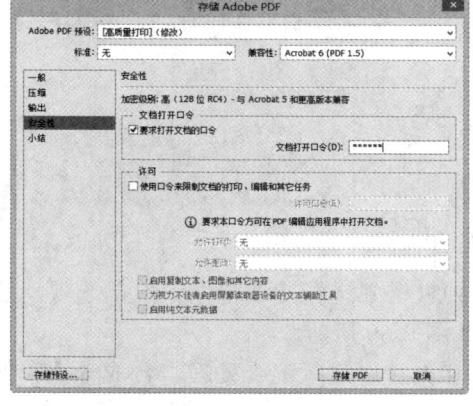

图 8-65　设置安全性选项 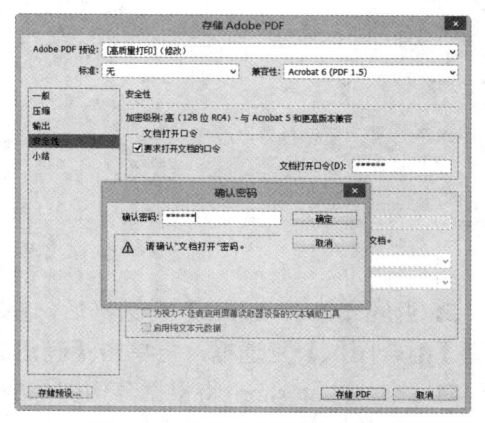　　　　　　　　　　图 8-66　确定密码并存储 PDF

225

9 存储 PDF 演示文稿文件后，当打开该文件时，即要求输入口令。此时输入正确的口令，即可打开文件，查看图像制成 PDF 演示文稿的效果，如图 8-67 所示。

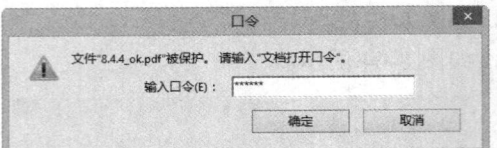

图 8-67　输入口令打开 PDF 演示文稿文件并查看效果

8.4.5　上机练习 5：将分切的图像合成广角全景照

本例使用【Photomerge】功能，将拍摄时分切拍摄处理的图像自动合成为如同广角拍摄的全景照，还原风景的整体效果。

操作步骤

1 选择【文件】|【自动】|【Photomerge】命令，打开【Photomerge】对话框后，单击【浏览】按钮，然后从【打开】对话框中选择如图 8-68 所示的图像文件，再单击【确定】按钮。

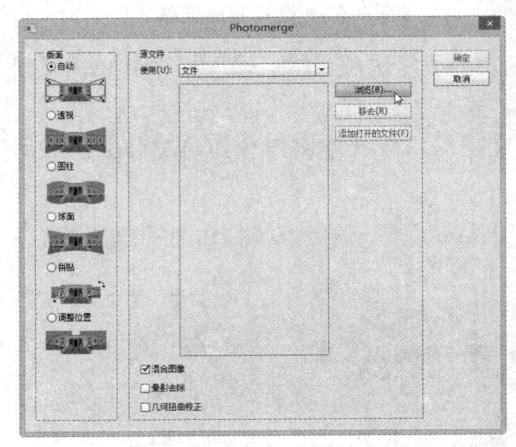

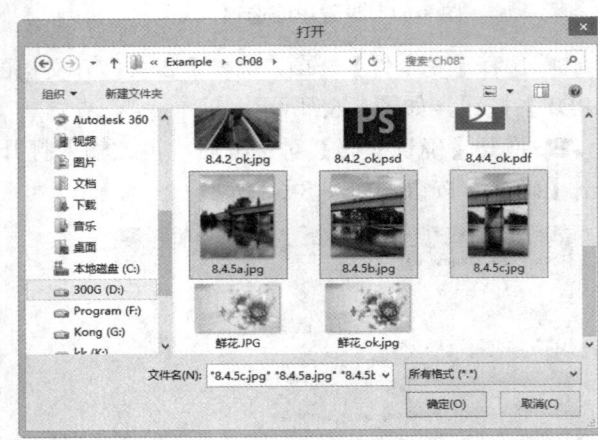

图 8-68　执行【Photomerge】命令并选择来源文件

2 返回【Photomerge】对话框后，在【版面】列表框中选择【调整位置】单选项，然后选择【混合图像】复选框，再单击【确定】按钮，如图 8-69 所示。

3 此时 Photoshop 将根据分切图像的结合处的相似程度进行混合处理，合成一个和使用广角镜头拍摄的风景全照一样的图像，如图 8-70 所示。

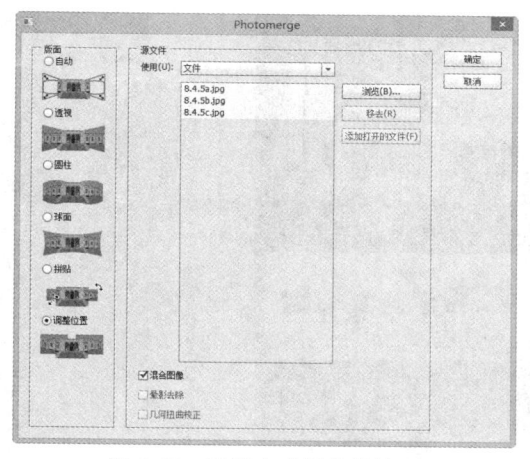

图 8-69　设置合成图像的选项　　　　　　　图 8-70　合成图像的结果

8.4.6　上机练习 6：制作图像切片并存储为网页

本例先为图像添加划分基本区域的参考线，再创建基于参考线的切片，然后使用【切片工具】针对图像的特定区域进行切片处理，接着将图像存储为 Web 所有格式，最后通过浏览器查看图像存储成网页的效果。

操作步骤

1 打开光盘中的 "..\Example\Ch08\8.4.6.psd" 文件，选择【视图】|【标尺】命令显示标尺，如果【视图】菜单中的【对齐】命令项左侧有一个钩的图示，则需要再选择【视图】|【对齐】命令，取消对齐功能，如图 8-71 所示。

2 选择【移动工具】，然后按住图像左侧的标尺并向右拖出参考线，将参考线放置在网页图像导航列和横幅之间，接着按住图像上方的标尺并向下拖出参考线，如图 8-72 所示。

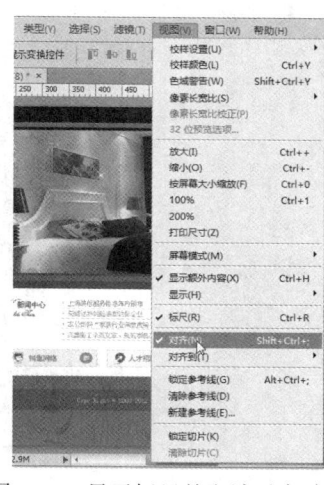

图 8-71　显示标尺并取消对齐功能

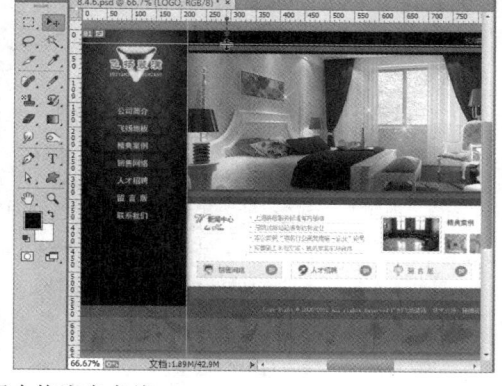

图 8-72　在标尺上拖出参考线

3 使用步骤 2 的方法，按照网页图像的版面布局，拖出多条参考线，将图像主要区域间隔开，如图 8-73 所示。

图 8-73　拖出多条参考线

4 在【工具】面板中选择【切片工具】，然后在【选项】面板中单击【基于参考线的切片】按钮，创建基于参考线的切片，如图 8-74 所示。

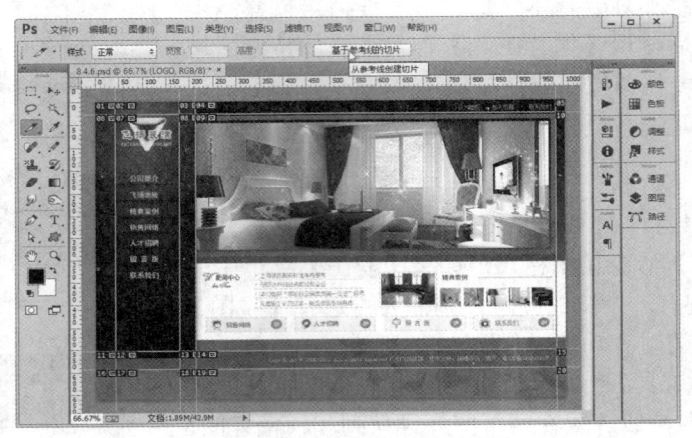

图 8-74　创建基于参考线的切片

5 选择【切片工具】，在网页图像的 Logo 内容上拖动鼠标，创建包含 Logo 部分的切片，再使用工具在图像垂直导航列区域上拖动，创建包含垂直导航列内容的切片，如图 8-75 所示。

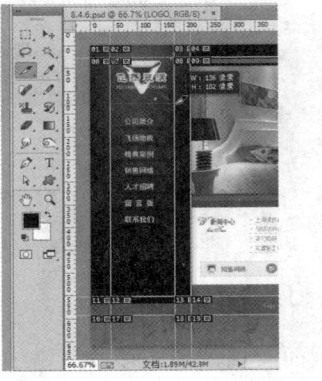

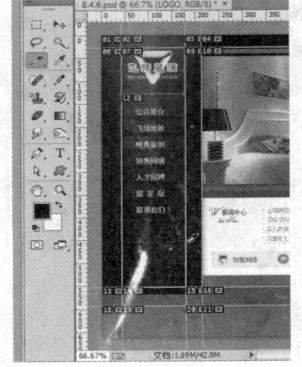

图 8-75　手动创建切片

6 使用步骤 5 的方法，针对网页图像的其他内容区域，创建多个切片，结果如图 8-76 所示。

图 8-76　创建其他切片的效果

7 选择【文件】|【存储为 Web 所用格式】命令，然后选择 Logo 内容上的切片，再设置切片输出格式和优化选项，如图 8-77 所示。

图 8-77　设置切片的输出格式和优化选项

8 使用步骤 7 的方法，分别为其他切片设置相同的输出格式和优化选项，然后单击【存储】按钮，如图 8-78 所示。

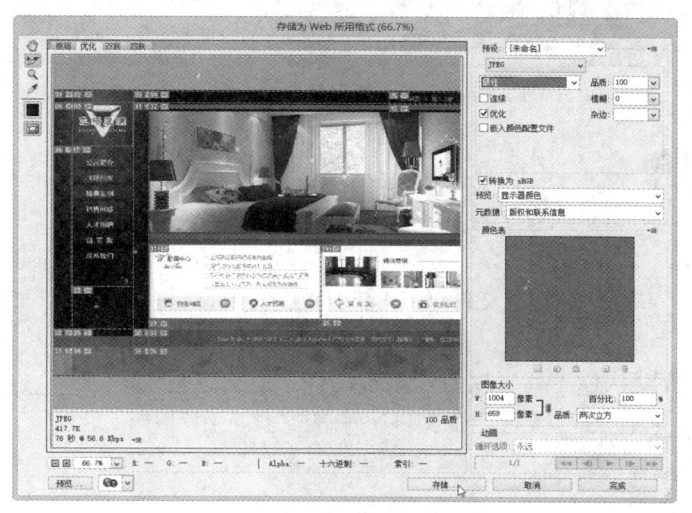

图 8-78　设置其他切片的输出格式和优化选项

9 打开【将优化结果存储为】对话框后，选择保存文件的位置，然后设置文件名称和格式，接着单击【保存】按钮，当弹出警告对话框时，直接按【确定】按钮即可，如图 8-79 所示。

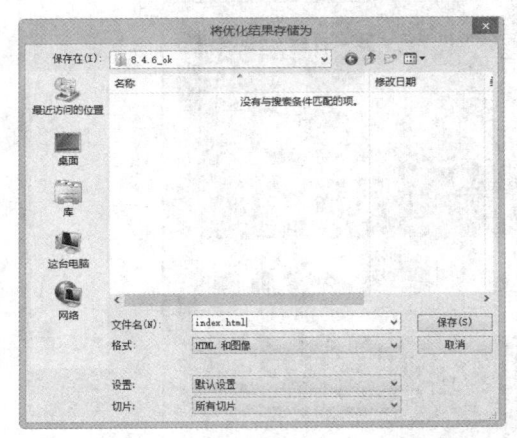

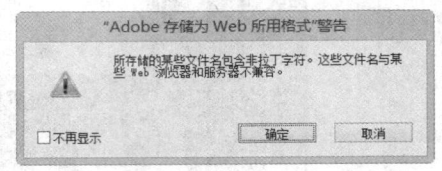

图 8-79　保存网页文件

10 此时进入保存网页文件的文件夹，将网页文件在浏览器中打开，查看图像进行过切片处理并保存为网页的效果，如图 8-80 所示。

图 8-80　查看图像存储成网页的结果

8.5　评测习题

1. 填充题

（1）_____是指在单个文件或一批文件上执行的一系列任务，如菜单命令、面板选项、工具动作等。

（2）【动作】面板默认以"列表模式"显示动作，但它也提供一种_____显示动作。

（3）_____命令可以对一个文件夹中的文件应用动作。

2. 选择题

（1）【动作】面板提供哪两种模式显示动作？　　　　　　　　　　　　　　　（　　）

A. 菜单模式和选项模式　　　　　B. 项目模式和列表模式
C. 列表模式和缩图模式　　　　　D. 列表模式和按钮模式

（2）在图像处理器中不可以执行下列哪个操作？　　　　　　　　　　　（　　）
A. 使用相同选项来处理一组相机原始数据文件
B. 调整图像大小，使其适应指定的像素大小
C. 调整图像的色彩模式和数字签名
D. 在转换后的图像中包括版权元数据

（3）切片按照创建方式可以分为三类，以下哪个不是其中的一类？　　（　　）
A. 用户切片　　　　　　　　　　B. 文字切片
C. 基于图层切片　　D. 自动切片

3. 判断题

（1）播放动作可以在当前活动文件中执行动作记录的命令，其中一些动作需要先行选择才可播放，而另一些动作则可对整个文件执行。　　　　　　　　　　　　　　　　　　（　　）
（2）在创建动作时，可以在动作中记录程序的所有命令。　　　　　　　（　　）
（3）图像处理器可以转换和处理多个文件，用户不必先创建动作，就可以使用图像处理器来处理文件。　　　　　　　　　　　　　　　　　　　　　　　　　　　　　　（　　）
（4）划分切片可以沿水平方向、垂直方向或同时沿这两个方向进行。　（　　）

4. 操作题

为练习文件播放【画框】动作组中的【照片卡角】动作，结果如图 8-81 所示。

图 8-81　播放【照片卡角】动作的图像效果

提示

（1）首先打开光盘中的"..\Example\Ch08\8.5.jpg"练习文件。
（2）打开【动作】面板，再单击 按钮并从菜单中选择【画框】命令，载入【画框】动作组。
（3）打开【动作】面板中的【画框】动作组，再选择【照片卡角】动作，接着单击【播放选定的动作】按钮 ，播放【照片卡角】动作。

231

第 9 章　图像设计上机特训

学习目标

本章通过 10 个上机练习实例，介绍 Photoshop 在图像设计方面的应用。通过这些实例的训练，可以掌握使用 Photoshop 的方法和技巧。

学习重点

- ☑ 调整图像亮度和颜色效果
- ☑ 编修与美化图像中的人像
- ☑ 制作各种文字特效
- ☑ 对图像进行各种艺术加工处理
- ☑ 使用滤镜制作各种图像特效

9.1　上机练习 1：改善逆光拍摄的照片效果

如果是逆光拍摄的照片，经常会出现背景刺亮而主体对象显得暗淡的问题。本例将通过调整图像的阴影、高光、色阶、亮度和对比度等处理过程，改善逆光拍摄的照片效果。

原图与本例效果图对比如图 9-1 所示。

图 9-1　改善逆光拍摄的照片效果

操作步骤

1 打开光盘中的"..\Example\Ch09\9.1.jpg"文件，选择【图像】|【调整】|【阴影/高光】命令，设置阴影和高光的参数，单击【确定】按钮，如图 9-2 所示。

2 选择【图像】|【调整】|【色阶】命令，然后在【色阶】对话框中设置【RGB】通道的输出色阶参数，单击【确定】按钮，如图 9-3 所示。

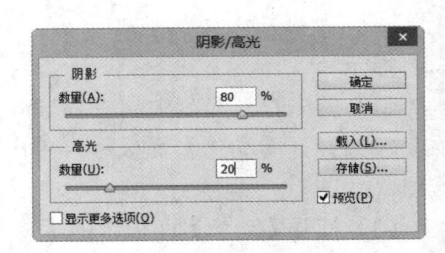

图 9-2　调整阴影和高光

3 选择【图像】|【调整】|【亮度/对比度】命令，然后在对话框中设置亮度和对比度的参数，再单击【确定】按钮，如图 9-4 所示。

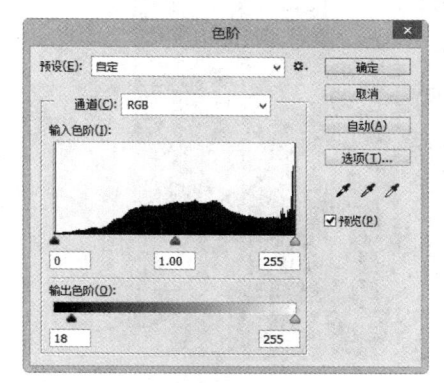

图 9-3 调整图像的色阶

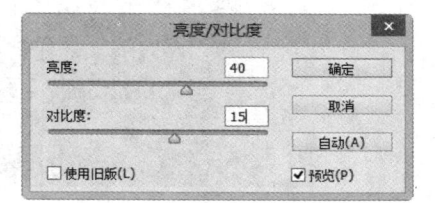

图 9-4 调整亮度和对比度

4 选择【图像】|【调整】|【曲线】命令，然后设置通道为【RGB】，再拖动颜色曲线设置通道的颜色，接着单击【确定】按钮，如图 9-5 所示。

4 选择【图像】|【调整】|【阴影/高光】命令，然后设置阴影数量为 60%，再单击【确定】按钮，如图 9-6 所示。

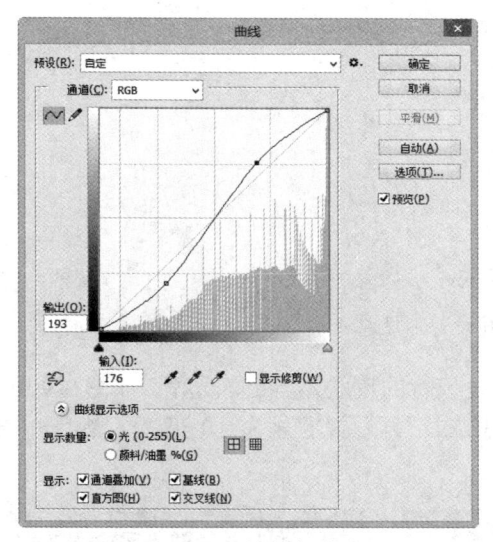

图 9-5 调整颜色曲线

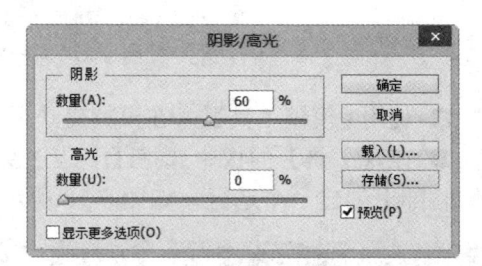

图 9-6 增加图像阴影

9.2 上机练习2：为美女模特进行化妆

本例先使用【模糊工具】对图像中的模特皮肤进行光滑化处理，然后通过创建选区并调整色彩平衡的方法，为模特制作淡红色粉底效果，接着在嘴唇部分创建选区，调整色彩平衡并进行减淡处理，使模特嘴唇产生涂抹荧光口红的效果，最后使用【加深工具】加深模特眼皮和眼眶的颜色。

原图与本例效果图对比如图 9-7 所示。

图 9-7　为美女模特化妆的结果

操作步骤

1 打开光盘中的"..\Example\Ch09\9.2.jpg"文件，在【工具】面板中选择【模糊工具】，在【选项】面板中设置工具的各项属性，如图 9-8 所示。

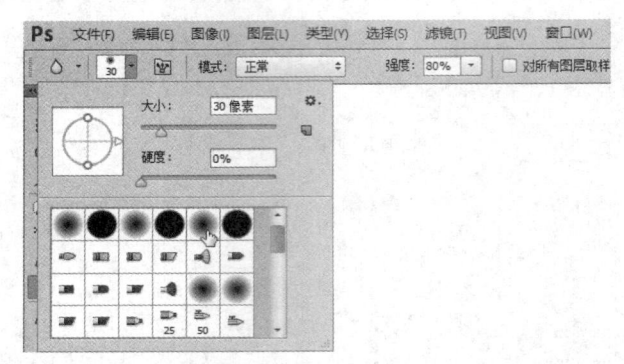

图 9-8　选择模糊工具并设置工具选项

2 使用【模糊工具】在模特皮肤区域涂擦，使模特的皮肤显得更加光滑，如图 9-9 所示。

3 在【工具】面板中选择【多边形套索工具】，再设置羽化为 10 像素，然后在模特右侧脸部上创建一个选区，如图 9-10 所示。

图 9-9　对模特皮肤进行光滑化处理　　　　图 9-10　创建羽化选区

4 选择【图像】|【调整】|【色彩平衡】命令，然后在【色彩平衡】对话框中选择【中间调】单选项，再设置各项色阶参数，接着选择【高光】单选项，设置各项色阶参数，最后单击【确定】按钮，如图 9-11 所示。

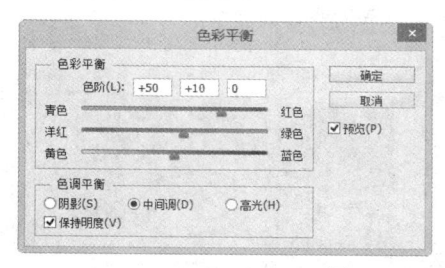

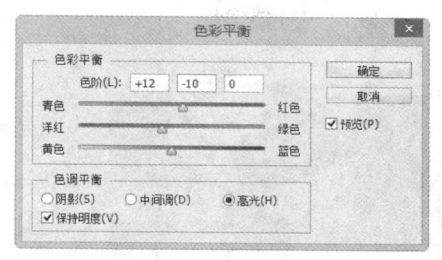

图 9-11　调整色彩平衡

5 返回文件窗口后，按 Ctrl+D 键取消选区，然后使用【缩放工具】在图像上拖动，放大图像中模特的脸部，接着选择【多边形套索工具】，设置羽化为 1，在模特嘴唇部分创建选区，如图 9-12 所示。

图 9-12　放大图像显示并创建选区

6 选择【多边形套索工具】并按下【从选区减去】按钮，减去牙齿部分的选区，接着选择【图像】|【调整】|【色彩平衡】命令，再选择【中间调】单选项，设置各个色阶参数，最后单击【确定】按钮，如图 9-13 所示。

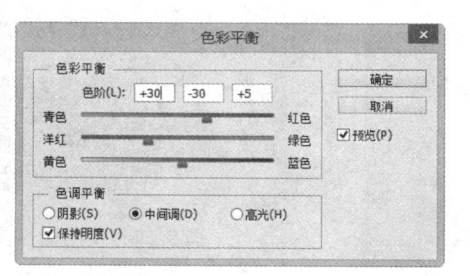

图 9-13　减去选区并调整色彩平衡

7 在【工具】面板中选择【减淡工具】 ，在【选项】面板中设置工具选项，然后在选区中涂擦、加亮模特嘴唇部分，按 Ctrl+D 键取消选区，如图 9-14 所示。

8 在【工具】面板中选择【加深工具】 ，然后在【选项】面板中设置工具选项，接着在模特眼皮和眼眶区域上涂擦，加深其眼影颜色，如图 9-15 所示。

图 9-14　对选区进行减淡处理 　　　　　　　图 9-15　对眼皮和眼眶部分进行加深处理

9.3　上机练习 3：制作古典的花纹艺术字

本例在制作时先输入文字，然后通过添加多种图层样式制作出文字的光泽和浮雕效果，接着加入花纹素材并创建剪贴蒙版，最后适当调整一些文字的颜色曲线即可。

本例效果图如图 9-16 所示。

操作步骤

1 打开光盘中的 "..\Example\Ch09\9.3.jpg" 文件，选择【横排文字工具】 ，在【选项】面板中设置文本属性，设置文字颜色为【灰色】，然后在图像上输入文字，如图 9-17 所示。

图 9-16　制作古典花纹艺术字的效果

图 9-17　使用横排文字工具输入文字

2 双击文字图层打开【图层样式】对话框，然后单击【投影】复选项，在【投影】选项

卡中设置投影各个选项，如图 9-18 所示。

3 单击【斜面和浮雕】复选项，然后在【斜面和浮雕】选项卡中设置斜面和浮雕的各个选项，如图 9-19 所示。

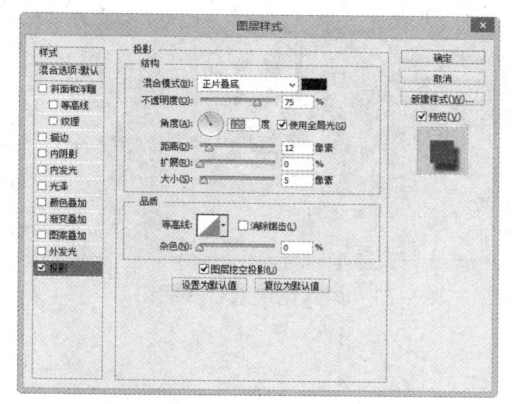

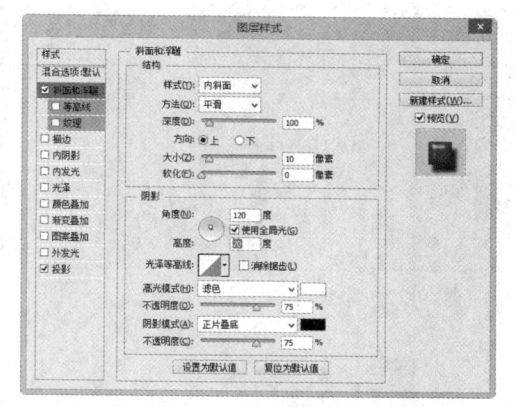

图 9-18　添加【投影】图层样式　　　　　　　图 9-19　添加【斜面和浮雕】图层样式

4 单击【光泽】复选项，然后在【光泽】选项卡中设置光泽的各个选项，其中光泽颜色为【红色】，如图 9-20 所示。

5 单击【颜色叠加】复选项，然后在选项卡中设置叠加颜色和混合模式，如图 9-21 所示。

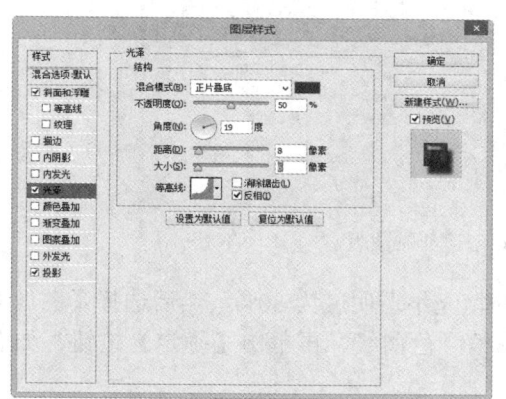

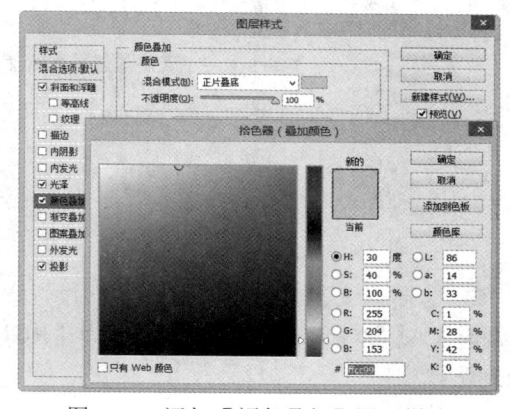

图 9-20　添加【光泽】图层样式　　　　　　　图 9-21　添加【颜色叠加】图层样式

6 单击【描边】复选项，然后在【描边】选项卡中设置描边的各个选项和描边颜色，接着单击【确定】按钮，如图 9-22 所示。

7 打开光盘中的"..\Example\Ch09\花纹.jpg"素材文件，按 Ctrl+A 键全选文件并按 Ctrl+C 键复制文件，再返回到本例的练习文件窗口，按 Ctrl+V 键粘贴花纹素材，接着按 Ctrl+T 键执行自由变换，缩小花纹素材，如图 9-23 所示。

8 选择花纹素材所在的图层，选择【图像】|【调整】|【反相】命令，然后在花纹素材图层上单击右键，选择【创建剪贴蒙版】命令，如图 9-24 所示。

> 剪贴蒙版也称为剪贴组，【创建剪贴蒙版】功能可以通过使用处于下方图层的形状来限制上方图层的显示状态，达到一种剪贴画的效果。

237

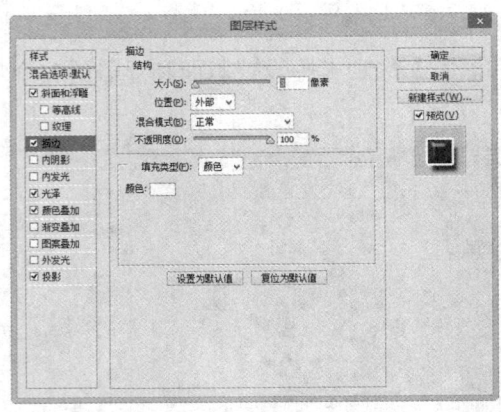

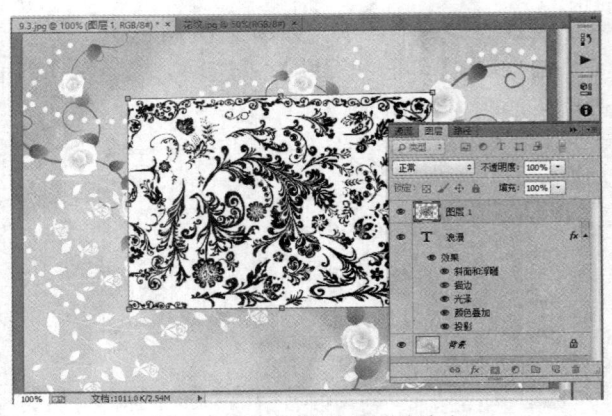

图 9-22 添加【描边】图层样式　　　　　图 9-23 加入花纹素材并缩小

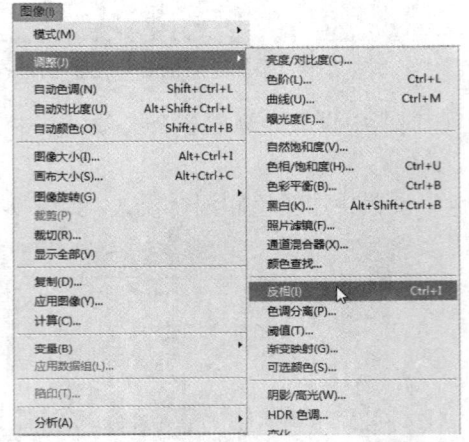

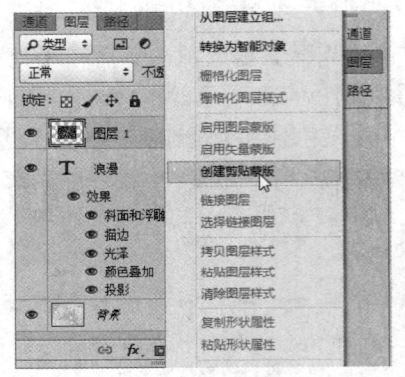

图 9-24 反相花纹素材并创建剪贴蒙版

❾ 选择花纹素材所在的图层，再设置该图层的填充不透明度为 80%，然后选择【图像】|【调整】|【曲线】命令，选择通道为【RGB】，调整颜色曲线，再单击【确定】按钮，如图 9-25 所示。

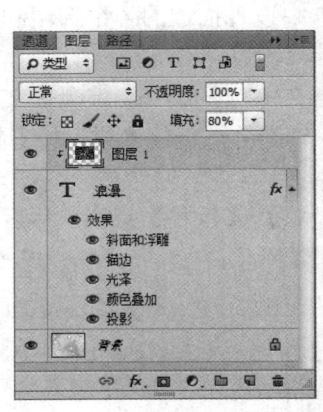

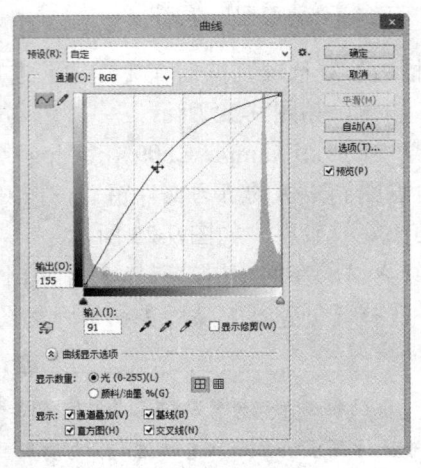

图 9-25 设置图层填充不透明度并调整颜色曲线

图像设计上机特训 9

9.4 上机练习4：制作浪漫的浮凸艺术字

本例先输入文字，然后通过【投影】、【内发光】和【斜面和浮雕】图层样式使文字产生浮凸的效果，接着设置画笔属性再进行路径描边，制作出环绕文字的装饰元素，最后进行模糊化处理，使文字充满浪漫的感觉。

本例效果图如图9-26所示。

操作步骤

1 打开光盘中的"..\Example\Ch09\ 9.4.jpg"文件，选择【横排文字工具】，在【选项】面板中设置文本属性和颜色【#FF327A】，然后在文件上输入文字，如图9-27所示。

图9-26 制作浪漫浮凸艺术字的结果

图9-27 使用横排文字工具输入文字

2 双击文字图层打开【图层样式】对话框，再单击【投影】复选项，在【投影】选项卡中设置投影的各个选项，其中投影的颜色为【#cc6699】，如图9-28所示。

3 单击【内发光】复选项，然后在【内发光】选项卡中设置内发光的各个选项，其中颜色为【#ffccff】，如图9-29所示。

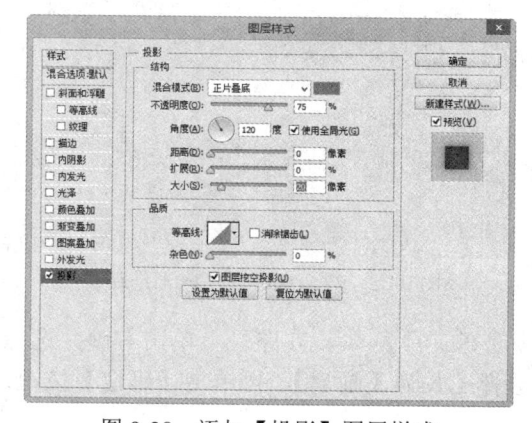

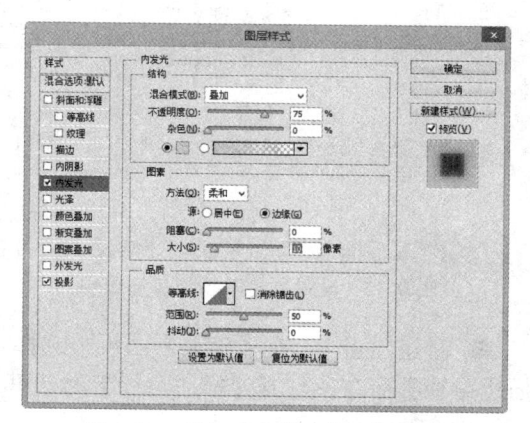

图9-28 添加【投影】图层样式　　　　图9-29 添加【内发光】图层样式

239

4 单击【斜面和浮雕】复选项，在【斜面和浮雕】选项卡中设置斜面和浮雕的各个选项，其中高光模式的颜色为【白色】、阴影模式的颜色为【#ff6699】，接着单击【确定】按钮，如图 9-30 所示。

5 在【工具】面板中选择【画笔工具】，通过【选项】面板打开【画笔】面板，在【画笔笔尖形状】选项卡中选择笔尖形状并设置大小和间距，然后选择【形状动态】复选项，设置形状动态的各个选项，如图 9-31 所示。

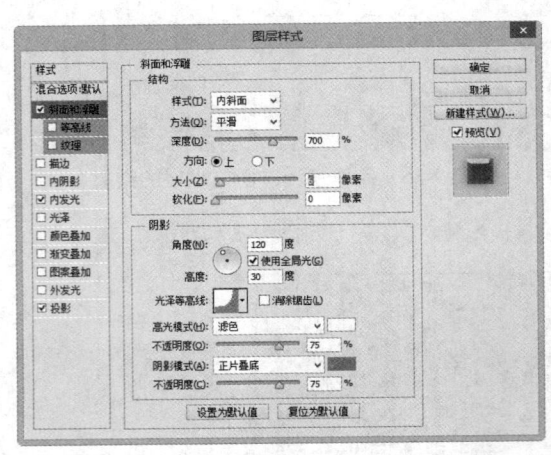

图 9-30　添加【斜面和浮雕】图层样式 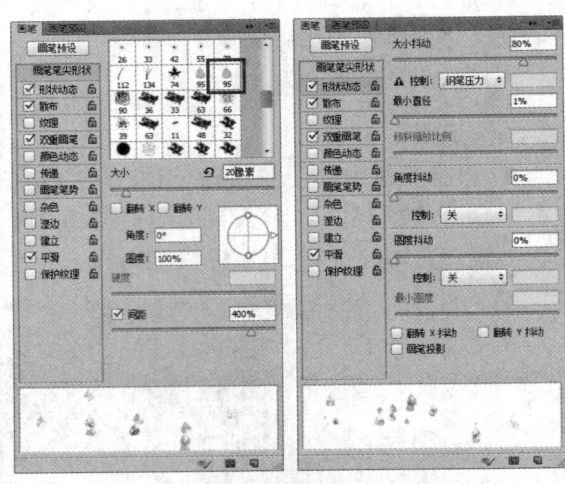　　　　图 9-31　设置画笔笔尖形状和形状动态

6 在【画笔】面板中选择【散布】复选项，设置散布的各项参数，然后取消选择【双重画笔】复选项，接着选择【传递】复选项，并设置传递的选项，如图 9-32 所示。

7 打开【图层】面板，再按住 **Ctrl** 键单击文字图层缩图以载入文字选区，然后切换到【路径】面板，单击【从选区生成工作路径】按钮，如图 9-33 所示。

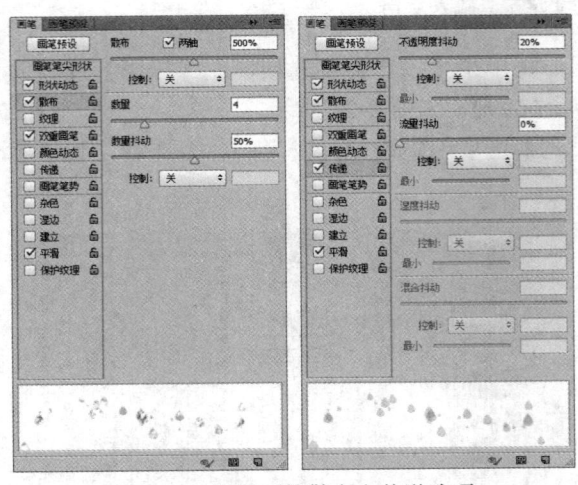

图 9-32　设置画笔散布和传递选项 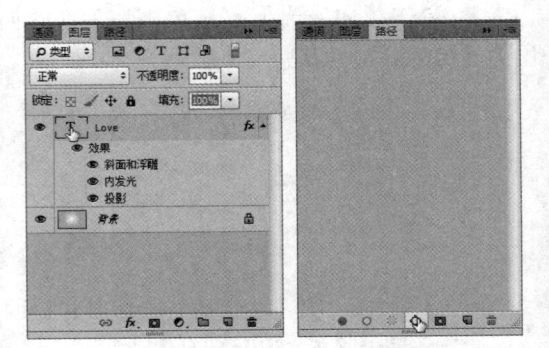　　　　图 9-33　载入选区并生成工作路径

8 新建图层 1，在【工具】面板中选择【直接选择工具】，在路径上单击右键并选择【描边路径】命令，打开【描边路径】对话框后，选择工具为【画笔】，再单击【确定】按钮，如图 9-34 所示。

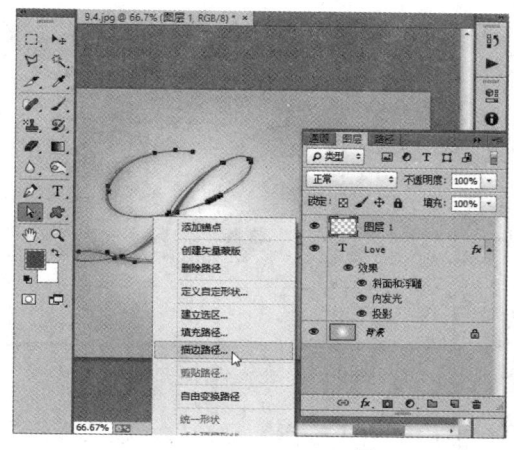

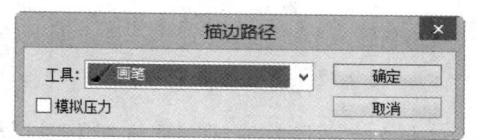

图 9-34　使用画笔描边路径

❾ 将图层 1 拖到文字图层下方，然后选择【滤镜】|【模糊】|【高斯模糊】命令，设置模糊半径为 2 像素，单击【确定】按钮，接着打开【路径】面板，删除工作路径即可，如图 9-35 所示。

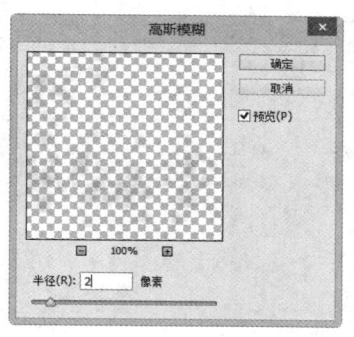

图 9-35　调整图层顺序后应用模糊滤镜并删除路径

9.5　上机练习5：制作木纹的立体艺术字

本例将制作一个具有木材纹理且有立体视觉的文字特效。在制作本例时，首先输入文字，再为文字设置多种图层样式，制作出立体的效果，然后通过应用【纤维】滤镜、【粉笔和炭笔】滤镜、【铭黄渐变】滤镜制作出木材纹理效果，最后设置图层混合模式并适当调整色阶即可。

本例效果图如图 9-36 所示。

图 9-36　制作木纹立体艺术字的结果

操作步骤

1 选择【文件】|【新建】命令，打开【新建】对话框后，设置文件的属性，再单击【确定】按钮，如图 9-37 所示。

2 在【工具】面板中选择【横排文字工具】，在【选项】面板中设置文字属性和颜色为【#FF9933】，然后在文件上输入文字，如图 9-38 所示。

241

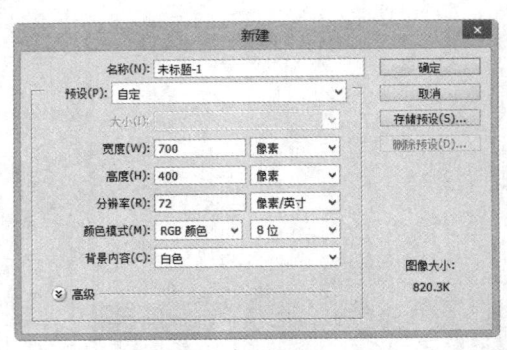

图9-37　新建文件

图9-38　在文件中输入文字

3 双击文字图层打开【图层样式】对话框，然后单击【投影】复选项，在【投影】选项卡中设置投影的各个选项，如图9-39所示。

4 单击【内阴影】复选项，然后在【内阴影】选项卡中设置各个选项，如图9-40所示。

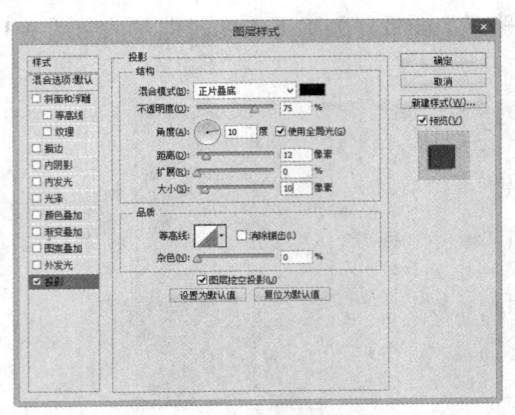

图9-39　添加【投影】图层样式

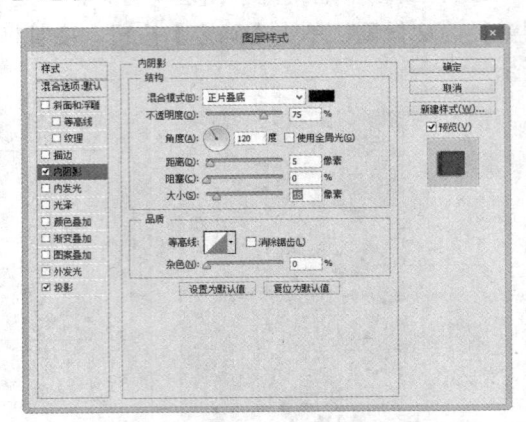

图9-40　添加【内阴影】图层样式

5 单击【斜面和浮雕】复选项，在【斜面和浮雕】选项卡中设置各个浮雕和斜面选项，其中高光模式的颜色为【#DDA16B】、阴影模式的颜色为【#A05B11】，如图9-41所示。

6 单击【等高线】复选项，在【等高线】选项卡中选择【高斯】等高线选项，再单击【确定】按钮，如图9-42所示。

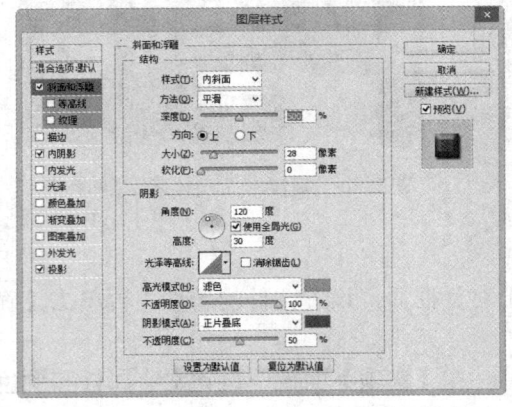

图9-41　添加【斜面和浮雕】图层样式

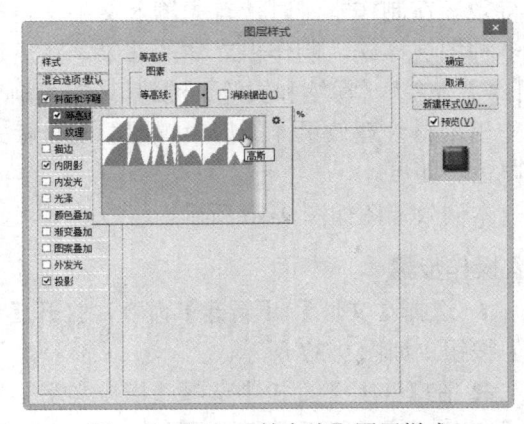

图9-42　添加【等高线】图层样式

242

7 打开【图层】面板,按住 Ctrl 键单击文字图层缩图,以载入文字选区,然后创建图层 1,如图 9-43 所示。

8 设置前景色为【#DD9A34】,选择【油漆桶工具】,在【选项】面板中设置工具选项,接着在选区上单击填充前景色,最后按 Ctrl+D 键取消选区,如图 9-44 所示。

9 设置背景色为【黑色】,再选择【滤镜】|【渲染】|【纤维】命令,然后设置滤镜的各项参数,单击【确定】按钮,如图 9-45 所示。

10 选择【滤镜】|【滤镜库】命令,选择【粉笔和炭笔】滤镜,设置各项参数,如图 9-46 所示。

图 9-43 载入选区并新建图层

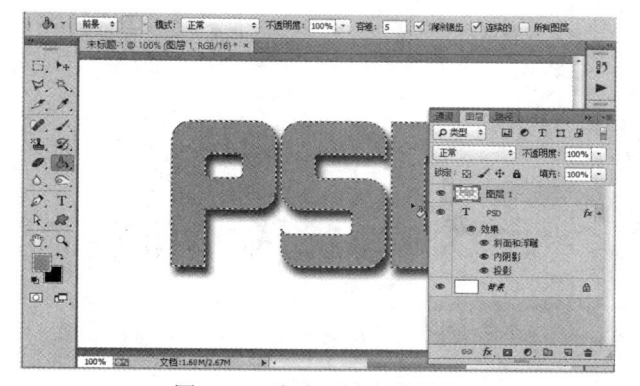

图 9-44 为选区填充前景色

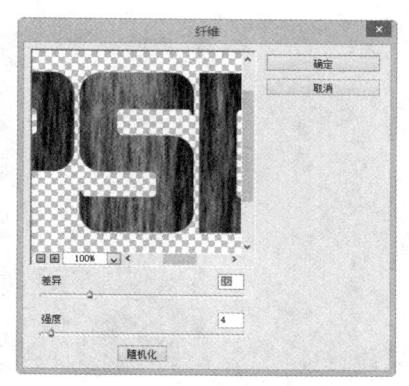

图 9-45 应用【纤维】滤镜

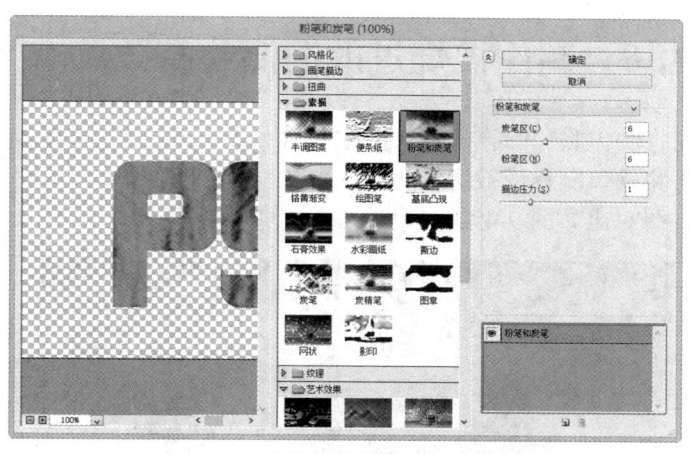

图 9-46 应用【粉笔和炭笔】滤镜

11 在滤镜列表框下方单击【新建效果图层】按钮,然后选择【铭黄渐变】滤镜,再设置滤镜的各项参数,接着单击【确定】按钮,如图 9-47 所示。

12 打开【图层】面板并选择图层 1,设置该图层的混合模式为【柔光】,然后选择【图像】|【调整】|【色阶】命令,再设置输入色阶和输出色阶的参数,接着单击【确定】按钮,如图 9-48 所示。

243

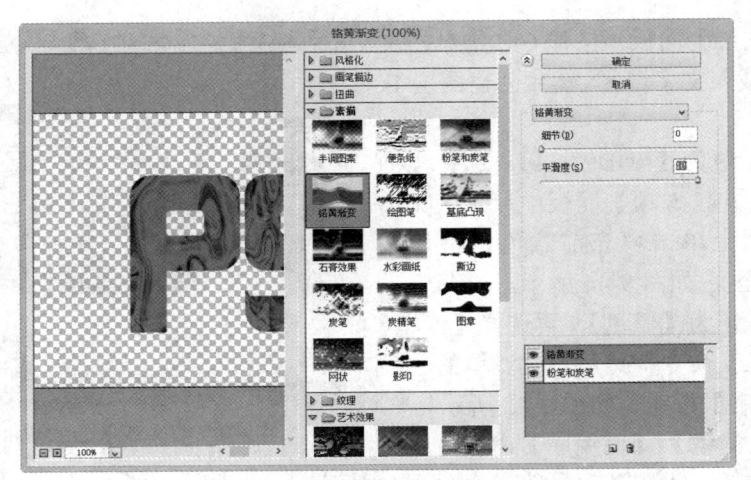

图 9-47　应用【铬黄渐变】滤镜

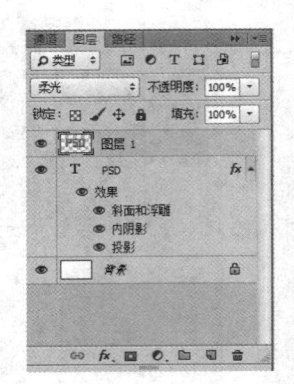

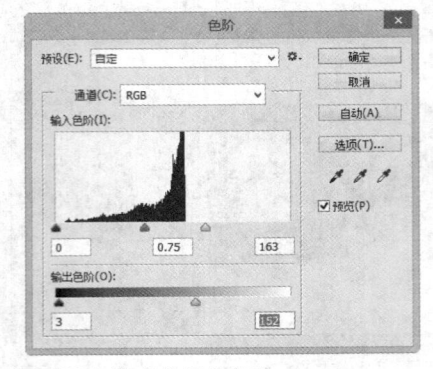

图 9-48　设置图层混合模式并调整色阶

9.6　上机练习 6：制作被烧过的旧照片特效

在本例中，首先将制作照片的陈旧效果，然后利用【云彩】滤镜和【阈值】功能，制作不规则的照片缺口，再将缺口制作成被烧过的效果。

原图与本例效果图对比如图 9-49 所示。

图 9-49　制作被烧过的旧照片的效果

操作步骤

1 打开光盘中的"..\Example\Ch09\9.6.jpg"文件，选择【背景】图层并按 Ctrl+J 键快速创建一个背景副本（图层 1），然后选择【背景】图层，设置前景色为【白色】，接着选择【编辑】|【填充】命令，为图层填充前景色，如图 9-50 所示。

2 选择图层 1，再选择【图像】|【调整】|【色相/饱和度】命令，然后选择【着色】复选框，设置色相和饱和度的参数，单击【确定】按钮，如图 9-51 所示。

图 9-50　创建图层副本并填充背景图层　　　　图 9-51　调整色相和饱和度

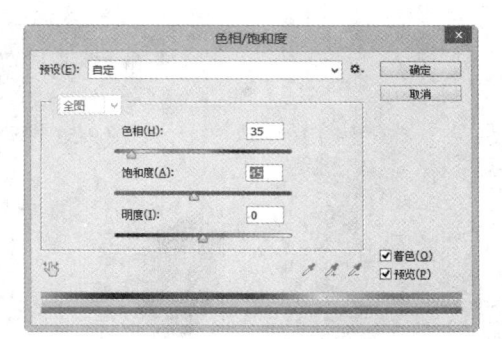

3 选择【滤镜】|【滤镜库】命令，选择【颗粒】滤镜，设置强度、对比度的参数和颗粒类型选项，单击【确定】按钮，如图 9-52 所示。

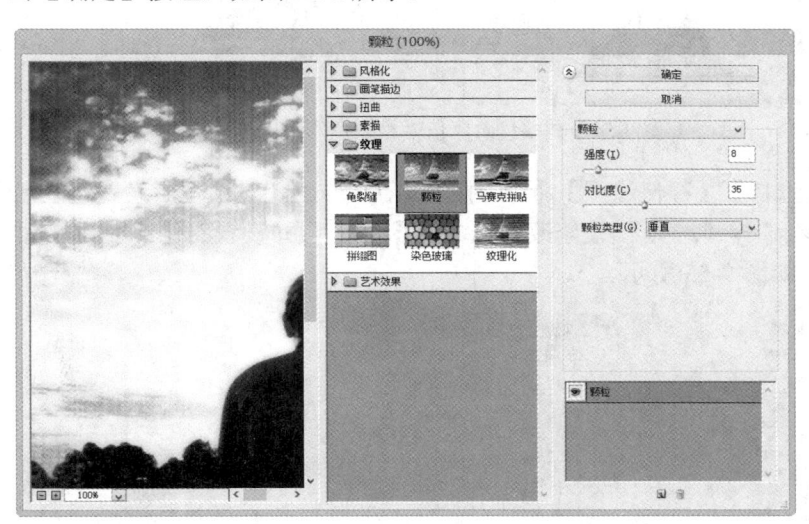

图 9-52　应用【颗粒】滤镜

4 在【工具】面板中设置前景色为【黑色】、背景色为【白色】，然后新建图层 2，再选择【滤镜】|【渲染】|【云彩】命令，如图 9-53 所示。

5 选择【图像】|【调整】|【阈值】命令，然后设置阈值色阶为 105（此参数根据实际效果可适当调整），单击【确定】按钮，接着选择【选择】|【色彩范围】命令，打开【色彩范围】对话框后，设置颜色容差为 150，最后在空白处单击创建色彩范围选区，并单击【确定】按钮关闭对话框，如图 9-54 所示。

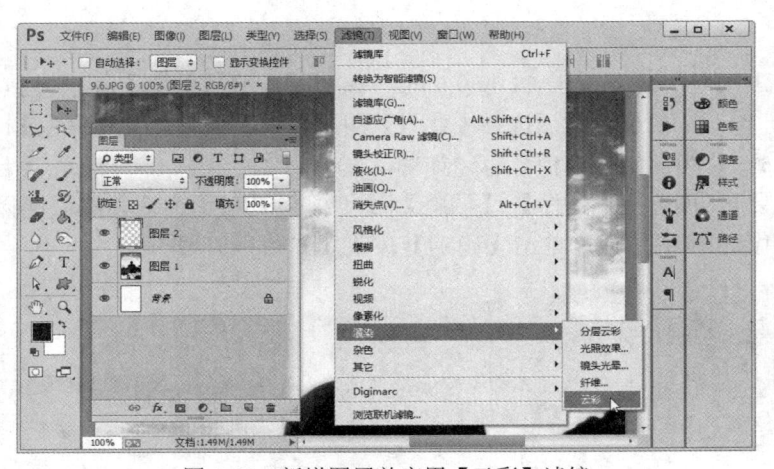

图 9-53　新增图层并应用【云彩】滤镜

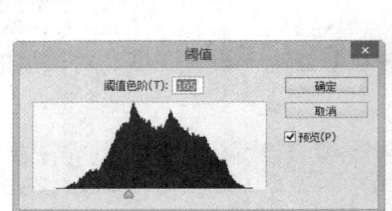

图 9-54　调整色阶阈值并根据色彩范围创建选区

6 选择【选择】|【存储选区】命令，打开【存储选区】对话框后设置选区名称并单击【确定】按钮，接着选择【选择】|【修改】|【羽化】命令，并设置羽化半径为 5 像素，然后单击【确定】按钮，如图 9-55 所示。

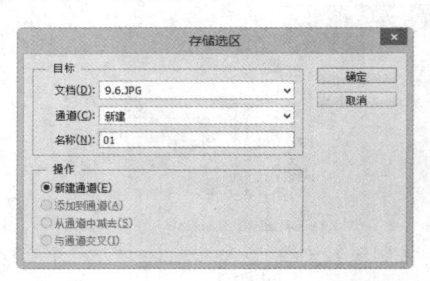

图 9-55　存储选区并羽化选区

7 新建图层 3 并设置前景色为【#5F421E】，然后按 Alt+Delete 键删除选区上的图层内容并将删除内容后的区域填充为前景色，接着隐藏图层 2，如图 9-56 所示。

8 按 Ctrl+D 键取消当前选择，再选择【选择】|【载入选区】命令，将步骤 6 存储的选区载入到文件，然后选择【选择】|【修改】|【收缩】命令，再设置收缩量为 8 像素，最后单击【确定】按钮，如图 9-57 所示。

图 9-56　执行删除并隐藏图层 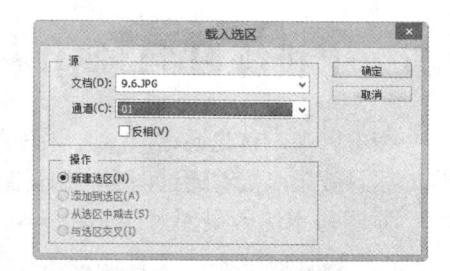　　　　　　　图 9-57　载入选区并收缩选区

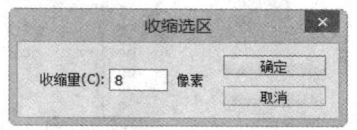

9 选择图层 3 并按 Delete 键删除选区中的内容，选择图层 1，并再次按 Delete 键删除选区内容，然后按 Ctrl+D 键取消选区，如图 9-58 所示。

图 9-58　删除选区的内容并取消选区

10 双击图层 1 打开【图层样式】对话框，然后单击【投影】复选项，再设置投影样式的各个选项，接着单击【确定】按钮，如图 9-59 所示。

11 在【工具】面板中选择【多边形套索工具】，然后以【添加到选区】方式将图像中断开连接的部分图像内容选择，按 Delete 键删除这些内容即可，如图 9-60 所示。

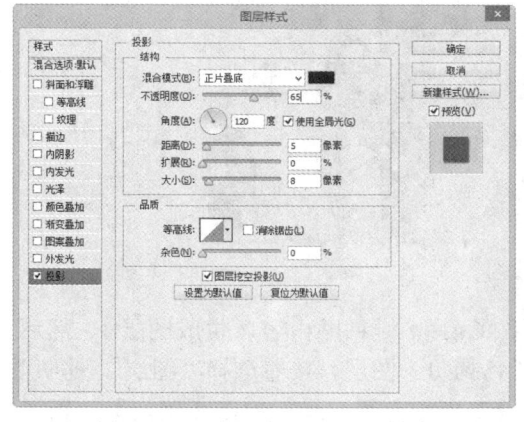

图 9-59　添加【投影】图层样式 　　　　　　　图 9-60　删除部分图像内容

247

9.7 上机练习 7：制作科幻式冰封美女特效

在本例中，首先通过抠图选出图像中的美女人像，然后通过滤镜和色彩进行调整，制作出初步的冰封效果，接着通过创建与编辑图层蒙版，制作出图像中的美女只被冰封住下半身的效果。

原图与本例效果图对比如图 9-61 所示。

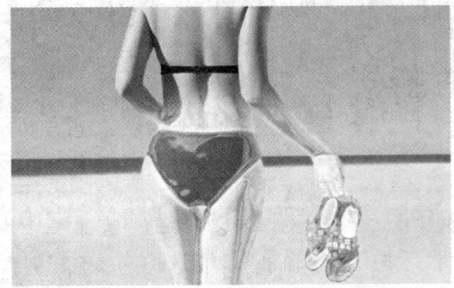

图 9-61 制作冰封美女特效的结果

操作步骤

1 打开光盘中的 "..\Example\Ch09\9.7.jpg" 文件，在【工具】面板中选择【磁性套索工具】，在【选项】面板中设置工具选项，再沿着图像中的美女身体边缘拖动鼠标，以创建选区，如图 9-62 所示。

2 在【选项】面板中单击【从选区减去】按钮，在当前选区中减去非人像区域的选区，再选择【多边形套索工具】并单击【添加到选区】按钮，将人像顶端和下端未包含到选区内的部分添加到选区，如图 9-63 所示。

图 9-62 使用磁性套索工具创建选区

图 9-63 修改选区

3 修改选区后，按 Ctrl+C 键复制选区内容，再按 Ctrl+V 键粘贴内容以生成图层 1，然后通过【复制图层】的方式，复制图层 1 以生成"图层 1 拷贝"图层，接着选择"图层 1 拷贝"图层，选择【滤镜】|【模糊】|【高斯模糊】命令，设置模糊半径，最后单击【确定】按钮，如图 9-64 所示。

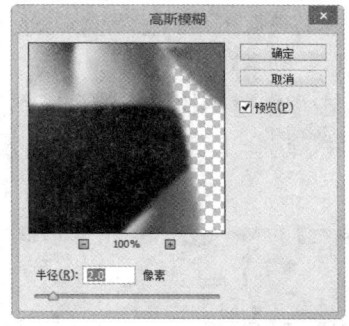

图 9-64　复制选区内容后复制图层并应用【高斯模糊】滤镜

4 选择【滤镜】|【滤镜库】命令，然后选择【照亮边缘】滤镜，设置滤镜各项参数，接着单击【确定】按钮，如图 9-65 所示。

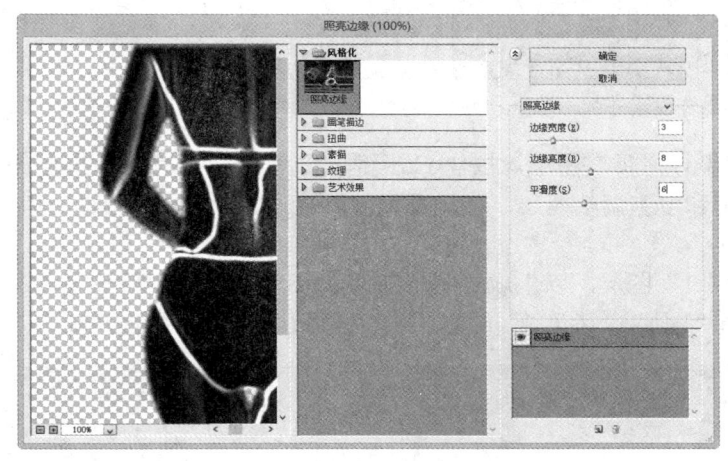

图 9-65　应用【照亮边缘】滤镜

5 设置"图层 1 拷贝"图层的混合模式为【滤色】，再次复制"图层 1"图层，以生成"图层 1 拷贝 2"图层，然后选择【滤镜】|【滤镜库】命令，并选择【铭黄渐变】滤镜，设置滤镜的各项参数，再单击【确定】按钮，如图 9-66 所示。

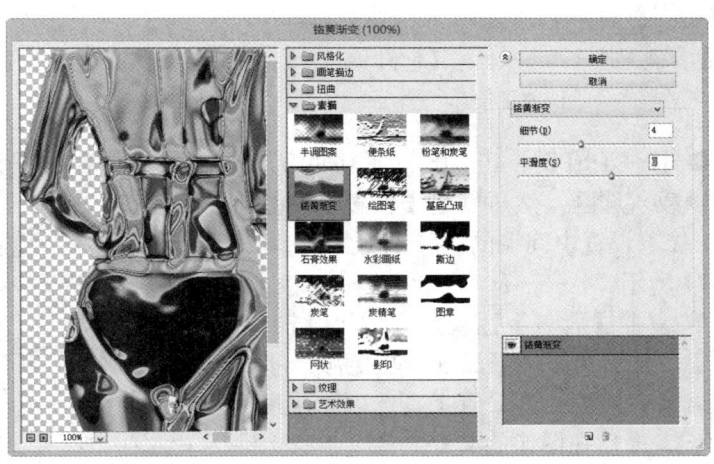

图 9-66　复制图层并应用【铭黄渐变】滤镜

249

6 选择"图层 1 拷贝 2"图层，设置图层混合模式为【叠加】，然后按住 Ctrl 键单击图层 1 的缩图，以载入选区，如图 9-67 所示。

7 选择图层1，单击【创建新的填充或调整图层】按钮，然后选择【色相/饱和度】命令，打开【属性】面板后，选择【着色】复选框，设置色相、饱和度和明度的参数，如图 9-68 所示。

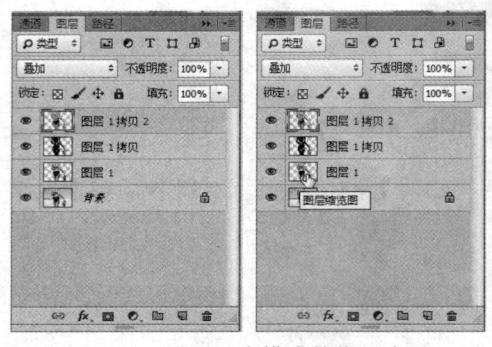

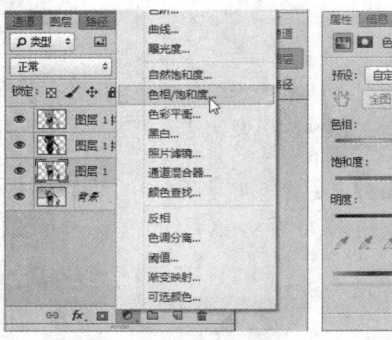

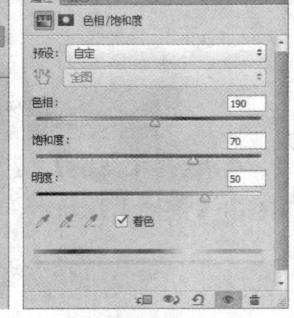

图 9-67　设置混合模式并载入选区　　　　　图 9-68　创建【色相/饱和度】调整图层

8 选择"图层 1 拷贝"图层，按住 Ctrl 键单击"图层 1 拷贝"图层的缩图载入选区，然后创建【色相/饱和度】调整图层，选择【着色】复选框，设置色相、饱和度和明度的参数，如图 9-69 所示。

9 复制"图层 1"图层，以生成"图层 1 拷贝 3"图层，然后设置该图层的混合模式为【柔光】，接着选择"图层 1 拷贝 2"图层，设置该图层的不透明度为 70%，如图 9-70 所示。

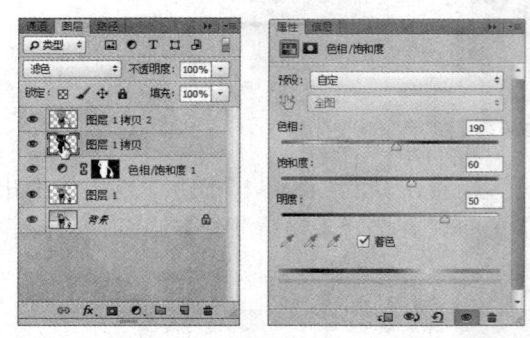

图 9-69　载入选区并再次创建【色相/饱和度】　　图 9-70　复制图层并设置混合模式和不透明度
　　　　　调整图层

10 按住 Ctrl 键单击"图层 1 拷贝 2"图层缩图以载入选区，然后创建【色彩平衡】调整图层，接着设置中间调的色彩平衡各项参数，如图 9-71 所示。

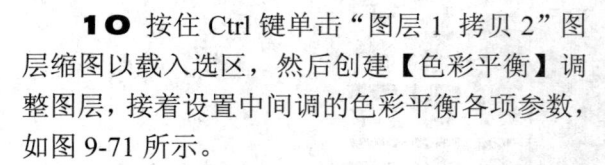

11 复制【背景】图层以生成"背景 拷贝"图层，然后为该图层添加图层蒙版，接着选择【画笔工具】并设置工具选项和前景色为【黑色】，最后在图像的美女人像下半身上涂擦，以显示冰封的效果，如图 9-72 所示。

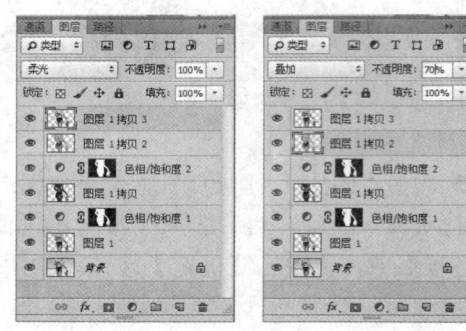

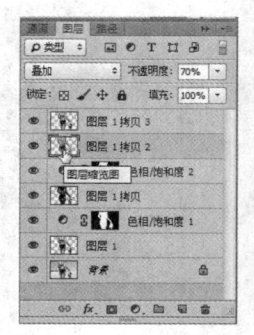

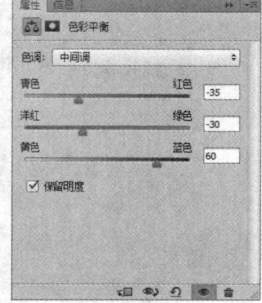

图 9-71　载入选区并创建【色彩平衡】调整图层

250

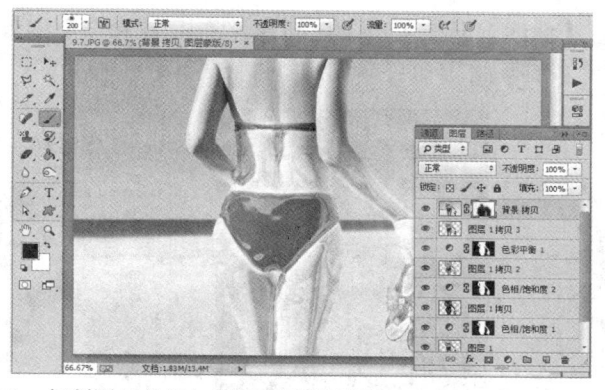

图 9-72　复制图层并添加蒙版后编辑蒙版

9.8　上机练习 8：制作魔幻式狮子咆哮特效

本例将使用一个咆嚎的狮子和龟裂土地两个图像进行合成处理，制作出具有魔幻效果的狮子咆哮图像特效。在本例中，首先调整狮子图像的颜色效果，然后加入龟裂土地图像素材并设置混合模式，接着对狮子脸部部分进行减淡处理，最后适当调整图像的色彩效果。

本例效果图如图 9-73 所示。

操作步骤

1　打开光盘中的"..\Example\Ch09\9.8a.jpg"练习文件，选择【背景】图层并按 Ctrl+J 键快速创建背景副本的图层 1，然后设置图层 1 的混合模式为【线性光】、不透明度为 80%，接着创建【曲线】调整图层，设置 RGB 通道的颜色曲线，如图 9-74 所示。

图 9-73　制作冰封美女特效的结果

2　选择【曲线】调整图层，单击右键并选择【创建剪贴蒙版】命令，将调整图层创建为图层 1 的剪贴蒙版，如图 9-75 所示。

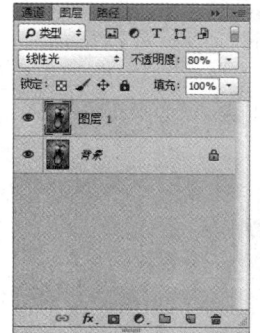

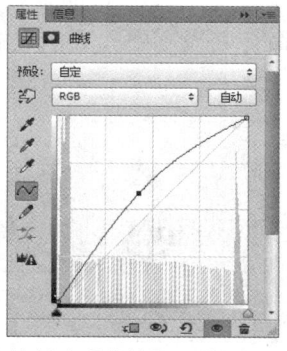

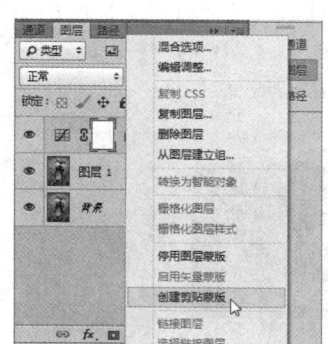

图 9-74　创建背景副本并创建【曲线】调整图层　　图 9-75　创建剪贴蒙版

3　打开光盘中的"..\Example\Ch09\9.8b.jpg"素材文件，然后全选该文件并通过复制和粘贴的方式将素材加入练习文件中，并设置素材图层的混合模式为【正片叠底】，如图 9-76 所示。

251

4 选择【曲线】调整图层，再创建【色相/饱和度】调整图层，然后设置全图的饱和度为 -85，如图 9-77 所示。

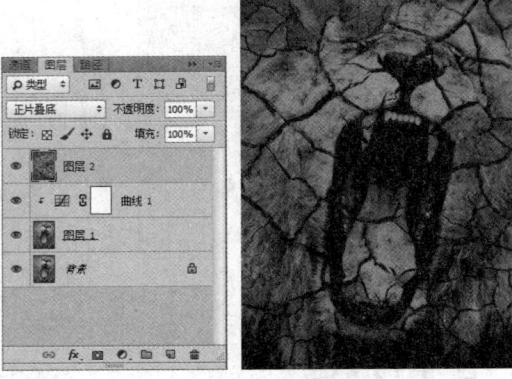

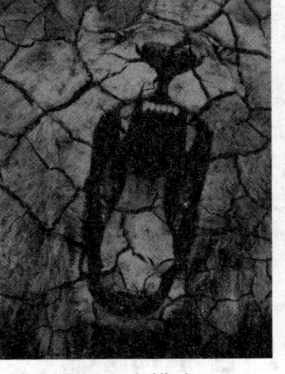

图 9-76　加入素材并设置混合模式

图 9-77　创建【色相/饱和度】调整图层

5 选择图层 2 并按 Ctrl+Shift+Alt+E 键盖印图层，然后选择【减淡工具】，再通过【选项】面板设置工具选项，接着使用减淡工具在狮子脸部区域涂擦，加亮狮子脸部的内容，如图 9-78 所示。

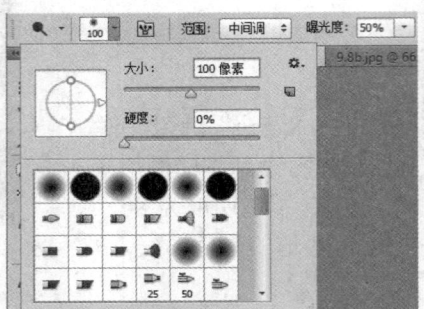

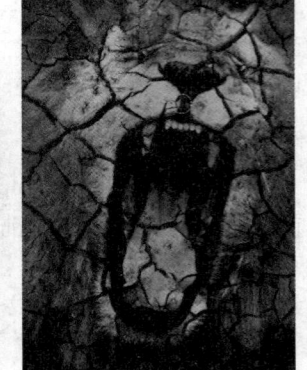

图 9-78　对狮子脸部内容进行减淡处理

6 选择【滤镜】|【锐化】|【USM】锐化命令，然后设置锐化的各项参数，单击【确定】按钮，接着选择【图像】|【调整】|【色彩平衡】命令，设置中间调色阶的各项参数，最后单击【确定】按钮，如图 9-79 所示。

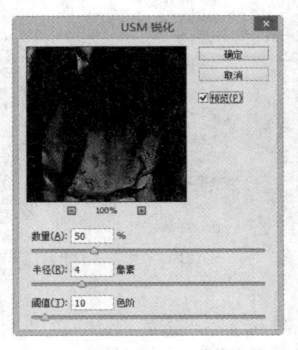

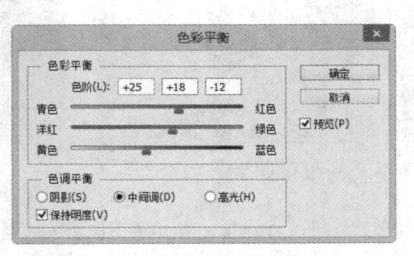

图 9-79　应用【USM 锐化】滤镜和调整色彩平衡

9.9　上机练习 9：制作彩光照射水波的特效

在本例中，首先为图像添加镜头光晕，再进行【水波】扭曲和应用【铭黄渐变】滤镜，然后利用一个填充颜色的填充进行混合处理，制作出彩色光照射水波的逼真效果。

本例效果图如图 9-80 所示。

图 9-80　制作彩光照射水波的特效

操作步骤

1 设置背景色为【黑色】，按 Ctrl+N 键打开【新建】对话框后设置文件属性，然后单击【确定】按钮，如图 9-81 所示。

2 选择【滤镜】|【渲染】|【镜头光晕】命令，然后设置镜头类型，在预览框中设置镜头光晕的位置，接着单击【确定】按钮，如图 9-82 所示。

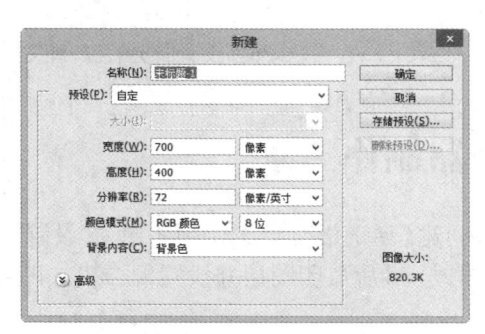

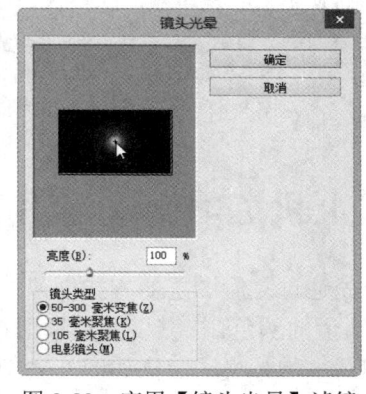

图 9-81　新建文件　　　　　　图 9-82　应用【镜头光晕】滤镜

3 选择【滤镜】|【扭曲】|【水波】命令，然后设置滤镜的各项参数和样式，单击【确定】按钮，如图 9-83 所示。

4 选择【滤镜】|【滤镜库】命令，再选择【铭黄渐变】滤镜，然后设置该滤镜的各项参数，单击【确定】按钮，如图 9-84 所示。

5 打开【图层】面板并新建图层 1，然后在【工具】面板中设置一种前景色，接着使用【油漆桶工具】填充图层，如图 9-85 所示。

6 选择图层 1，设置图层 1 的混合模式为【叠加】即可，如图 9-86 所示。

图 9-83　应用【水波】滤镜

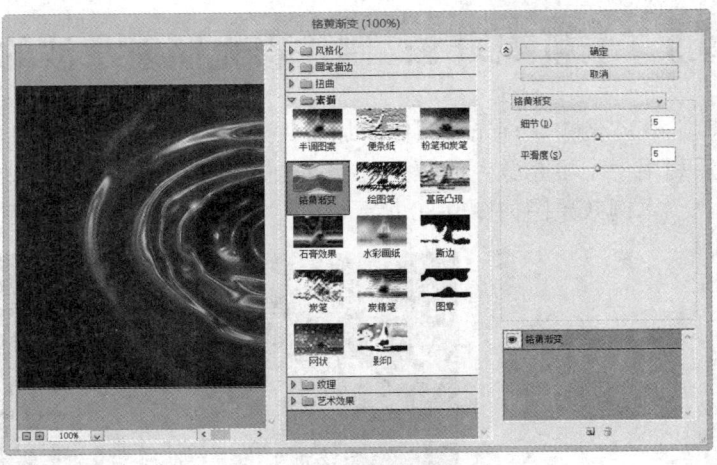

图 9-84　应用【铬黄渐变】滤镜

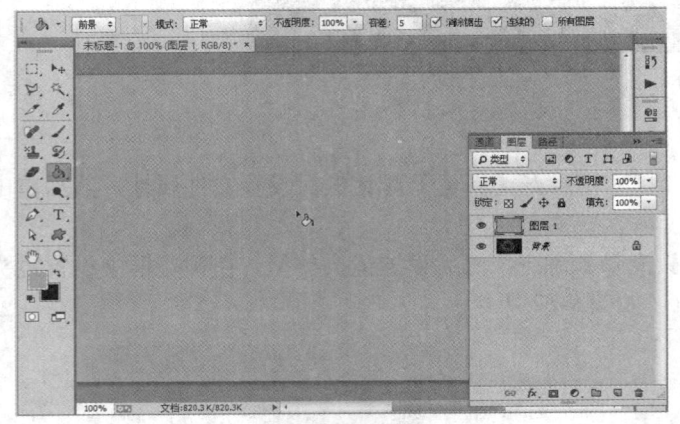

图 9-85　新建图层并填充前景色

图 9-86　设置图层的混合模式

9.10　上机练习 10：应用通道混合器制作雪景

本例先通过复制图层的方式创建背景副本，然后创建【通道混合器】调整图层，并设置【灰色】输出通道的颜色，接着设置背景副本的图层混合模式，最后盖印图层并设置混合模式即可。

原图与本例效果图对比如图 9-87 所示。

图 9-87　制作雪景的效果

操作步骤

1 打开光盘中的"..\Example\Ch09\9.10.jpg"文件，选择背景图层并单击右键，再选择【复制图层】命令，复制出一个"背景 拷贝"图层，如图9-88所示。

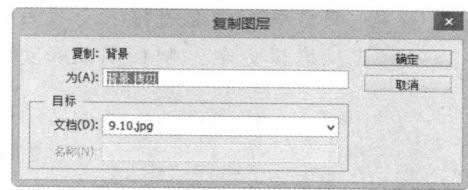

图9-88 复制背景图层

2 选择"背景 拷贝"图层，再创建【通道混合器】调整图层，打开【属性】面板后选择【单色】复选框，选择输出通道为【灰色】，接着设置各个颜色的参数，如图9-89所示。

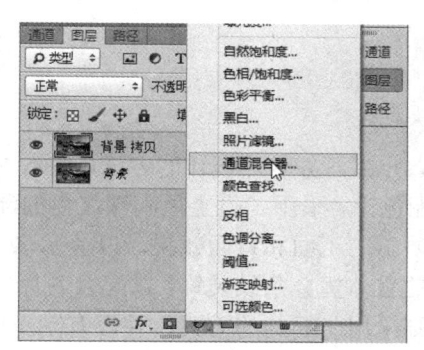

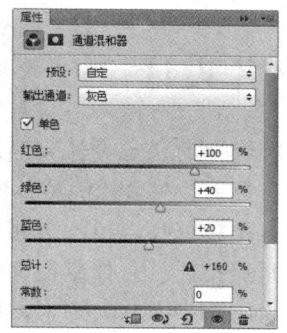

图9-89 创建【通道混合器】调整图层

3 选择【通道混合器】调整图层，设置该图层的混合模式为【滤色】，如图9-90所示。

4 按Ctrl+Shift+Alt+E键盖印图层，然后设置图层的混合模式为【柔光】，如图9-91所示。

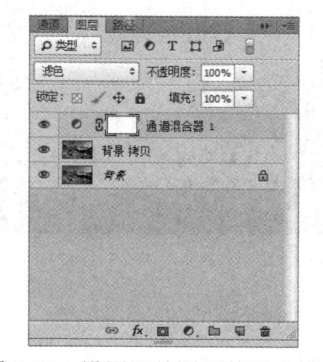

图9-90 设置调整图层的混合模式

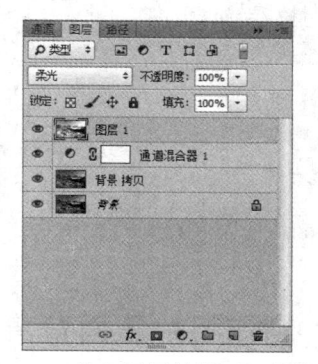

图9-91 盖印图层并设置混合模式

第 10 章　综合图像项目设计

学习目标

本章通过商务名片、地产广告和红酒海报三个项目设计，综合介绍 Photoshop CC 在图像编辑、图像调色、绘制形状、编辑文字、制作图像和文字特效等方面的应用。

学习重点

- ☑ 制作背景图效果
- ☑ 绘制各种形状
- ☑ 输入和编辑文字
- ☑ 为图层添加各种样式
- ☑ 使用滤镜制作各种特效

10.1　商务名片设计

下面以一个酒店经理的名片设计为例，介绍商务名片设计的方法。在本项目中，包含了名片正面和背景的设计过程。在名片的整体配色上，采用了亮金色和深红色的配色方案，通过滤镜的应用，制作出名片具有高档拉丝金属质感的正面和背面效果，以显示名片的尊贵。另外，在名片的正面和背面都设计了立体感很强的立体烫金条纹装饰，以配合名片的整体风格，突显名片的奢华。在名片的文字内容处理上，则采用了简约的方式，并没有制作过多的文字特效，以配合整个名片的设计风格，避免出现文字与名片背景产生视觉干扰的问题。

本例最终效果如图 10-1 所示。

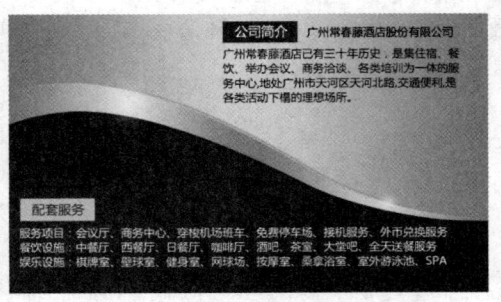

图 10-1　商务名片设计的效果

10.1.1　制作名片正面背景

在制作名片正面背景时，先新建一个符合名片尺寸的文件，并填充背景颜色，然后使用【颗粒】滤镜和【减淡工具】制作出拉丝金属背景，再使用【钢笔工具】绘制弧形的闭合路径，并作为选区载入，接着为选区填充渐变颜色和添加图层样式，在文件下方制作一个填充渐变颜色的矩形，最后将名片下半部分填充为纯色。

综合图像项目设计 ⑩

操作步骤

1 启动 Photoshop CC 应用程序，选择【文件】|【新建】命令，在打开的【新建】对话框中设置文件的尺寸和分辨率等属性，单击【确定】按钮，如图 10-2 所示。注意，名片是用于印刷的，在设计名片时应该按照标准的尺寸并使用【CMYK】颜色模式。本例为了教学的方便和保持作品在显示上的色彩效果，采用了【RGB】颜色模式。

2 在【工具】面板中选择【油漆桶工具】，然后在【选项】面板中设置工具选项，再设置前景色为【#ffd800】，新建图层 1 并填充前景色，如图 10-3 所示。

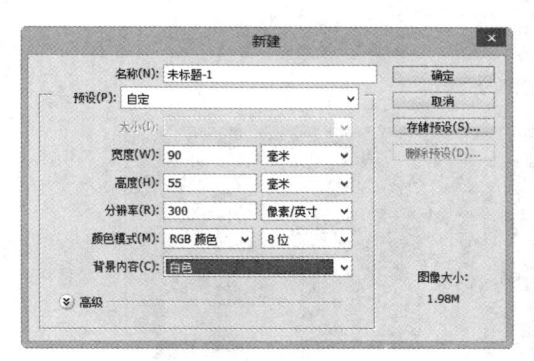

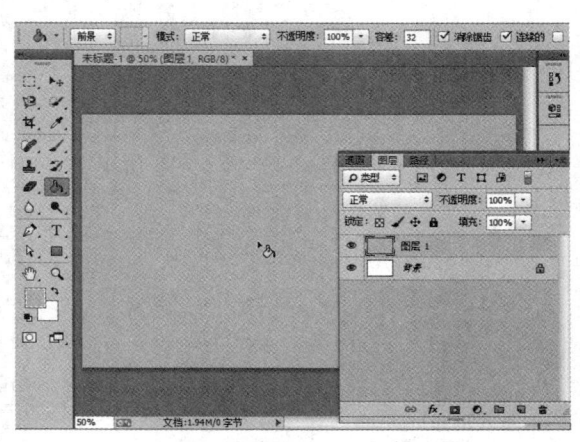

图 10-2　新建文件　　　　　　　图 10-3　新建图层并填充前景色

问：名片是否有尺寸上的规定？

答：名片的尺寸虽然没有严格的规定，但常见的标准包括横式、立式与折叠式三大类型。这些类型名片的尺寸分别如下：

- 横式名片：90 mm × 55 mm，加上出血上下左右各 2mm。
- 立式名片：55 mm × 90 mm，加上出血上下左右各 2mm。
- 折叠名片：90 mm × 72 mm，加上出血上下左右各 2mm。

其中，出血是一个常用的印刷术语，印刷中的出血是指加大产品尺寸外的图案范围，在裁切位置上加一些图案的延伸，专门给各生产工序在其工艺公差范围内使用，以避免裁切后的成品露白边或裁到内容。

3 选择【滤镜】|【滤镜库】命令，再选择【颗粒】滤镜，设置滤镜的强度、对比度和颗粒类型选项，然后单击【确定】按钮，如图 10-4 所示。

4 在【工具】面板中选择【减淡工具】，再设置工具的选项，然后在文件中从左上方到右下方擦过，以减淡图像部分内容，如图 10-5 所示。

5 在【工具】面板中选择【钢笔工具】，设置绘图模式为【路径】，然后设置其他工具选项，在文件上绘制如图 10-6 所示的路径。

6 选择【直接选择工具】，然后使用此工具选择路径的锚点，并通过移动锚点和移动锚点方向线，调整路径的形状，如图 10-7 所示。

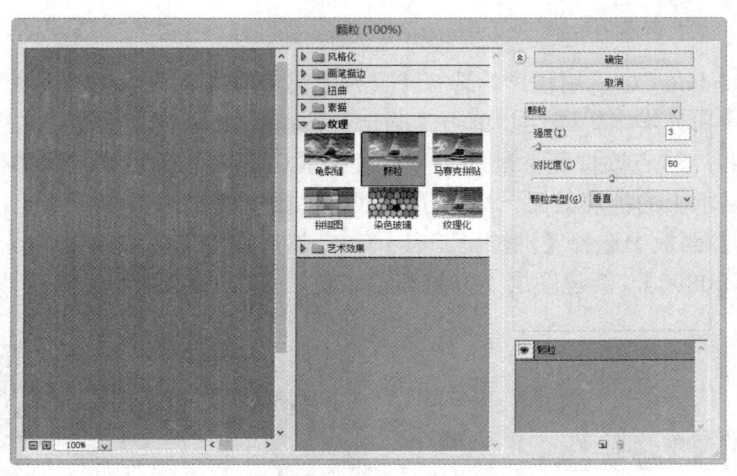

图 10-4 应用个【颗粒】滤镜

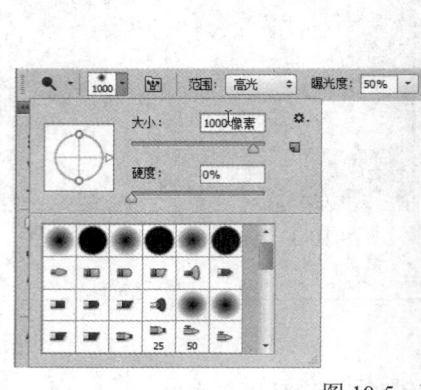

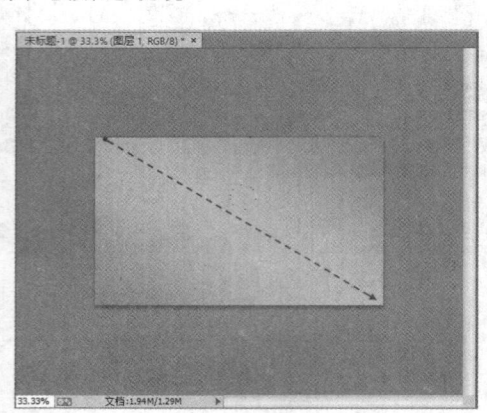

图 10-5 减淡图像部分内容

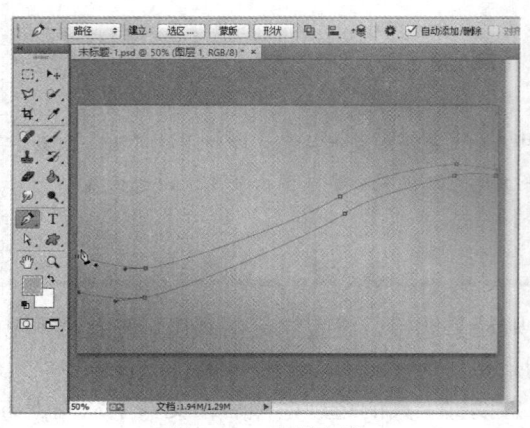

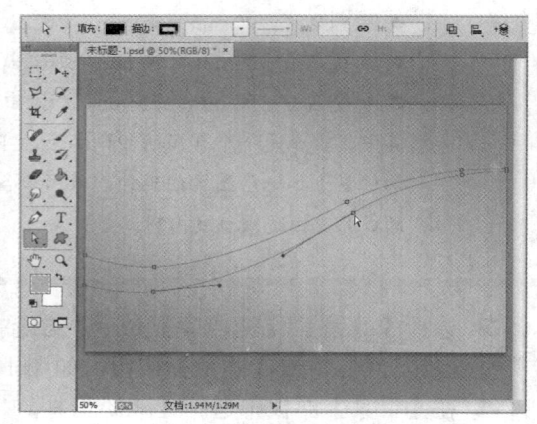

图 10-6 绘制路径　　　　　　　　　　图 10-7 调整路径形状

7 打开【路径】面板，单击【将路径作为选区载入】按钮，然后切换到【图层】面板新建图层 2，如图 10-8 所示。

8 选择【渐变工具】，在【选项】面板上单击渐变样本栏，打开【渐变编辑器】对话框后，设置由多个色标组成的渐变颜色，如图 10-9 所示。

258

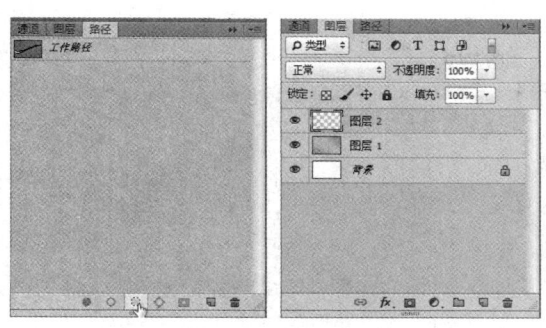

综合图像项目设计

图 10-8　将路径作为选区载入

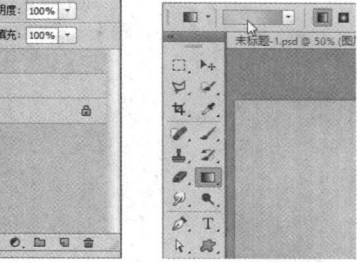

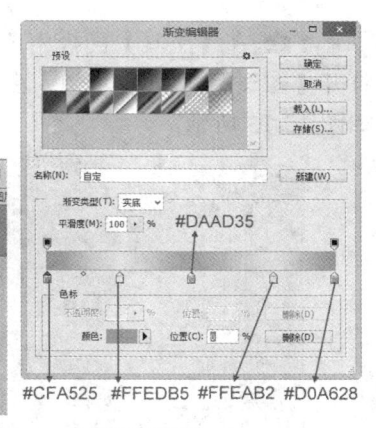

图 10-9　设置渐变颜色

9 单击【新建】按钮，将自定的渐变颜色存储为渐变样本，然后单击【确定】按钮，在文件上水平拖动鼠标，填充渐变颜色，如图 10-10 所示。

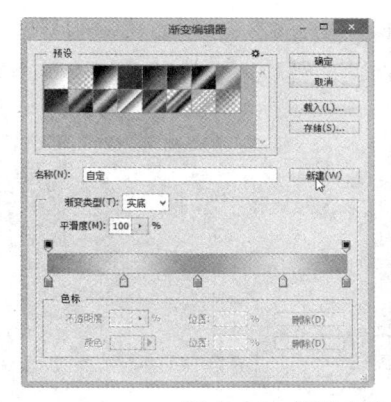

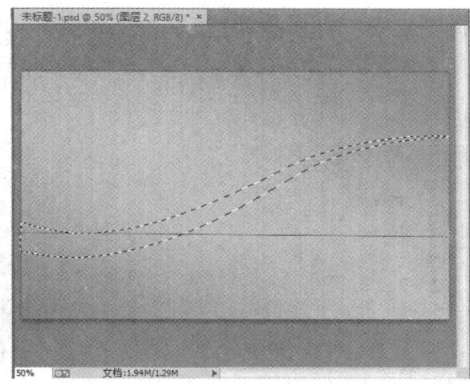

图 10-10　新建自定渐变颜色样本并填充渐变颜色

10 双击图层 2 打开【图层样式】对话框，单击【投影】复选项，然后在【投影】选项卡中设置投影的各个选项，如图 10-11 所示。

11 单击【外发光】复选项，在【外发光】选项卡中设置各个选项，再设置外发光颜色为步骤 9 新建的自定义渐变颜色，单击【确定】按钮，如图 10-12 所示。

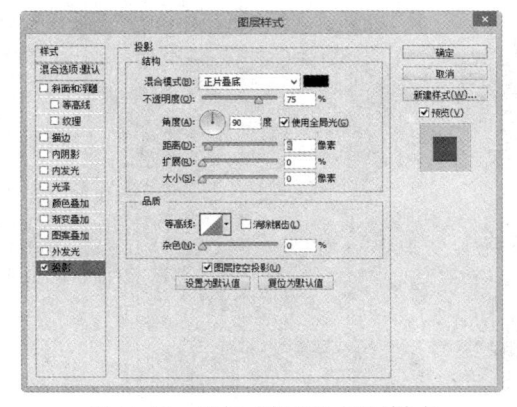

图 10-11　添加【投影】图层样式 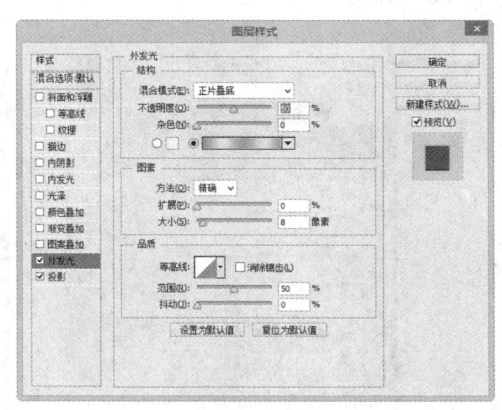　　　　图 10-12　添加【外发光】图层样式

259

12 在【工具】面板中选择【画笔工具】，设置工具选项和前景色为【白色】，然后打开【图层】面板并新建图层 3，接着在图层 2 的弧形形状上分别单击两次，添加两个亮点，如图 10-13 所示。

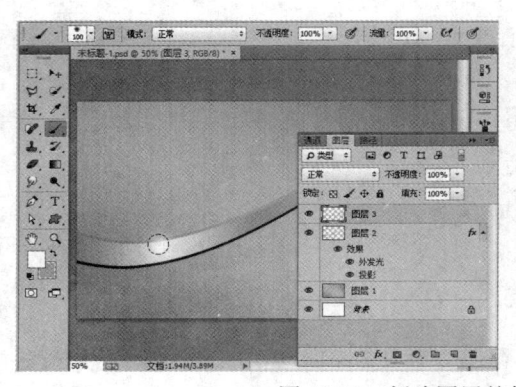

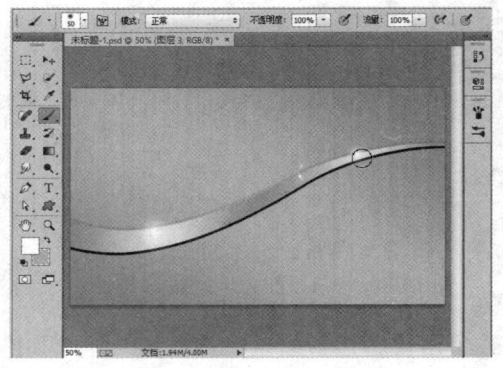

图 10-13　新建图层并使用画笔工具添加亮点

13 选择图层 3，再设置不透明度为 70%，如图 10-14 所示。

14 选择【矩形选框工具】，再设置工具的选项，然后在文件下方创建一个矩形选区，如图 10-15 所示。

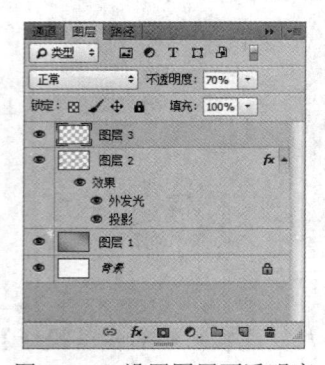

图 10-14　设置图层不透明度　　　　　图 10-15　创建选区

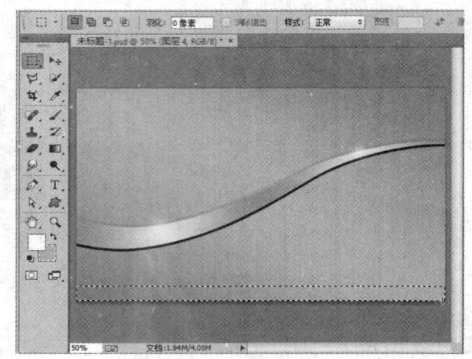

15 选择【渐变工具】，在【选项】面板上单击渐变样本栏，打开【渐变编辑器】对话框后设置渐变颜色，然后新建图层 4，在选区中水平拖动鼠标，填充渐变颜色，如图 10-16 所示。

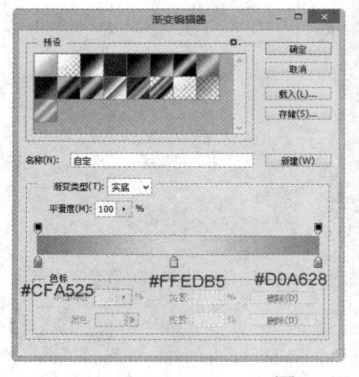

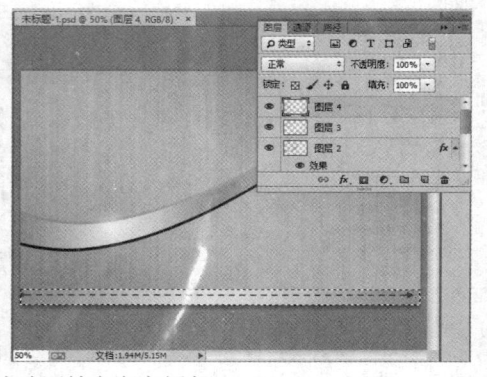

图 10-16　为选区填充渐变颜色

260

16 选择【多边形套索工具】，然后使用该工具在文件上创建如图 10-17 所示的选区，然后选择【油漆桶工具】，设置前景色为【#E8CB57】，接着新建图层 5 并在选区上单击填充颜色，最后将图层 5 拖到图层 2 的下方，再按 Ctrl+D 键取消选区，如图 10-17 所示。

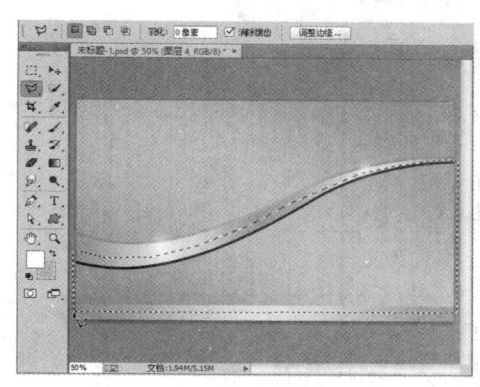

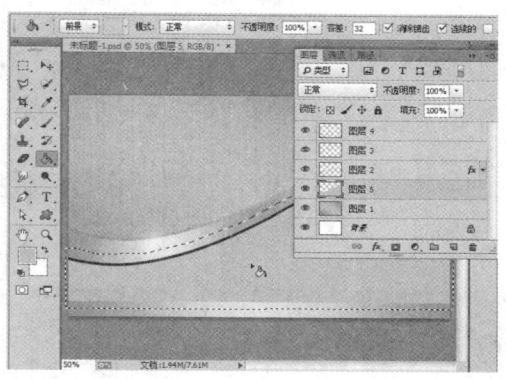

图 10-17　创建选区后新建图层并填充颜色

10.1.2　制作名片正面内容

下面将使用【自定形状工具】绘制一个常春藤形状作为 Logo，再输入名片中酒店的中英文名称，然后创建一个段落文字框并输入联系信息内容，接着输入名片人的姓名和职位即可。

操作步骤

1 打开光盘中的"..\Example\Ch10\10.1\10.1.2.psd"文件，在【工具】面板中选择【自定形状工具】，然后在【选项】面板中设置工具选项和颜色为【#E60012】，再选择一个【常春藤】预设形状，接着按住 Shift 键拖动鼠标绘制常春藤形状，如图 10-18 所示。

2 选择【横排文字工具】，然后在【选项】面板中设置文字属性，在形状右侧输入酒店名称，如图 10-19 所示。

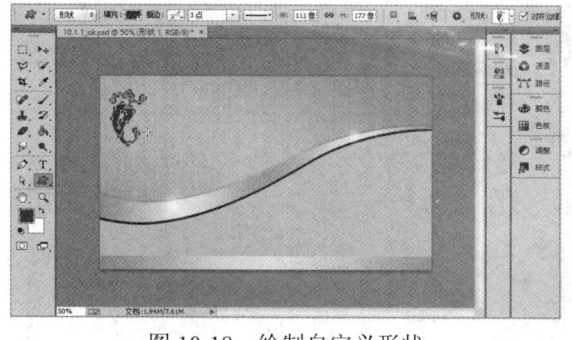

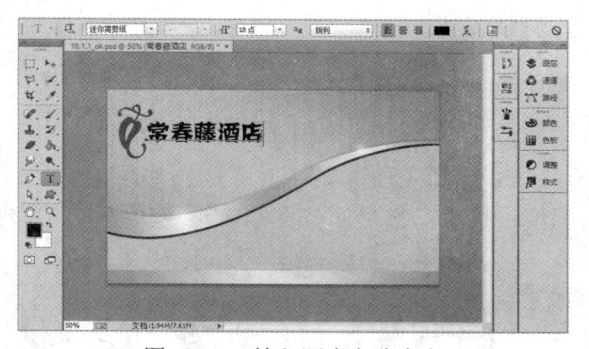

图 10-18　绘制自定义形状　　　　　图 10-19　输入酒店名称中文

3 选择【横排文字工具】，然后在【选项】面板中设置文字属性，在酒店名称下方输入酒店名称的英文，如图 10-20 所示。

4 使用【横排文字工具】在文件右下方中拖出一个段落文字框，然后输入字体为【黑体】、大小为 6 号的文字，如图 10-21 所示。

5 选择全部段落文字，打开【字符】面板，设置行距为 8，然后选择段落文字框并适当调整位置，如图 10-22 所示。

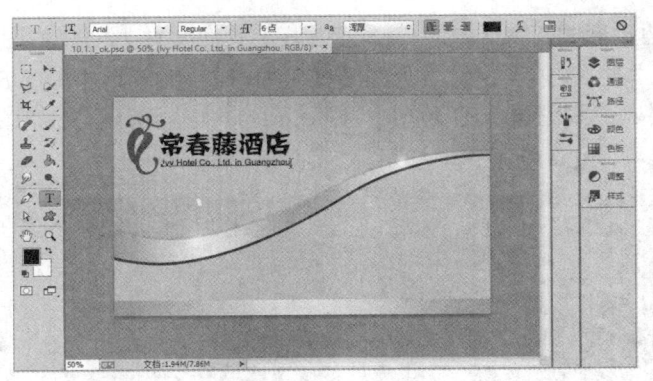

图 10-20 输入酒店名称英文

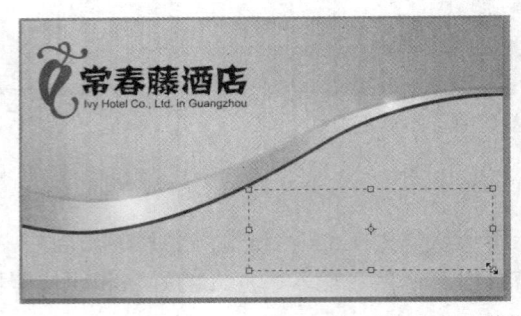

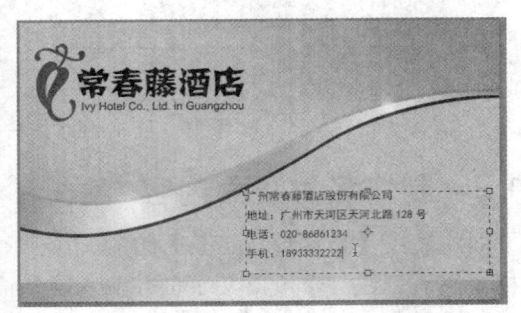

图 10-21 输入段落文字内容

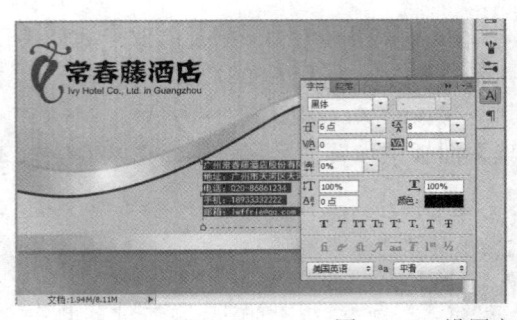

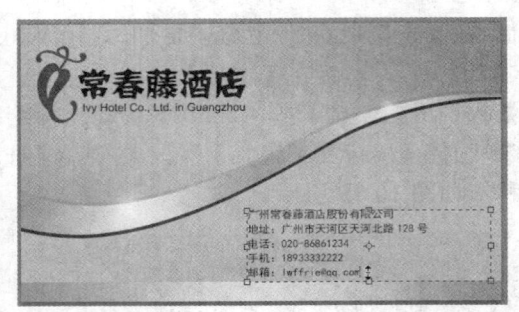

图 10-22 设置文字行距并调整位置

6 选择【横排文字工具】并设置文字属性，然后在段落文字上方输入名片人的姓名和职位，接着只选择职位文字，再更改文字的属性，如图 10-23 所示。

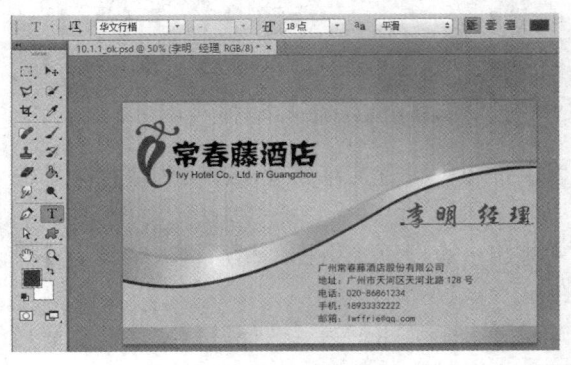

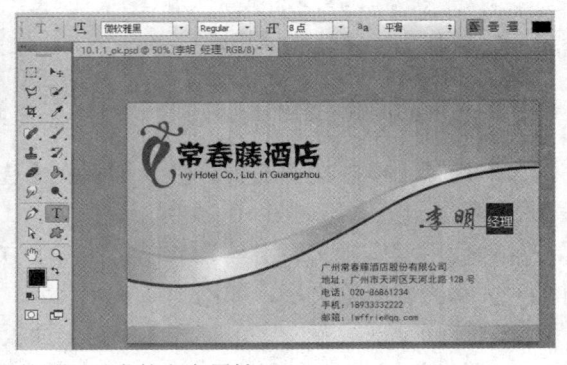

图 10-23 输入姓名和职位并设置对应的文字属性

10.1.3 制作名片背面内容

下面将使用名片正面背景设计的成果进行垂直旋转画布处理，删除多余图层，适当调整文件上部分填充纯色内容的大小和修改颜色，然后修改文件中弧形形状的图层样式，修改底层图层的颜色，再绘制两个矩形形状作为标题文字的背景图，最后添加名片的标题文字和相关内容文字即可。

操作步骤

1 打开光盘中的"..\Example\Ch10\10.1\10.1.3.psd"文件，选择【图像】|【图像旋转】|【垂直旋转画布】命令，如图10-24所示。

2 打开【图层】面板，选择图层4并将该图层拖到【删除图层】按钮上，删除图层4，如图10-25所示。

3 选择图层5，按Ctrl+T键显示变换框，然后拖动上下边的控点，扩大图层5的内容，如图10-26所示。

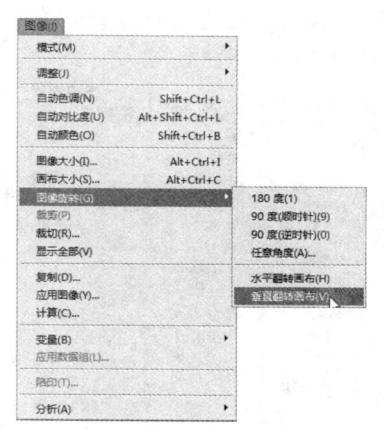

图10-24 垂直旋转画布

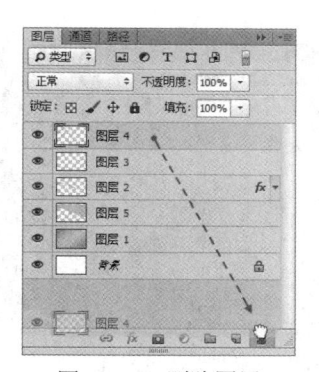

图10-25 删除图层

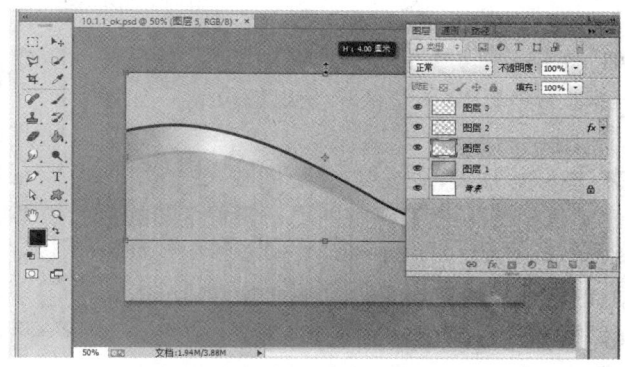

图10-26 扩大图层5的内容

4 选择【渐变工具】，在【选项】面板上单击渐变样本栏，打开【渐变编辑器】对话框后设置渐变颜色，然后按住Ctrl键单击图层5缩图载入选区，再水平拖动鼠标填充渐变颜色，如图10-27所示。

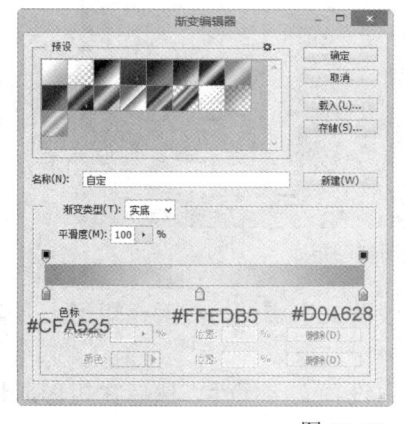

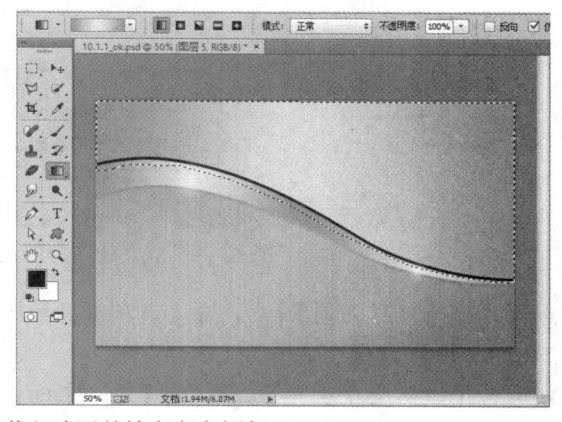

图10-27 载入选区并填充渐变颜色

5 双击图层 2 打开【图层样式】对话框，选择【投影】复选项，在打开的选项卡中修改选项设置，接着选择【外发光】复选项，并修改相关选项的设置，最后单击【确定】按钮，如图 10-28 所示。

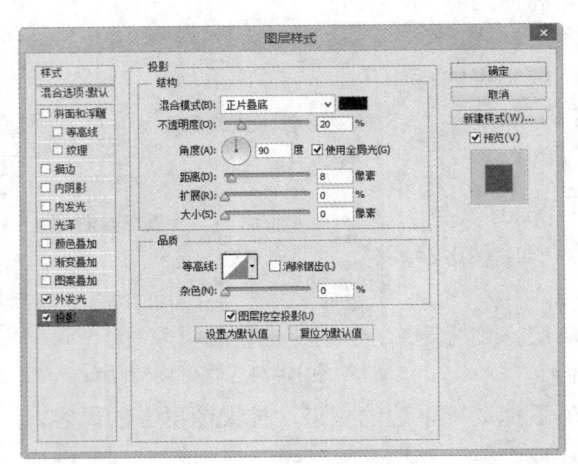

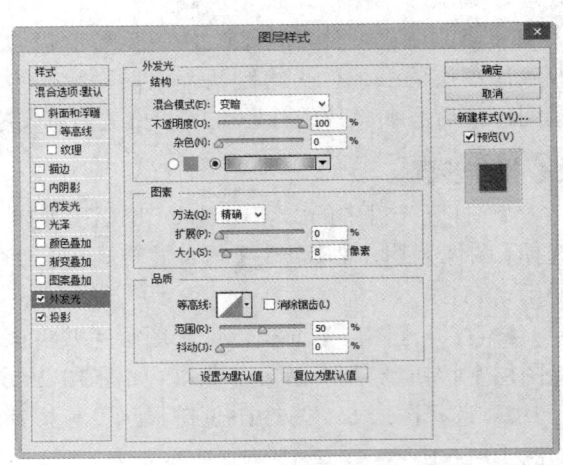

图 10-28　修改图层样式

6 打开【图层】面板并选择图层 3，然后使用【移动工具】调整两个亮点的位置，如图 10-29 所示。

7 按住 Ctrl 键单击图层 1 缩图载入选区，然后创建【色相/饱和度】调整图层，设置全图的色相和饱和度，接着创建【曲线】调整图层，并设置【RGB】通道的颜色曲线，如图 10-30 所示。

8 选择【矩形工具】，设置工具选项和填充颜色为【#E60012】，然后在文件上方绘制一个矩形形状，如图 10-31 所示。

图 10-29　调整亮点的位置

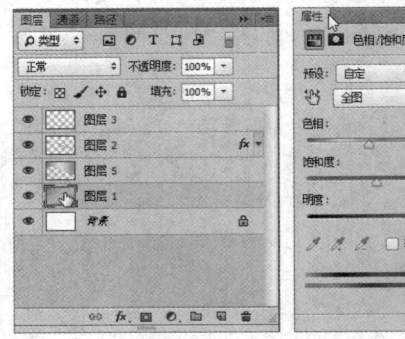

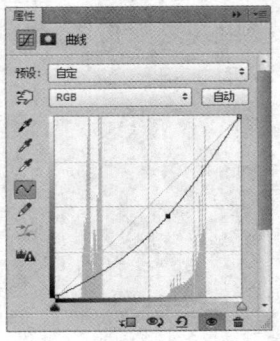

图 10-30　载入选区并创建调整图层

9 选择【横排文字工具】，在【选项】面板中设置文字属性，然后在矩形上方输入白色的"公司简介"标题文字，如图 10-32 所示。

10 选择【横排文字工具】，在【选项】面板中设置文字属性，然后在矩形形状的右侧输入公司名称文字，如图 10-33 所示。

11 使用【横排文字工具】在公司名称文字下方拖出一个段落文字框，然后在【选项】面板中设置文字属性，接着在段落文字框内输入简介内容，如图 10-34 所示。

12 选择【矩形工具】，设置工具选项和填充颜色为【#FFF100】，在文件左下方绘制一个矩形形状，然后选择【横排文字工具】并设置文字属性，在矩形形状上输入【配套服务】文字，如图 10-35 所示。

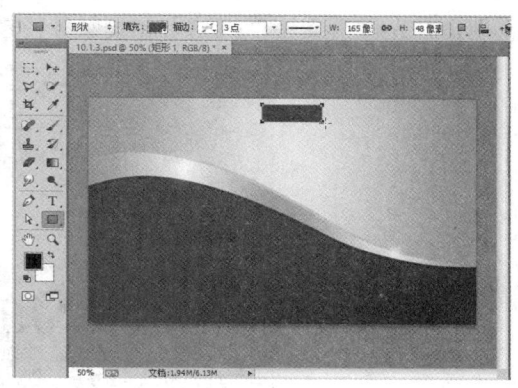

图 10-31　绘制矩形形状

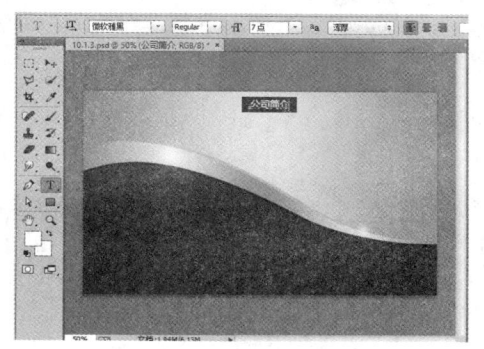

图 10-32　输入标题文字

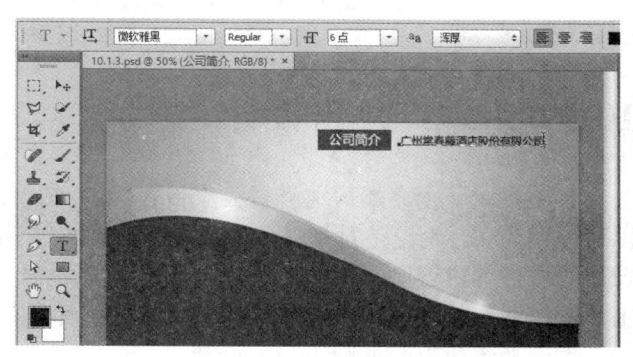

图 10-33　输入公司名称文字

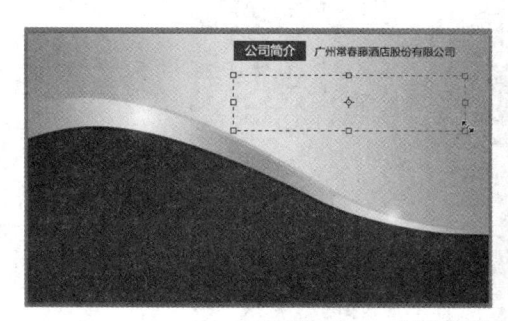

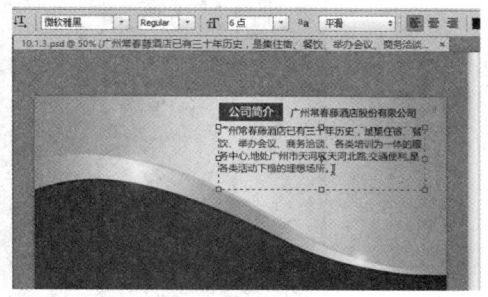

图 10-34　创建段落文字框并输入简介内容

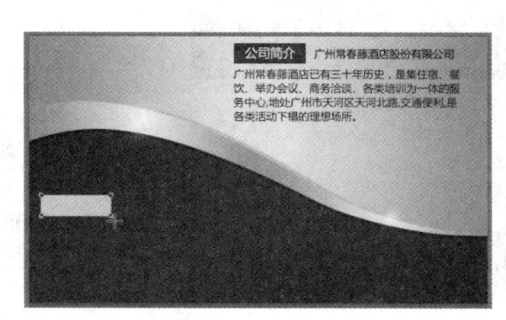

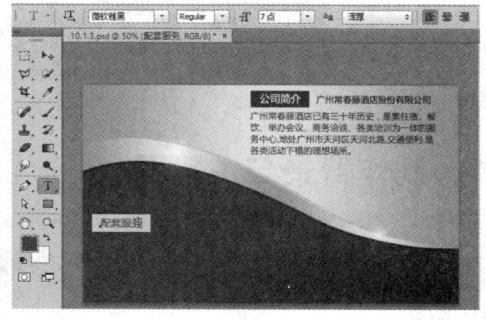

图 10-35　绘制矩形形状并输入标题文字

13 使用【横排文字工具】在【配套服务】文字下方拖出一个段落文字框，再设置文字属性，并在段落文字框内输入配套服务的相关内容，如图10-36所示。

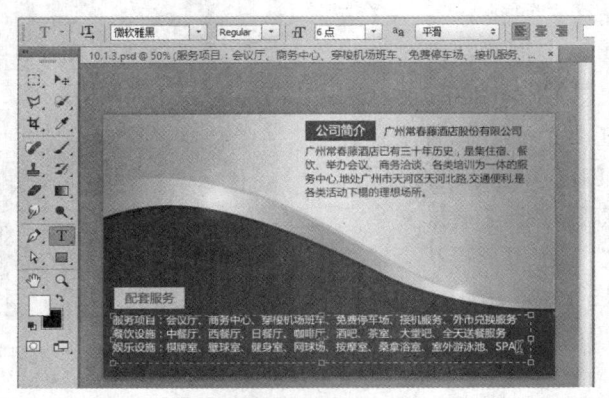

图10-36　创建段落文字框并输入配套服务内容

10.2　房地产广告设计

本项目以一个高端房地产楼盘广告为例，介绍设计房地产广告的方法。在本项目的设计中，以蓝色调为主，无论是背景颜色，还是楼盘的外观图颜色都采用了蓝色调处理。楼盘名称和开发商的徽标等内容则采用了土黄色，以突出显示这些内容。整个房地产广告以楼盘的外貌图为主，配以适当的调色和内容布局，使广告的设计显得简约而不单调。

本例最终效果图如图10-37所示。

图10-37　房地产广告设计的效果

10.2.1　制作背景与主题图

下面将先对楼盘的外观图进行调色处理，使之以蓝色调显示，然后扩大画布并填充渐变颜色，并在楼盘外观图的下边缘处绘制直线，再为下方直线添加多种图层样式。

操作步骤

1 打开光盘中的"..\Example\Ch10\10.2\楼盘素材.JPG"文件，选择【图像】|【调整】|【色彩平衡】命令，在打开的对话框中选择【中间调】单选项，然后设置各个色阶参数，再选

择【高光】单选项，并设置各个色阶参数，单击【确定】按钮，如图10-38所示。

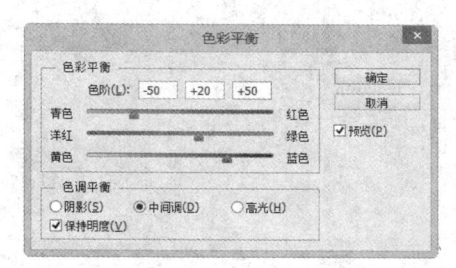

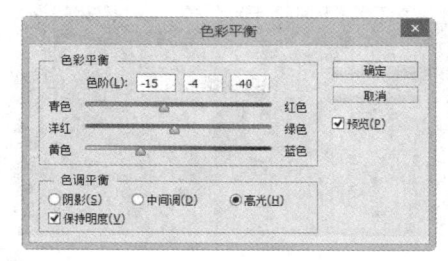

图10-38　调整图像色彩平衡

2 选择【图像】|【调整】|【色相/饱和度】命令，然后设置全图的饱和度参数，单击【确定】按钮，接着打开【图层】面板，按Ctrl+J键快速创建背景图层的副本并生成图层1，如图10-39所示。

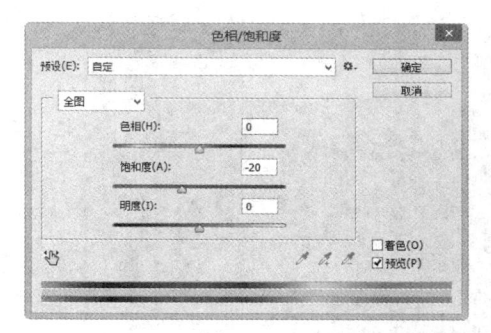

图10-39　调整饱和度并创建副本图层

3 设置前景色为【白色】并选择【背景】图层，选择【图像】|【画布大小】命令，然后更改画笔大小的单位为【像素】，修改高度为738像素，单击【确定】按钮，如图10-40所示。

4 选择【渐变工具】，在【选项】面板上单击渐变样本栏，打开【渐变编辑器】对话框后设置渐变颜色，单击【确定】按钮，如图10-41所示。

图10-40　扩大画布高度　　　　图10-41　选择渐变工具并设置渐变颜色

5 选择【背景】图层，然后使用【渐变工具】从下到上垂直填充渐变颜色，如图10-42所示。

267

图 10-42　为背景图层填充渐变颜色

6 选择【直线工具】，在【选项】面板中设置工具选项和填充颜色为【#92B1CC】，设置粗细为 2 像素，然后在楼盘外观图的边缘绘制一条直线，如图 10-43 所示。

图 10-43　绘制第一条直线

7 选择【直线工具】，在【选项】面板中设置工具选项和填充颜色为【白色】，设置粗细为 6 像素，在楼盘图下边缘绘制另一条直线，如图 10-44 所示。

图 10-44　绘制第二条直线

8 打开【图层】面板并双击【形状 2】图层（即第二条直线所在的图层），打开【图层样式】对话框后单击【渐变叠加】复选项，然后在【渐变叠加】选项卡中设置各个选项和渐变颜色，如图 10-45 所示。

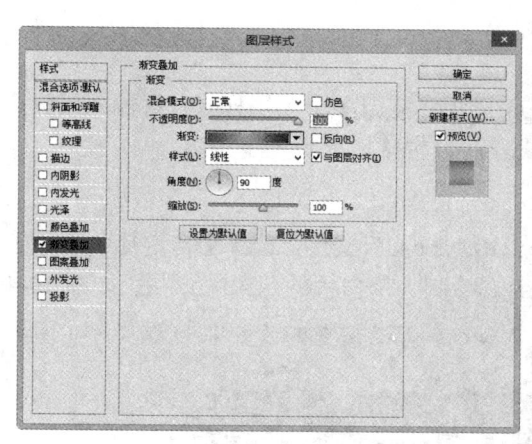

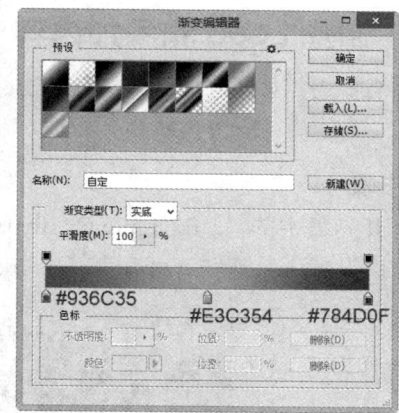

图 10-45　添加【渐变叠加】图层样式

9 单击【投影】复选项，然后在【投影】选项卡中设置各个选项，如图 10-46 所示。

10 单击【内发光】复选项，然后在【内发光】选项卡中设置各个选项，如图 10-47 所示。

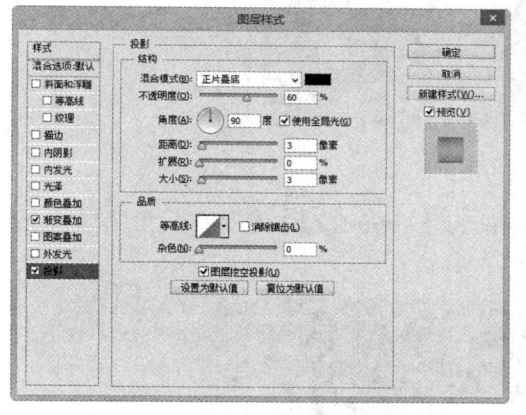

图 10-46　添加【投影】图层样式 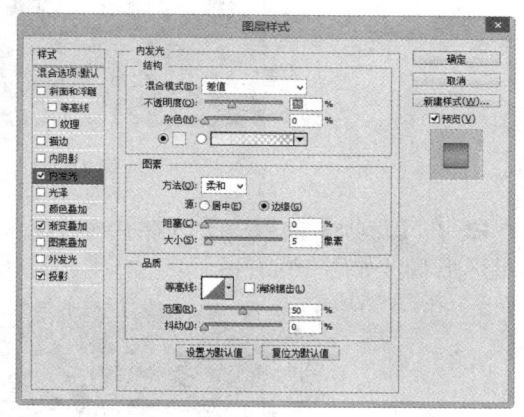　　　　　　图 10-47　添加【内发光】图层样式

11 单击【斜面和浮雕】复选项，然后在【斜面和浮雕】选项卡中设置各个选项，再单击【确定】按钮，如图 10-48 所示。

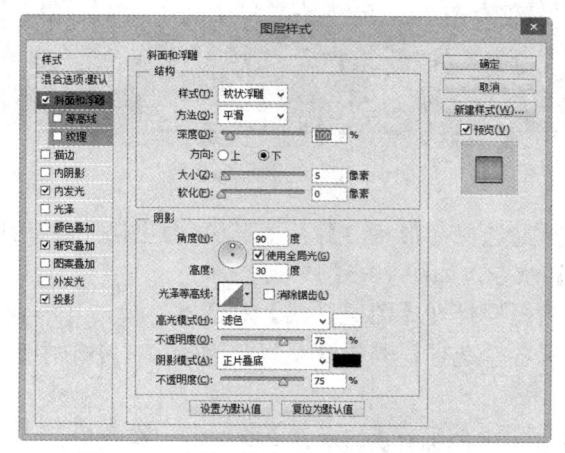

图 10-48　添加【斜面和浮雕】图层样式

269

10.2.2 制作 Logo 和添加内容

下面将通过绘制自定义形状制作出 Logo 形状并应用多个图层样式，再输入楼盘名称和开发商名称，然后输入销售热线、开发商、代理商、售楼地址等文字内容。

操作步骤

1 打开光盘中的"..\Example\Ch10\10.2\10.2.2.psd"文件，选择【自定形状工具】并在【选项】面板设置工具选项，然后在广告图上方绘制一个白色的八角星形状，如图 10-49 所示。

图 10-49　绘制八角星形状

2 在【选项】面板中更改形状为【星形】、颜色为【#E60012】，然后在八角星形状上绘制星形形状，如图 10-50 所示。

图 10-50　绘制星形形状

3 打开【图层】面板并选择【形状 3】和【形状 4】图层，然后选择【图层】|【合并形状】|【减去重叠处形状】命令，如图 10-51 所示。

4 双击合并形状后的图层打开【图层样式】对话框，单击【渐变叠加】复选项，然后在【渐变叠加】复选项中设置各个选项，其中渐变颜色为 10.1.1 小节中步骤 9 新建的自定义渐变颜色，如图 10-52 所示。

5 单击【内发光】复选项，然后在【内发光】选项卡中设置内发光的各个选项，如图 10-53 所示。

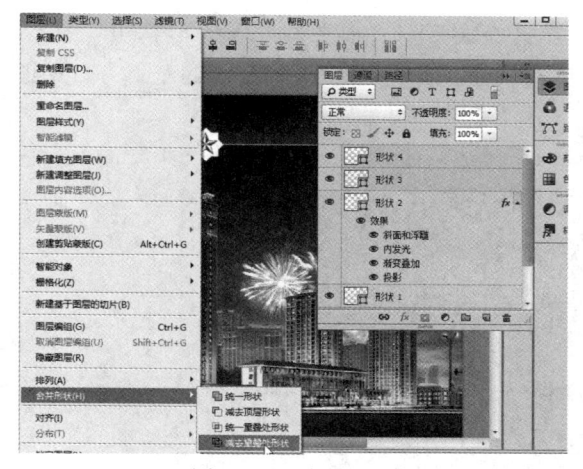

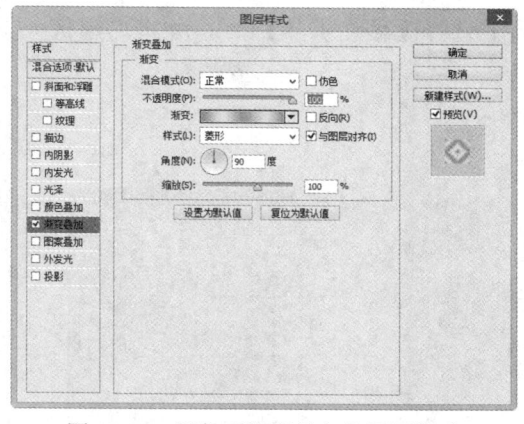

图 10-51　合并形状

图 10-52　添加【渐变叠加】图层样式

6 单击【投影】复选项，然后在【投影】选项卡中设置投影的各个选项，接着单击【确定】按钮，如图 10-54 所示。

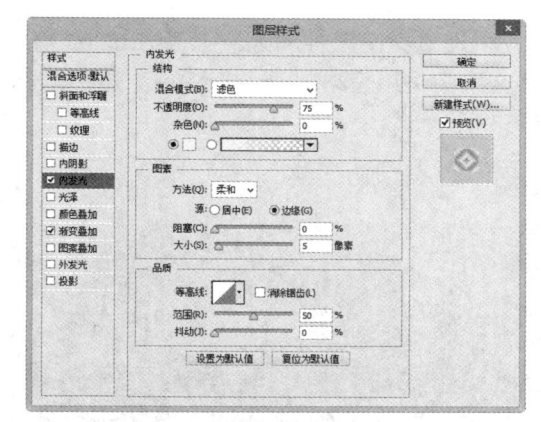

图 10-53　添加【内发光】图层样式

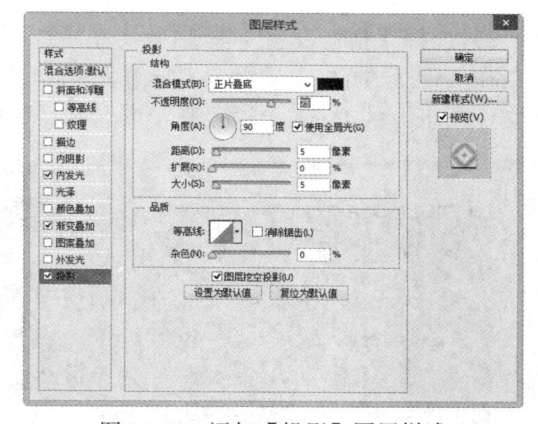

图 10-54　添加【投影】图层样式

7 打开【图层】面板，选择【形状 1】图层并单击右键，然后选择【栅格化图层】命令，再选择【橡皮擦工具】，并设置工具的选项，接着擦除 Logo 上的直线，如图 10-55 所示。

图 10-55　栅格化图层并擦除部分直线

271

8 选择"形状4"图层（即Logo所在图层），然后复制该图层生成"形状4 拷贝"图层，接着选择【移动工具】，并将"形状4 拷贝"图层的Logo形状拖到文件的左下方，如图10-56所示。

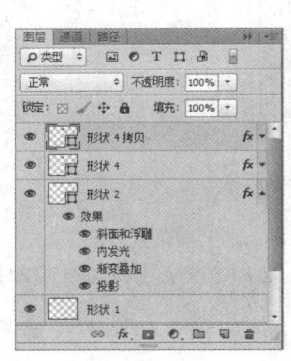

图10-56　复制图层并移动Logo位置

9 选择【横排文字工具】，在【选项】面板中设置文字属性和颜色为【#EECE79】，然后在文件上方的Logo上输入楼盘名称，其中名字文字中央用空格隔开，接着更改文字属性，在文件左下方的Logo上输入开发商名称，如图10-57所示。

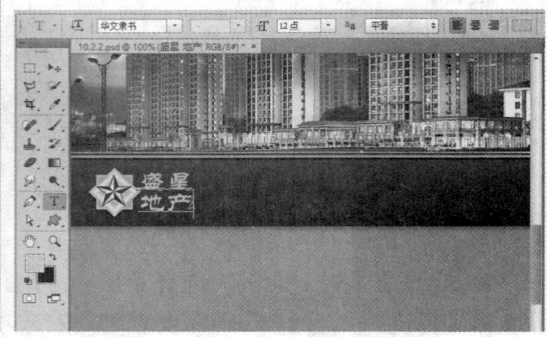

图10-57　输入楼盘名称和开发商名称

10 选择"形状1"图层，再选择【橡皮擦工具】并设置工具的选项，接着擦除Logo和楼盘名称位置上的直线，如图10-58所示。

11 选择【横排文字工具】，在【选项】面板中设置文字属性和颜色为【白色】，然后在文件下方输入销售热线文字内容，如图10-59所示。

12 在【选项】面板中更改文字属性，然后在文件销售热线文字左侧输入"VIP"文字，接着选择"V"字，设置该字符的大小为18点，最后适当调整文字的位置和颜色，如图10-60所示。

13 选择【横排文字工具】，然后在【选项】面板中设置文字属性，并在文件右下方创建段落文字框，在段落文字框内输入开发商、代理商和销售地址等文字内容，如图10-61所示。

14 选择【直线工具】，然后在【选项】面板中设置工具选项，接着在段落文字中央绘制一条粗细为1像素的白色直线，如图10-62所示。

图 10-58　擦除部分直线

图 10-59　输入销售热线文字内容

图 10-60　输入文字并设置字符属性

图 10-61　创建段落文本框并输入内容

图 10-62　绘制直线

273

10.3 红酒海报设计

本项目以一个玛歌庄园特级葡萄酒海报设计为例，介绍设计红酒广告的方法。在本项目设计中，以波尔多玛歌庄园特级 1993 干红葡萄酒为商品主体，并使用了原生态葡萄庄园作为红酒海报的宣传主题，通过精美的葡萄庄园奠定海报作品的主要色调和背景内容，再运用图像合成的技法，将红酒、食物和酒桶合成到葡萄庄园素材中，使红酒配餐和橡木桶酿制这些宣传理念成为作品的主要视觉点，以吸引观赏者的目光，最后配合公司信息和相关的产品信息，直接通过文字的方式达到优质红酒产品的宣传意图。

本例最终效果图如图 10-63 所示。

图 10-63　红酒海报设计的效果

10.3.1　制作海报的主题图

本例将先对葡萄园图像素材进行调色处理，然后将酒桶素材加入到葡萄园图像中并进行适当地编辑，接着分别加入红酒和食物素材，最后为素材添加图层样式并调整适合的颜色即可。

操作步骤

1 打开光盘中的"..\Example\Ch10\10.3\葡萄园.JPG"文件，选择【图像】|【调整】|【色相/饱和度】命令，然后设置全图的饱和度，单击【确定】按钮，如图 10-64 所示。

2 选择【图像】|【调整】|【色彩平衡】命令，选择【中间调】单选项，然后设置色阶各项参数，单击【确定】按钮，如图 10-65 所示。

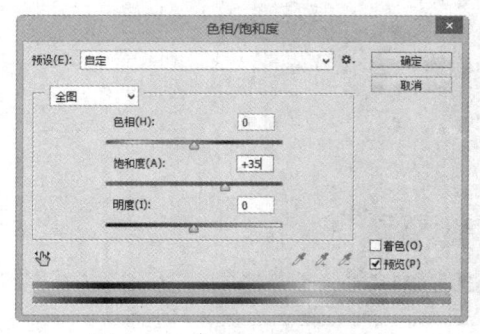

图 10-64　调整图像的饱和度 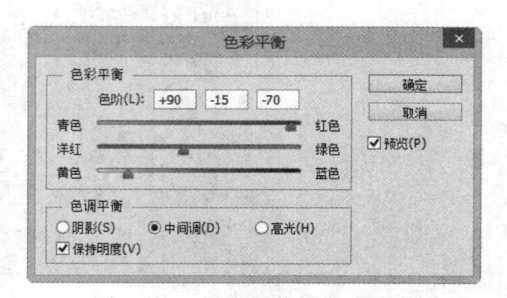　　　　　　图 10-65　调整图像的色彩平衡

综合图像项目设计

3 打开光盘中的"..\Example\Ch10\10.3\酒桶.JPG"文件,然后选择【快速选择工具】,在【选项】面板设置工具选项,在图像上拖动创建选区,如图 10-66 所示。

4 在【工具】面板中选择【多边形套索工具】,然后按下【从选区减去】按钮,在图像中减去包含了橡木桶和台面部分的选区,如图 10-67 所示。

图 10-66　使用快速选择工具创建选区

图 10-67　修改选区

5 在选区上单击右键并选择【选择反向】命令,选择橡木桶后按 Ctrl+C 键复制选区内容,再返回【葡萄园.JPG】文件窗口,然后按 Ctrl+V 键粘贴内容,接着按 Ctrl+T 键显示变换框,并按住 Shift 键缩小橡木桶素材,如图 10-68 所示。

图 10-68　反向选区后复制并粘贴内容再缩放内容

6 选择【矩形选框工具】,然后选择橡木桶素材的台面部分,再按 Ctrl+C 键和 Ctrl+V 键,复制并粘贴台面素材,如图 10-69 所示。

图 10-69　复制并粘贴内容

275

7 选择图层 2 的台面素材，然后沿着水平方向向左侧移动，使台面素材与原台面的左侧接合，选择【编辑】|【变换】|【水平翻转】命令，复制图层 2 生成"图层 2 拷贝"图层，再次选择【编辑】|【变换】|【水平翻转】命令，翻转后水平移动素材，效果如图 10-70 所示。

图 10-70　调整素材位置并制作另一个素材

8 打开光盘中的"..\Example\Ch10\10.3\红酒.psd"文件，选择"红酒"图层并复制该图层，在【复制图层】对话框中选择目标文档为本例练习文件，然后单击【确定】按钮，切换到葡萄园文件窗口，再按 Ctrl+T 键等比例缩小红酒素材，如图 10-71 所示。

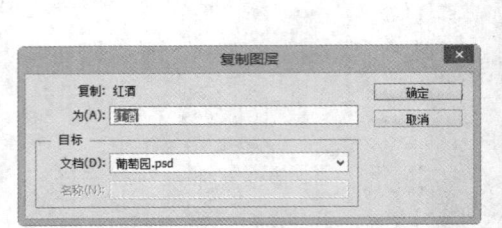

图 10-71　复制图层加入红酒素材并缩小

9 打开光盘中的"..\Example\Ch10\10.3\食物.JPG"文件，然后选择【魔棒工具】，在图像空白区域上单击创建选区，接着选择【磁性套索工具】，按下【从选区减去】按钮，在红酒杯边缘上绘制磁性路径以减去包含红酒杯的选区，如图 10-72 所示。

图 10-72　创建选区并修改选区

276

10 在选区上单击右键并选择【选择反向】命令，选择图像中的食物素材，然后按 Ctrl+C 键复制素材，返回葡萄园文件窗口后按 Ctrl+V 键粘贴素材，接着等比例缩小素材，如图 10-73 所示。

图 10-73　加入食物素材并缩小

11 双击食物素材所在的图层，打开【图层样式】对话框后单击【投影】复选项，然后在【投影】选项卡中设置投影的选项，再单击【确定】按钮，如图 10-74 所示。

12 使用步骤 11 的方法，双击红酒所在的图层，添加相同的【投影】图层样式，结果如图 10-75 所示。

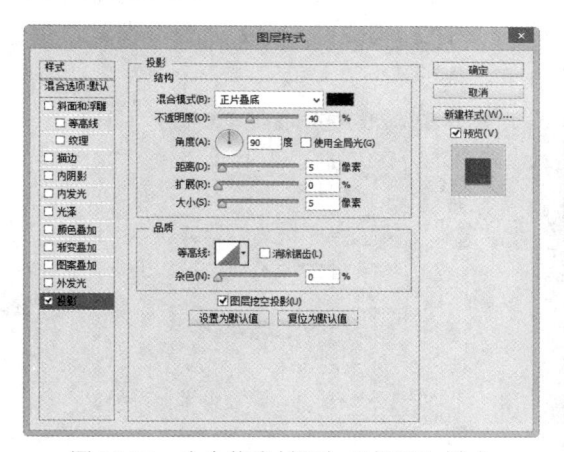

图 10-74　为食物素材添加【投影】样式

图 10-75　为红酒素材添加【投影】样式

13 选择图层 3（食物素材所在图层）和"红酒"图层，再合并这两个图层，然后按住 Ctrl 键单击图层 3 缩图载入选区，接着创建【色彩平衡】调整图层并设置色彩平衡的各项参数，如图 10-76 所示。

10.3.2　制作海报的背景图

下面先将背景图层转换为普通图层，再盖印图层，然后新建图层并扩大画布的高度，在

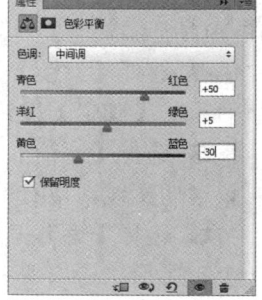

图 10-76　合并图层后载入选区并创建调整图层

277

空白画布上填充颜色，为图层应用【纤维】和【切变】滤镜，制作出背景的倾斜纤维纹理效果，接着绘制矩形形状并应用图层样式，最后复制矩形形状图层并修改图层样式即可。

操作步骤

1 打开光盘中的"..\Example\Ch10\10.3\10.3.2.psd"文件，打开【图层】面板并单击右键，再选择【背景图层】命令，打开【新建图层】对话框后，直接单击【确定】按钮，如图 10-77 所示。

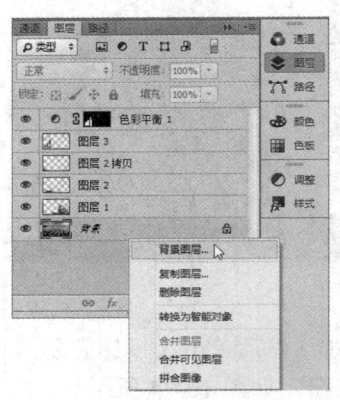

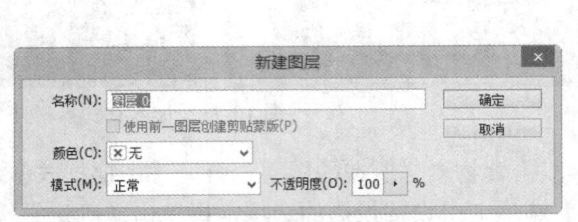

图 10-77　将背景图层转换为普通图层

2 选择【色彩平衡】调整图层并按 Alt+Ctrl+Shift+E 键盖印图层，然后隐藏其他图层，接着新建图层 5 并将该图层拖到图层 4 的下方，选择【图像】|【画笔大小】命令，设置画布高度为 756 像素，单击【确定】按钮，如图 10-78 所示。

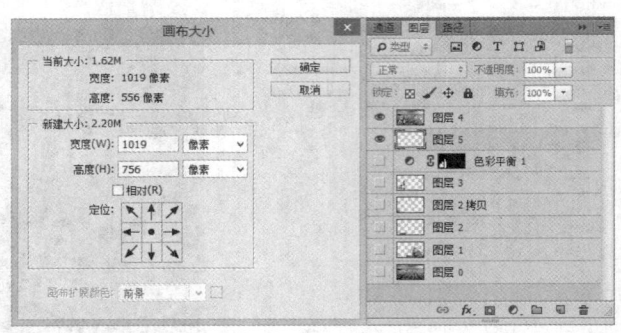

图 10-78　盖印图层后新建图层再扩大画布高度

3 选择【油漆桶工具】，设置前景色为【#330000】，然后为图层 5 填充颜色，如图 10-79 所示。

4 选择【滤镜】|【渲染】|【纤维】命令，打开【纤维】对话框后设置差异和强度参数，然后单击【确定】按钮，如图 10-80 所示。

5 选择【滤镜】|【扭曲】|【切变】命令，打开【切变】对话框后选择【折回】单选项，再设置切变线，接着单击【确定】按钮，如图 10-81 所示。

6 选择【矩形工具】，在【选项】面板中设置工具选项，然后在主题图上边缘上绘制一个矩形形状，如图 10-82 所示。

综合图像项目设计

图 10-79　为图层填充前景色

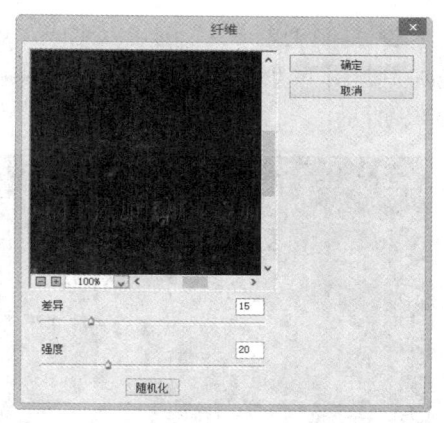

图 10-80　应用【纤维】滤镜

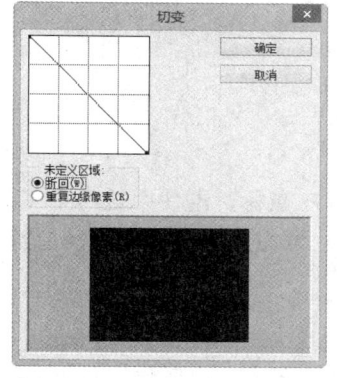

图 10-81　应用【切变】滤镜

图 10-82　绘制一个矩形形状

7 双击"矩形 1"图层打开【图层样式】对话框，单击【投影】复选项，在【投影】选项卡中设置投影的各个选项，如图 10-83 所示。

8 单击【渐变叠加】复选项，然后在【渐变叠加】选项卡中设置渐变叠加的各个选项，其中渐变颜色为颜色【#990000】到【#330000】的渐变，接着单击【确定】按钮，如图 10-84 所示。

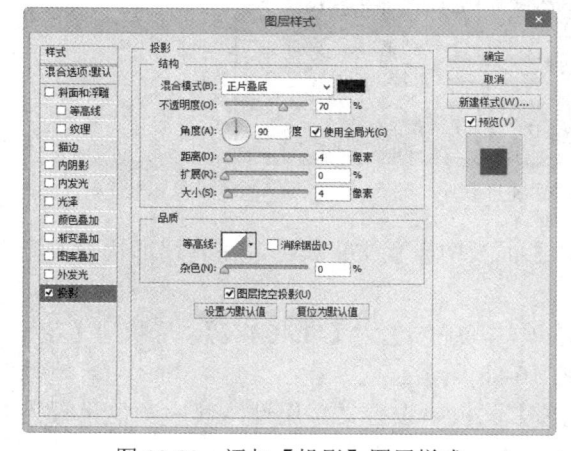

图 10-83　添加【投影】图层样式

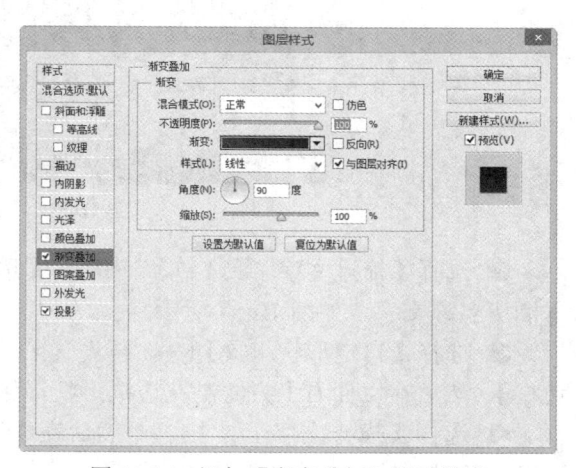

图 10-84　添加【渐变叠加】图层样式

9 复制"矩形 1"图层以生成"矩形 1 拷贝"图层，然后将"矩形 1 拷贝"图层的矩形拖到主题图下边缘处，然后打开该图层的【图层样式】对话框添加【斜面和浮雕】样式，如图 10-85 所示。

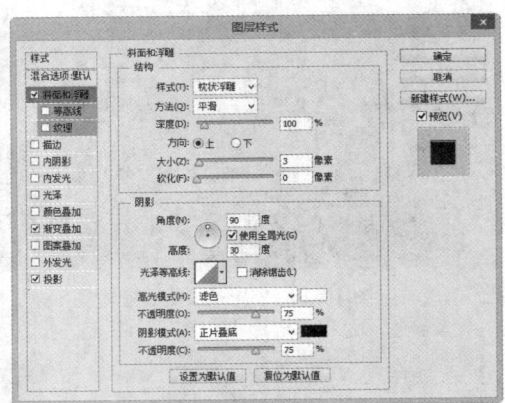

图 10-85 复制矩形图层并添加【斜面和浮雕】图层样式

10.3.3 制作酒庄徽标和内容

本例将使用【自定形状工具】和【横排文字工具】制作出酒庄徽标，再使用这两个工具制作【原装进口】图示，然后分别输入标题文字和英文酒名文字，再为英文文字应用图层样式，接着输入中文酒名文字和简介内容即可。

操作步骤

1 打开光盘中的"..\Example\Ch10\10.3\10.3.3.psd"文件，选择【自定形状工具】，设置工具选项，其中颜色为【#E4C487】、形状为【蝴蝶】，然后在文件左上方绘制一个蝴蝶形状，如图 10-86 所示。

图 10-86 绘制蝴蝶形状

2 选择【横排文字工具】，然后在【选项】面板中设置文字属性，在蝴蝶形状下方输入酒庄名称文字，如图 10-87 所示。

3 选择【自定形状工具】，再设置工具选项，其中颜色为【#E4C487】、形状为【花 1 边框】，然后在文件右上方绘制花边框形状，如图 10-88 所示。

4 选择【横排文字工具】，然后在【选项】面板中设置文字属性，其中颜色设置为【#FFCC00】，接着在花边框形状内输入文字，如图 10-89 所示。

综合图像项目设计

图 10-87　输入酒庄名称文字

图 10-88　绘制花边框形状

图 10-89　在花边框形状内输入文字

5 选择【横排文字工具】，在【选项】面板中设置文字属性，其中颜色设置为【#E4C487】，然后在蝴蝶形状右侧输入标题文字，接着选择【直线工具】并设置工具选项，最后在文字下方绘制粗细为 1 像素的直线，如图 10-90 所示。

图 10-90　输入文字并绘制直线

281

6 打开【图层】面板，选择【形状 3】图层（即步骤 5 中绘制直线的图层）并栅格化图层，然后选择【橡皮擦工具】并设置工具的属性，在直线两端涂擦，如图 10-91 所示。

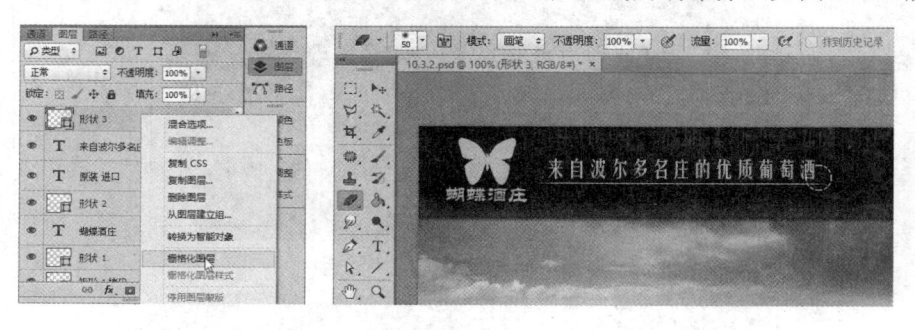

图 10-91 栅格化图层并擦除直线两端

7 选择【横排文字工具】，在【选项】面板中设置文字属性，其中颜色设置为【#E4C487】，然后在红酒素材下方输入英文酒名文字，接着按 Ctrl+T 键显示变换框并适当旋转文字，如图 10-92 所示。

图 10-92 输入英文酒名并旋转文字

8 双击文字图层打开【图层样式】对话框，单击【描边】复选项，然后在【描边】选项卡中设置各个描边选项，如图 10-93 所示。

9 单击【渐变叠加】复选项，然后在【渐变叠加】选项卡中设置渐变选项，如图 10-94 所示。

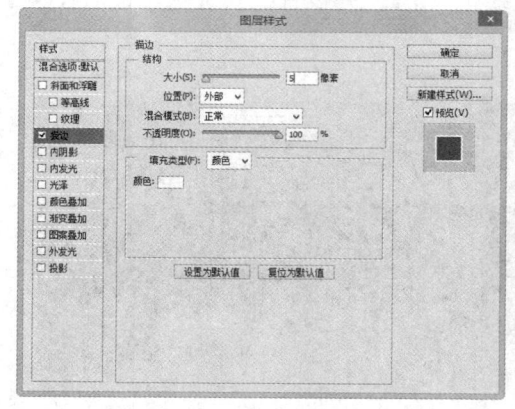

图 10-93 添加【描边】图层样式 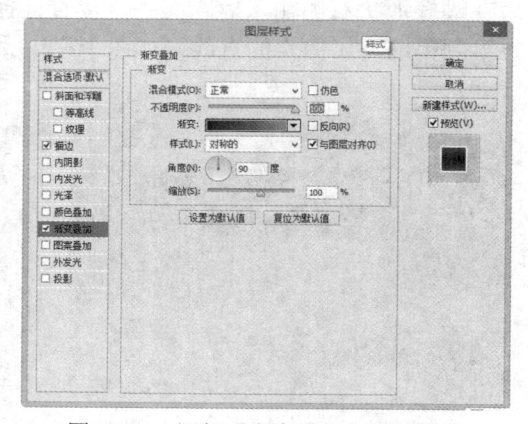　　　　图 10-94 添加【渐变叠加】图层样式

10 单击【投影】复选项，然后在【投影】选项卡中设置各个投影选项，再单击【确定】按钮，如图 10-95 所示。

11 选择【横排文字工具】，在【选项】面板中设置文字属性，其中颜色设置为【#FFB72F】，在酒名文字下方输入年份数字，如图 10-96 所示。

图 10-95　添加【投影】图层样式

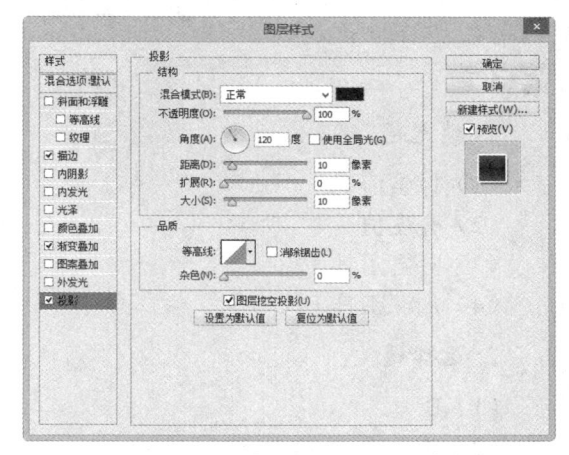

图 10-96　输入年份文字

12 选择【横排文字工具】，在【选项】面板中设置文字属性，其中颜色设置为【#E4C487】，接着在文件右下方输入中文酒名文字，如图 10-97 所示。

13 使用【横排文字工具】在中文酒名文字下方创建一个段落文字框，然后在文字框内输入介绍红酒特点的文字内容，如图 10-98 所示。

图 10-97　输入中文酒名文字

图 10-98　创建段落文字框并输入文字

283

参 考 答 案

第 1 章

1. 填充题

（1）【工具】面板
（2）Ctrl+N
（3）Bridge

2. 选择题

（1）D
（2）A
（3）C
（4）B

3. 判断题

（1）对
（2）错
（3）对

第 2 章

1. 填充题

（1）位图图像
（2）位图图像
（3）RGB 颜色

2. 选择题

（1）A
（2）C
（3）D
（4）C

3. 判断题

（1）对
（2）错
（3）对

第 3 章

1. 填充题

（1）像素值
（2）亮度值
（3）吸管工具
（4）加深工具

2. 选择题

（1）B
（2）B
（3）C
（4）D

3. 判断题

（1）对
（2）错

第 4 章

1. 填充题

（1）状态与属性
（2）调整图层
（3）整体不透明度
（4）【样式】面板

2. 选择题

（1）B
（2）C
（3）A
（4）C

3. 判断题

（1）对
（2）错

第 5 章

1. 填充题

（1）套索工具

（2）磁性套索工具

（3）色彩范围

2. 选择题

（1）C

（2）B

（3）A

（4）D

3. 判断题

（1）错

（2）对

（3）对

第 6 章

1. 填充题

（1）混合器画笔工具

（2）历史记录艺术画笔工具

（3）路径

2. 选择题

（1）A

（2）D

（3）C

3. 判断题

（1）对

（2）对

（3）对

（4）错

第 7 章

1. 填充题

（1）段落文字

（2）转换为形状

（3）滤镜

（4）滤镜库

2. 选择题

（1）D

（2）D

（3）B

3. 判断题

（1）对

（2）错

（3）对

第 8 章

1. 填充题

（1）动作

（2）按钮模式

（3）批处理

2. 选择题

（1）D

（2）C

（3）B

3. 判断题

（1）对

（2）错

（3）对

（4）对

读者回函卡

亲爱的读者：

感谢您对海洋智慧IT图书出版工程的支持！为了今后能为您及时提供更实用、更精美、更优秀的计算机图书，请您抽出宝贵时间填写这份读者回函卡，然后剪下并邮寄或传真给我们，届时您将享有以下优惠待遇：

- 成为"读者俱乐部"会员，我们将赠送您会员卡，享有购书优惠折扣。
- 不定期抽取幸运读者参加我社举办的技术座谈研讨会。
- 意见中肯的热心读者能及时收到我社最新的免费图书资讯和赠送的图书。

姓　名：_____　　性　别：□男 □女　　年　龄：_____

职　业：_____　　爱　好：_____

联络电话：_____　　电子邮件：_____

通讯地址：_____　　　　　　　　邮编：_____

---

1 您所购买的图书名：_____　购买地点：_____

2 您现在对本书所介绍的软件的运用程度是在：□初学阶段 □进阶／专业

3 本书吸引您的地方是：□封面 □内容易读 □作者 □价格 □印刷精美
　　□内容实用 □配套光盘内容　其他_____

4 您从何处得知本书：□逛书店 □宣传海报 □网页 □朋友介绍
　　□出版书目 □书市 □其他_____

5 您经常阅读哪类图书：
　　□平面设计 □网页设计 □工业设计 □Flash 动画 □3D 动画 □视频编辑
　　□DIY □Linux □Office □Windows □计算机编程　其他_____

6 您认为什么样的价位最合适：

7 请推荐一本您最近见过的最好的计算机图书：_____

8 书名：_____　出版社：_____

9 您对本书的评价：_____
_____

您还需要哪方面的计算机图书，对所需的图书有哪些要求：
_____

社址：北京市海淀区大慧寺路8号　网址：www.wisbook.com　技术支持：www.wisbook.com/bbs

编辑热线：010-62100088　010-62100023　传真：010-62173569

邮局汇款地址：北京市海淀区大慧寺路8号海洋出版社教材出版中心　邮编：100081

海洋出版社